高等学校规划教材·安全科学技术

安全系统管理

邓　琼　李明愉　编著

西北工業大學出版社

【内容简介】 本书系统地介绍了安全系统管理的理论和方法。全书共9章，内容包括：概论、安全系统管理理论、安全管理方法、系统安全管理、安全法规与安全管理制度、事故统计与分析、事故预防与控制、事故调查与处理、突发公共事件及应急管理。每章均有学习目标和复习思考题。

本书主要作为高等院校安全工程及相关专业的教材，也可作为从事安全科学和安全管理工作的技术人员与管理人员的参考用书，还可供政府部门或企业的安全管理人员参考查阅。

图书在版编目(CIP)数据

安全系统管理/邓琼，李明愉编著. —西安：西北工业大学出版社，2012.2
高等学校规划教材. 安全科学技术
ISBN 978-7-5612-3321-4

Ⅰ.①安… Ⅱ.①邓…②李… Ⅲ.①安全系统—高等学校—教材 Ⅳ.①X913

中国版本图书馆CIP数据核字(2012)第029604号

设计制作：西北工业大学出版社
通信地址：西安市友谊西路127号 邮编：710072
电　　话：(029)88493844 88491757
网　　址：www.nwpup.com
印 刷 者：陕西向阳印务有限公司
开　　本：787 mm×1 092 mm 1/16
印　　张：15.75
字　　数：382千字
版　　次：2012年2月第1版 2012年2月第1次印刷
定　　价：35.00元

前　言

当每一轮朝阳从东方地平线上喷薄而出的时候，当每一抹夕阳带着余晖淡雅退去的时候，我们会体味每一天的劳碌和辛苦带来的愉悦，感悟每一天的平安和健康带来的幸福。

然而，每一天的愉悦和幸福需要安全的支撑、安全的保障和安全的呵护。安全联系着我们平凡的生活，安全联系着人生的前程，安全联系着企业的命脉，安全联系着社会的稳定，安全更联系着人类的生存和发展。无论时代怎样交替，无论观念怎样更迭，无论世界怎样变幻，人类对平安健康的追寻却不会因历史的烟尘而消逝。安全是人类生存与发展活动中永恒的话题。不是吗？矿难、爆炸、火灾、地震、洪水、空难……一幕幕触目惊心的灾难事故现场，沉重、悲哀、凄凉、残酷，而它们的背后，巨大的经济损失数字，无数个家庭的支离破碎，瞬间消逝在天际的生命，让人们在感悟安全的同时，更加领悟了安全的含义——安全为天。

安全为天，就是感悟安全的重要，顿悟安全的神圣。而安全又不仅只是抽象的名词和概念，当人类对安全的认识由感性上升到理性，从系统的、综合的、科学的角度去认识和分析安全问题的时候，安全科学产生了。从研究安全工程技术手段到研究安全理论，从事后型的"亡羊补牢"到预防型的本质安全，从单因素的就事论事到系统安全工程，从事故致因理论到安全科学原理的发展历程中，安全科学在不断地更新和完善。随着现代企业制度的建立和安全科学技术的发展，人们逐渐认识到安全离不开管理，没有管理就不可能实现安全。特别是随着人类进入数字化的高速时代，现代企业更需要发展科学、合理、有效的现代安全管理方法和技术，探讨并揭示系统在其全寿命周期内各个阶段安全管理活动的规律，为安全生产的法治建设、安全管理体制和规章制度的建立提供指导和帮助，以达到提高企业效益、防止生产事故发生和实现安全生产的目的。

安全系统管理作为安全科学技术的一个重要分支，是将安全学、系统学和管理学相结合而发展起来的一门新兴学科。安全系统管理从安全问题的诱发因素入手，运用管理学的理论、原理和方法进行安全管理，以科学的、系统的管理方法和管理机制预防和控制事故的发生，实现系统的最佳安全性。

作为安全工程专业的教材和参考书，本书在编写过程中，力求从理论—方法—实践三个层次反映安全系统管理的学科特点，紧密结合安全工程专业发展的最新方向和先进技术，让读者能够系统地学习安全系统管理本质规律性的内容，把握安全系统管理的精髓。本书共分9章，涵盖安全系统管理理论（第2章）、安全系统管理方法（第3～5章）和安全系统管理技术（第6～9章）等三个部分的内容。

全书由西北工业大学邓琼和北京理工大学李明愉共同编写。其中，第1～3章、第4章的4.1～4.3节、第5章的5.1节、第8章的8.2节由李明愉编写，其余各章节由邓琼编写，最后由邓琼统稿并定稿。

本书在编写过程中，得到了西北工业大学航空学院、教务处、出版社等领导和老师的支持以及西北工业大学校级规划教材的资助，得到了北京理工大学冯长根教授、曾庆轩教授的指导和帮助，在此表示衷心的感谢。

由于水平有限，不妥之处在所难免，敬请广大读者批评指正。

编著者

2011年10月

目　录

第1章　概　论

本章学习目标

1. 掌握安全系统管理的内涵及其相关的名词概念。
2. 掌握安全系统管理的研究对象、研究内容和研究方法。
3. 了解安全系统管理的形成和发展历程。
4. 了解安全系统管理在安全科学中的地位和作用。

随着社会的进步和时代的发展，安全问题涉及的领域不断扩展。进入21世纪，全球面临的安全形势依然严峻，环境污染、重大事故与自然灾害依然严重地威胁着人类的生命和健康，造成了物质财富的巨大损失。根据国际劳工组织（International Labor Organization，ILO）的保守估计，全球每年的工伤事故达2.5亿起，这意味着平均每天有68万起事故发生，即每秒钟8起，每天有3 000人在工作中丧生。因此，如何在日益复杂的生产环境下确保安全生产，如何使人类在享受科技发展的同时保证身心健康，如何倡导安全文化、健全安全法制，是安全系统管理所关注的重要课题。研究和解决现阶段存在的安全问题，不仅体现了安全系统管理的综合性和多层面性，也体现了安全系统管理在社会发展和稳定中所起到的不可忽视的重要作用。

安全系统管理是一门新兴的学科，需要我们不断地认识、继承、总结和发展安全学的原理和方法，充分利用安全管理这一强有力的武器，为社会安全形势的改善、为重大事故的遏制、为社会和经济的稳定发展、为人民生活的平安和健康发挥其巨大的作用。那么，安全系统管理的内涵是什么，安全系统管理的研究对象和研究内容是什么，安全系统管理是怎样形成和发展的，这些是我们在学习安全系统管理的理论和方法之前，必须搞清楚的问题。本章首先学习安全系统管理的内涵，其次了解安全系统管理的形成和发展，掌握安全系统管理的研究对象和研究内容，最后，了解安全系统管理的地位和作用。

1.1　安全系统管理的内涵

安全管理源自于事故的发生，从有人类社会开始，人类为了生存同自然界开展了形形色色的斗争，取得了生存的经验，形成了最基本的安全管理意识。随着生产力水平的提高，在发展生产的同时，事故给人类带来了无数灾难，严重地影响了人类的正常生活和经济发展。正是因为一次次事故血的教训，使得人们从被动地面对事故发展成为积极地应对事故，在与事故的不断斗争中，诞生了安全系统管理，也促进了安全管理学科的发展。在对安全系统管理的认识过程中，对其概念理解的误区就是认为安全系统管理就是事故管理。因此，本节首先从安全和系统的定义出发，探讨安全系统管理的内涵。

1.1.1 安全

安全(safety)的本质是人们利用抽象思维而确定的一个概念或理念。从“安全”这个词本身的含义来理解，“安”是指不受威胁、没有危险，即无危则安；“全”是指完满、完全、齐备、没有伤害、无损坏、无损失，即无损(缺)则全。从这个层面上来理解，“安全”即为无危险、无伤害、无损缺，尽善尽美。这种字面的含义只能代表理想化的一种企盼，是一个抽象的概念。

人们对安全最初的理解，认为安全是指客观事物的危险程度能够被人们普遍接受的状态。这种状态是指安全的相对性以及安全与危险之间的辩证关系，如果人们认为所处的状态是可以接受的，就认为是安全的；如果不能接受，就认为是不安全的。这种对安全的感性认识无法对安全的过程进行表征，也不能对安全的状态进行定性和定量的描述。

工业革命的快速发展和高科技、新材料、新技术的应用，引发了人们对安全问题前所未有的关注。当人类对安全的认识由感性上升到理性，从系统的、综合的、科学的角度去认识和分析安全问题的时候，安全科学便产生了。从安全科学的角度定义安全，安全是指没有引起死亡、伤害、职业病或财产、设备的损失或损坏或环境危害的条件。这一定义赋予了安全较为合理和完整的概念，体现了人类对安全问题认识进化的过程。

面对日益复杂的系统，由于系统中的各组成部分和各个研究发展阶段都存在安全的问题，所以从更加严格和规范化的意义上来讲，安全实际上是系统的安全，是和系统工程紧密结合在一起并存在于系统的各个寿命周期阶段。安全不是瞬间的结果，而是对系统在某一时期或某一阶段过程状态的描述。因此，从系统工程的角度定义安全，安全是指系统在其全寿命周期范围内，不因人、机、媒介的相互作用而导致系统损失、人员伤亡、任务受影响或时间的损失。这时，安全的概念已不再是传统的职业伤害和疾病，也不是仅存在于企业的生产过程中的安全。安全所关注的领域涉及人类生存、生活、生产活动的各个方面，贯穿于人类发展的各个阶段。

1.1.2 系统

系统(system)作为一个概念源于人类长期的社会实践。早在古代，思想家老子就曾阐明过自然界的统一性，用自发的系统概念观察自然现象，解释自然现象。古希腊哲学家德谟柯利特(Democritus)曾论述“宇宙大系统”，认为世界是由原子和虚空构成的，原子构成万物并形成不同系统层次的世界。古希腊学者亚里士多德(Aristoteles)关于构成事物的目的因、动力因、形式因和质料因的思想也正是古代朴素系统观念的体现。这些古代朴素的系统思想和观念，为人类探究自然界发展和变化的奥秘，认识自然变化规律对人类生活和生产的影响提供了依据，也为后续系统概念的形成和发展奠定了理论基础。

随着人类对自然界演化过程的认识程度的不断深入和提高，特别是自然科学、科学技术的发展，使得人类对系统思想和系统概念的认识有了很大的提高。1886年，恩格斯对系统的哲学概念进行了论述，认为物质世界是由许多相互联系、相互制约、相互依赖和相互作用的事物和过程所形成的统一整体。这不仅仅从根本上定义了系统的内涵，更体现了系统概念的实质，是朴素的系统思想向现代系统思想转变的里程碑。

系统思想是进行分析和综合的辩证思维工具，在辩证唯物主义中汲取了丰富的哲学思想，在社会实践中又获取了丰富的实际内容，成为运筹学、控制论、各门工程学和社会科学的分析研究方法。

在美国韦氏(Webster)大辞典中,“系统”一词解释为“有组织的或被组织化的整体;结合着的整体所形成的各种概念和原理的综合;由有规则的相互作用、相互依存的形式组成的诸要素集合;等等。”系统论的创始人奥地利学者L·V·贝塔朗菲(L. V. Bertalanffy)将“系统”定义为“处于一起的相互关系中,并与环境发生关系的各组成部分的总体。”日本JIS(Japanese Industrial Standards,JIS)标准将“系统”定义为“许多组成要素保持有机的秩序,向同一目的行动的集合体。”《中国大百科全书·自动控制与系统工程》将“系统”解释为“由相互制约、相互作用的一些部分组成的具有某种功能的有机整体。”综上所述,系统是由相互作用和相互依赖的若干组成部分结合而成的具有特定功能的有机整体。一方面,系统是不可分割的整体,即系统是由许多要素构成的整体,形成系统的诸要素的集合永远具有一定的特性,或者表现一定的行为,而这些特性和行为是它的任何一部分都不具备的,如果将系统分割开来,则系统将失去其原有的特性。另一方面,系统中的任何部分又可以被看作为一个子系统,而系统也可以被看作一个更大系统中的一部分,这是有机结合的思想方法。

系统广泛应用于生产和生活的各个领域,其特征表现在以下5个方面。

(1)整体性。系统由相互区别的各要素(元件或子系统)组成,各要素具有不同的性质和功能,但组成系统后,形成新的特定功能,具有整体的特点。例如飞机是由许多部件组成的,在飞机的制造过程中,对于制造者来说,只是制造飞机的零部件,要保证零部件加工的质量和性能。而设计者将这些部件组合在一起,就构成了飞机整体,并体现飞机整体的性能。

(2)相关性。系统的各个组成部分是相互联系、相互依赖、相互作用,有机联系在一起的,各个组成部分之间具有相关性。例如引信由保险与解除保险机构、目标探测装置、发火机构、战斗部等组成,保险与解除保险机构用来保障引信使用前和使用中的安全性和可靠性,目标探测装置用以实现引信发火时机、发火方式的选择,发火机构接受目标探测的信号,对引信中的首级火工元件输出发火信号,引信发火后,通过爆炸序列的作用,将发火能量放大,引爆战斗部,使得整个引信作用。因此,系统中的各个子系统虽然发挥的作用不同,却是相互联系、相互依赖的。

(3)目的性。任何系统都是为了完成某种任务或实现某种目的而发挥其特定功能的。要达到系统的预定目的,就必须赋予系统规定的功能,在系统的整个寿命周期内,达到最优规划、最优设计和最优控制。例如,飞机系统是为了完成空中飞行的功能,火车系统是为了完成长(短)途运输的功能。

(4)有序性。有序性表现在空间结构的层次性和系统发展的时间顺序性。其具体表现为,在进行安全分析时,首先,在空间结构上将系统分割为各个子系统,各个子系统又可以再细化为分系统,分系统又可分解为各个作用单元;其次,在时间顺序上,每个作用单元、分系统、子系统和整个系统都有其发生、发展、成熟、衰弱、消亡的过程,每个寿命阶段,都被赋予了不同的功能。由此构成了系统在空间和时间上的有序性。

(5)环境适应性。环境的变化可能引起系统特性和功能的变化,同一个系统在不同的环境中发挥不同的作用。系统的适应性是指系统通过自我调节适应环境变化的性质,这种适应是通过与环境进行物质、能量和信息的交换来实现的。也就是说,系统从环境中获取必要的物质、能量和信息,经过系统的加工、处理和转化,产生新的物质、能量和信息,然后再提供给环境。因此,环境对系统功能的实现起着十分重要的作用。

1.1.3 安全系统

安全系统是由与安全有关的影响因素构成的，由于与安全有关的因素纷繁交错，所以安全系统是一个复杂的巨大系统，具有系统的特性。安全系统与一般系统又有所不同，表现在安全系统始终把人和环境看成系统的组成部分。因此，安全系统是由人、机、环境这3个子系统构成的，这些子系统之间存在相互影响、相互依赖、相互作用的关系，而这些关系是动态的，随着时间的变化而发生变化。可以从以下7个方面来认识安全系统的特性。

(1)系统性。安全系统的系统性体现在安全系统是由人、机、环境等子系统构成的相互影响、相互依赖的有机体，具有系统的特性。例如，一台设备或仪器，仅从其功能考虑，可能只是机和物。而对于一个车间甚至一个工厂，如果考虑安全问题的系统范围，就不能只考虑机和物，而要将人和环境考虑进去。实际上，人-机-环境是考虑了安全问题的空间跨度和时间跨度两个方面，即使是一台设备，如果把它的制造安全与使用安全考虑进去，仍然是人-机-环境的复杂系统。

(2)目的性。任何系统都有其功能和目的，没有目的的系统是不存在的。安全系统的目的性表现在安全系统是以系统的方式达到安全的要求，不仅各种因素表现出各自的安全，而且在载体相互作用下表现出整体的安全。

(3)开放性。安全系统是客观存在的，总是寄生在客体(这里的客体可以认为是与安全系统相联系的另一个系统，如交通系统、煤矿系统、建筑系统、航空航天系统等)中。可以把客体看成一个黑匣子，安全系统是通过客体的能量流、物流和信息流的输入-输出的非线性变化趋势，确认安全状态或事故发生的可能性。

开放性显示出安全系统的复杂性和安全—事故发生之间转换的重要机制。图1-1和图1-2分别给出了开放性的示意图和输入-输出函数关系的数学模型。

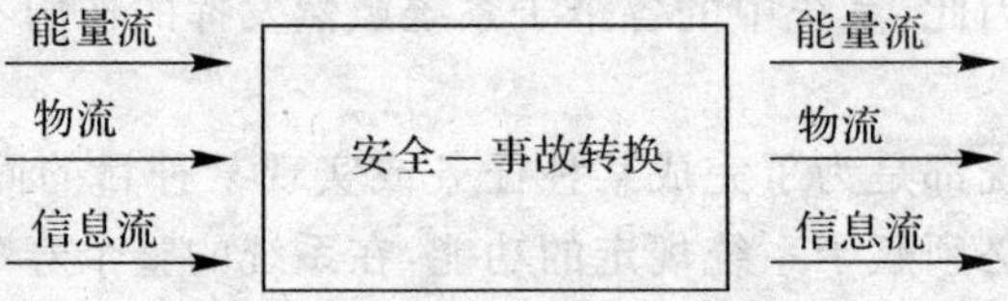

图1-1　开放性的示意图

在图1-2中，x可能是安全教育、安全管理、安全技术等；y可能是安全管理水平、事故率、损失等。协调x和y之间的关系，应考虑环境因素的影响。

(4)确定性和非确定性。确定性指制约系统演化的规则是确定性的，不含任意随机性因素，演化方向和演化结果确定，可以精确预测。非确定性指演化方向和演化结果不确定，或者具有描述事物运动特征的特征量不能客观精确地确定的特征。非确定性包含随机性和模糊性。

随机性表现在两个方面。

第一，在不含任何外在随机影响因素的作用下，完全由“确定性系统”演化而产生随机性。这种随机性称为本质随机性。

第二，系统可能因其外在影响因素的随机作用而产生随机性行为。这种随机性称为外在随机性。由于安全系统把环境因素看成其组成部分，所以这两种随机性对安全系统而言不明显。

模糊性指事物的本身不清楚或衡量事物的尺度不清楚。安全系统组成目标关系不清楚，原因有两个，一是主观模糊性，二是客观模糊性。例如，建立一个安全评价体系，各组成部分的影响有可能是独立的，有可能是相互影响的，不能够准确确定。另外，对于社会的因素、人的因素以及技术因素的耦合关系也难以量化，很难建立准确的数学关系。

应该强调的是，安全系统的非确定性并不是由安全系统本身不清楚造成的，而是人们对安全系统主观模糊性的表现。同时，对安全系统安全度的评价尺度以及构成安全度等级的评价指标体系也具有客观模糊性，无法给出客观的衡量尺度。

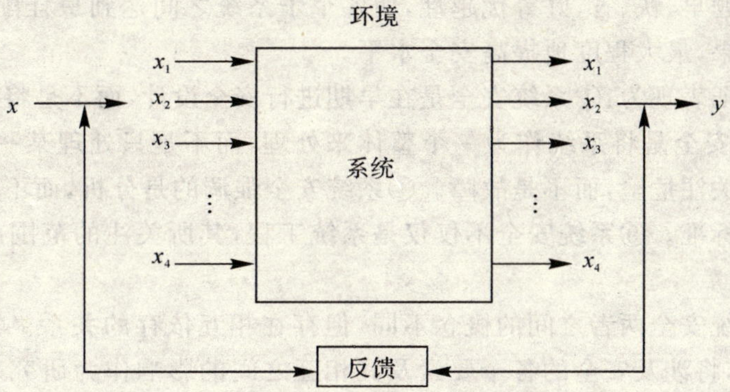

图 1-2 输入-输出函数关系的数学模型

(5)安全系统是有序与无序的统一体。序反映事物的组成规律和时域。依据序的性质，序可以分为有序、混沌序和无序三种形式。有序与稳定性、规则性相关联，表现为时间有序、空间有序和结构有序。无序与不稳定、无规则相关联。混沌序指不具备严格周期和对称性的有序态。对安全系统来讲，提出序的概念主要是指不同性质的序之间可以相互转化。如序的转化结果是否引发灾难或使灾害扩大，取决于序结构的类型及系统对特定结构下的运动的承受能力。

(6)突变性或畸变性。安全系统过程的突变或畸变，或过程由连续变化到非连续变化，本质上还是服从量变到质变的规律。量变到质变的转化形式可以用畸变、突变或飞跃来描述，但也可以通过渐变实现。例如，安全系统的渐变可能孕发事故，而突变和畸变则对应于灾害事故的启动，是致灾物质或致灾能量的突然释放。

(7)安全系统的动态性。首先，从安全的自然属性和社会属性来看，人类对安全需求是动态的，是随着时代的变迁和社会的发展不断提高的。其次，从唯物发展史观来看，任何系统都具有动态的特性，一成不变的系统是不存在的。因此，安全系统具有动态特性。

1.1.4 系统安全

系统安全是运用系统理论和系统工程的方法，在系统全寿命周期的所有阶段，以使用效能、时间和成本为约束条件，通过设计、分析和管理过程来识别、评价、消除和控制危险，使系统获得最佳的安全性。

系统安全由系统安全工程和系统安全管理两部分组成。系统安全工程是应用科学和工程的原理、准则和技术，识别并消除危险，以减少有关风险所需的专门业务知识和技能的一门工程学科。系统安全管理是确定系统安全大纲要求,保证系统安全工作项目和活动的计划和完成,与整个项目的要求相一致的一门管理学科。前者为后者提供各类危险分析、风险评价的理论和方法以及消除和减少风险的专门知识和技能,后者为前者选择合适的危险分析和风险评价方法,确定分析的对象和分析深入的程度,并根据分析结果做出决策。要想使系统达到全寿命周期最佳的安全性,两者缺一不可,必须相辅相成,有机地结合在一起。

系统安全行为开始于一个项目的最初期的概念发展阶段,承接于设计、生产、测试、操作运用、处理直至报废的各个阶段。其区别于其他安全方法的一个重要方面是在早期进行危险的识别和分类,在做出最终设计决策之前采取修正的行为以消除和减少危险。因此,系统安全具有处理系统安全问题早、快、省、好等优越性,使各个子系统之间达到最佳配合,以最少的投资获得最好的安全效果,最大程度地提高安全水平。

系统安全的特征表现为:①系统安全是在早期进行安全设计,而不是将安全添加到已完成的设计中。②系统安全是将系统作为一个整体来处理,而不是只处理某一个子系统或部件。③系统安全更多地关注危险,而不是故障。④系统安全强调的是分析,而不是传统安全技术所表现出来的经验和标准。⑤系统安全不仅仅是系统工程,其所关注的范围超过了传统的工程边界。

安全系统和系统安全两者之间的概念不同,但存在相互依存的关系。安全系统从人、机、环境 3 个方面入手,将涉及安全的各个要素及其相互之间的影响作为研究对象来获取系统的安全;系统安全是保证在系统全寿命周期的所有阶段,系统获得最佳的安全性。可以这样来理解,安全系统是手段,系统安全是目的,通过安全系统的研究手段,达到系统最佳安全性的目的。

1.1.5 安全管理

安全管理学是安全科学技术体系中重要的二级学科,它包括安全信息管理、劳动保护管理、风险管理、工业灾害控制和事故管理等分支学科。安全管理的核心是运用现代管理科学的理论和原理,探讨和揭示安全管理活动中的规律,建立和完善安全管理体制,解决人类生活和生产中的安全问题。作为管理学的一个重要分支,安全管理是管理者以安全为目的,通过管理手段进行有关决策、计划、组织、监督、协调和控制的一系列活动。其目的是保护职工在生产过程中的安全与健康,保护国家和集体的财产不受损失,促进企业改善管理,提高效益,消除隐患,使整个企业达到最佳的安全水平。

宏观的安全管理泛指国家从政治、经济、法律、体制和组织等方面所采取的措施和进行的活动。微观的安全管理是指经济和生产管理部门以及企事业单位所进行的具体安全管理活动,是将企业作为安全管理的主体。狭义的安全管理是直接以生产过程为对象的安全管理,是指生产过程或与生产有直接关系的活动中防止意外伤害和财产损失的管理活动。广义的安全管理泛指一切保护劳动者安全健康、防止国家财产受到损失的活动,其研究对象不仅包括生产经营活动,而且包括服务、消费活动。

1.1.6 安全系统管理

安全系统管理是研究安全管理活动规律的一门科学,其运用系统工程和现代管理科学的理论、原理和方法,探讨并揭示系统在其全寿命周期内各个阶段安全管理活动的规律,为安全生产法治建设、安全管理体制和规章制度的建立提供指导和帮助，以达到提高管理效益、防止生产事故发生和实现安全生产的目的。

安全系统管理既是安全科学的一个分支，也是管理学的一个分支，它属于安全科学技术体系中的二级学科。其内涵不仅涉及管理学和系统工程的一般问题，而且涉及安全科学与工程的特殊现象，是管理学和系统工程的方法论在安全领域的具体体现。可以从以下5个方面分析安全系统管理的特点。

(1)系统性。安全系统管理需要着眼于宏观，既要考虑系统的目标和整体功能，又要统筹人、机、环境等多方面的因素，既要考虑系统各个寿命阶段的时间有序性，又要考虑系统在空间结构上的有序性，表现出系统的特性。

(2)决策性。安全系统管理需要应用安全管理和系统工程的理论和方法，对种种复杂状况和多种方案进行选择和决策，在使用效能、时间和成本为约束条件下，不断优化安全管理的方法，使系统获得最佳的安全性。

(3)前瞻性。安全系统管理需要对系统未来的变化和发展趋势有足够的敏感性和预见性，能够预测系统存在的危险及其危害程度，要与时俱进，不断更新观念，尝试新方法，做好事故的预防和控制工作。

(4)综合性和交叉性。安全系统管理结合了安全学、系统学和管理学等学科的基本原理和方法，在学科方向上具有交叉融合的特性，学科交叉是“学科际”或“跨学科”，其结果所导致的知识体系结构为交叉学科，从而构成了安全系统管理的综合理论体系。

(5)实用性。安全系统管理为安全管理活动提供理论的依据和实践活动的指导，分析、认识实际生产中的各种隐患、危害、事故及其产生的原因，为预防、控制事故提供管理和技术对策，具有较强的技术性和实用性。

1.2 安全系统管理的研究内容

1.2.1 安全系统管理的研究对象

任何一个生产系统都包括3个部分的内容，即从事生产活动的操作人员和管理人员、设计人员，生产必须的机器设备、厂房等物质条件以及生产活动所处的环境。安全系统管理同样包括人、物和环境3个要素，其中人的要素涉及人的生理和心理因素，涉及规章制度、规程标准、管理手段、方法等是否适合人的特性，涉及机器对人的适应性以及环境对人的适应性。人的行为学作为一门科学，从社会学、人类学、心理学、行为学来研究人在生产中的安全性。不仅将人这个子系统作为系统固定不变的组成部分，更看到人是自尊自爱，有感情、有思想、有主观能动性的人。物的要素从材料设备可靠性来考虑安全性，同时考虑仪表操作对人提出的要求，从人的心理学、生理学对设备的设计提出要求。环境要素考虑环境的理化因素和社会因素。其中环境的理化因素是指噪声、振动、粉尘、有毒气体、射线、光、温度、湿度、压力、热、化学有害物质等；社会因素是指管理体制、工时定额、班组结构、人际关系等。

安全系统管理作为研究安全管理活动规律的一门学科，它与其他管理学科的不同之处在于安全系统管理是专门研究和协调安全生产系统中人与人、人与物、人与工作环境之间关系的管理问题，强调在保证安全目标实现的前提下，对安全所需的人、物、信息、环境以及时间等要素进行科学有效的协调和配置。因此，安全系统管理是以社会、人、机系统中的人、信息、物、环境等要素之间的安全关系为研究对象，通过合理、有效地配置诸要素及其之间的关系来保证系统中安全状况的持续实现，从而保证人类在社会活动中的安全生存、安全生活和安全生产。

1.2.2 安全系统管理的研究内容

安全系统管理的研究内容包括安全系统管理的理论基础、安全管理方法、事故管理、安全文化和安全法规等，其体系如图 1-3 所示。

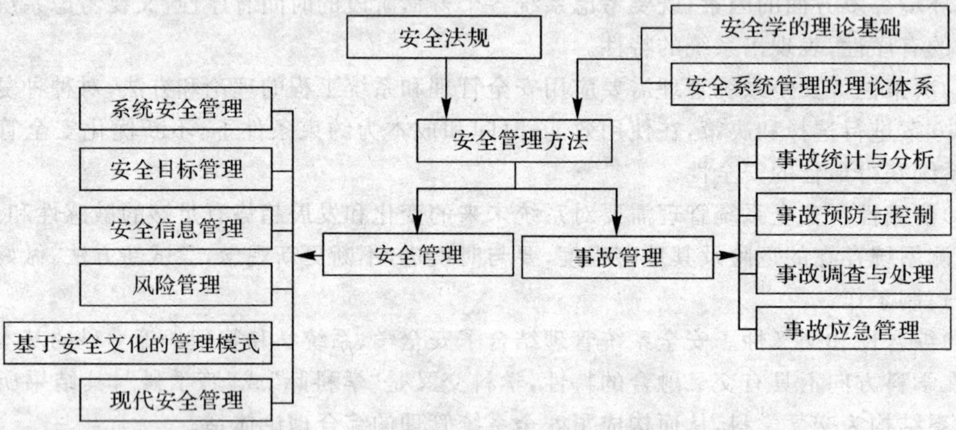

图 1-3 安全系统管理的内容体系

安全系统管理的理论基础是指适用于安全管理的原理和相关原则，包括安全学的理论基础、安全系统管理的理论体系、事故模式理论等基本原理，为安全系统管理活动提供理论的依据。这部分的主要内容将在第 2 章中详细介绍。

安全文化是持续实现安全生产不可缺少的软支撑，不仅包括安全价值观、安全行为准则、管理文化等软件方面的文化，还包括物态文化和环境文化等硬件方面的文化。安全文化从文化和理念层面研究如何使人自主地约束不安全行为，实现个体人的安全，继而实现组织系统的安全。安全文化的研究内容包括安全观念文化、安全行为文化、安全管理(制度)文化和安全物态文化等，从文化氛围和文化熏陶的角度对人们的安全观念和安全行为进行更新和改造，构筑一道安全文化防线，预防事故的发生，保障安全生产。这部分的主要内容将在第 3 章中详细介绍。

安全管理方法是指采用系统科学、管理科学和安全科学的基本理论，指导安全系统管理过程的方式和策略。它包括系统安全管理、安全目标管理、风险管理、安全信息管理、事故管理、基于安全文化的管理模式和现代安全管理的方法，这个领域的研究属于系统科学方法论的研究范畴，在不同的历史时期和不同的科技水平下采用不同的安全管理手段和方法。这部分的主要内容将在第 3 章和第 4 章中详细介绍。

安全法规是法的组成部分，是保护劳动者在生产过程中的生命安全和身体健康的有关法令、规程、条例规定等法律文件的总称，又称劳动保护法规或安全生产法规。我国的安全法规是调整在社会主义生产过程中和商品流通过程中的人与人之间、人与自然之间的关系，维护社会主义劳动法律关系中的权利和义务、生产与安全的辩证关系，以保障职工在生产过程中的安全和健康。在预防事故和控制事故方面，安全法规具有法的指引作用、评价作用、教育作用、预测作用和强制作用。这部分的主要内容将在第5章中详细介绍。

事故管理是指对事故的抢救、调查、分析、研究、报告、处理、统计、建档、制定预案和采取防范措施等一系列工作和管理的总称。它包括事故统计与分析、事故预防与控制、事故调查与处理以及事故的应急管理等内容,目的在于加强事故预防与控制、吸取事故教训、总结事故规律、防止类似事故重复发生。这部分的主要内容将在第6～9章中详细介绍。

1.3　安全系统管理的形成和发展

从古至今,人类经历了漫长的岁月,安全问题也伴随着人类,成为人类社会发展永恒的话题。在人类与事故和灾难进行斗争的历程中,产生和发展了安全系统管理。

1.经验型和事后型的安全管理

安全问题自古有之,在古代,人类尽可能逃避灾难,形成了最基本的安全观,这是一种生存安全观。在这个时期,人们只能被动地面对事故,无奈地接受事故造成的伤害。

随着社会的发展,在生产中积累了一些安全防护的经验,对事故有了初步的"预防"理念。例如,在我国,隋代医学家巢元方在《病源诸候论》中指出:进入古井深洞,先放入羽毛,如观其旋转,说明有毒气上浮,不得入内。孟元志所著《东京梦华录》,记述北宋首都卞京(开封)严密的消防组织,书中记载:每访三百步许,有军巡铺一所,辅兵五人;高处砖砌望火楼,如有救火事,由骑兵驰报。明代科学家宋应星在《天工开物》中指出:采煤时防止瓦斯中毒,将巨竹去掉竹心、竹节,插入煤中,使毒烟从竹中透上。在古希腊和古罗马时期,一些国家和地区设立了以维持社会治安和救火为主要任务的近卫军和值班团。这些都是安全管理的雏形。

随着生产方式的变更,人类从农牧业社会进入了早期的工业化社会。18世纪中叶,蒸汽机的发明引起了一场工业革命,手工劳动被大机器所取代。伴随着生产率的提高,伤亡事故发生频率增加,工人的生命和健康受到了极大的威胁,同时也严重影响了生产的持续。面对这一现状,19世纪初,英国、法国、比利时相继颁布了安全法令,如1802年,英国组织纺织厂工人学习《健康风险保护法》,1820年,比利时制定《矿场检查法案》。这些安全法令的颁布和实施,使得劳动保护和工人的安全健康得到了法律的保障,对安全法制管理进行了有益的尝试。

在这个时期,人们一方面从技术防护入手,降低事故的发生频率和事故的严重程度;另一方面,开展了一些管理工作,反映出人类对事故和灾难有了抗争的意识,学会了"亡羊补牢"的手段,逐渐地形成了安全管理的概念,这是一种事后型的安全管理模式,经验始终是指导安全工作的宝贵财富。

2.理性的安全管理和安全管理理论的产生

进入20世纪,工业发展速度加快,环境污染和重大工业事故相继发生,职业危害日益严重。面对无数次血的教训,各行各业寻求各自较为系统的安全理论和技术,逐渐形成了理性安全管理的概念。

第一次用理性思维来认识危险,并主动采取预防和控制措施,始于"安全第一"经营方针的提出。1906年,美国钢铁公司B·H·凯里总结了生产中的事故教训,将原来的"质量第一,产量第二"改为"安全第一,质量第二,产量第三",不仅改善了生产环境,减少了事故发生和设备损坏的次数,保障了雇员的安全,而且使质量和产量都得到了保证和提高。它向世人证明了只有在安全前提下的生产活动,才能创造出产值和利润,并提高了人们对安全管理工作的认识水平。

1929 年，美国安全工程师海因里希（W. H. Heinrich）发表了著名的《工业事故预防》（*Industrial Accident Prevention*）一书，阐述了根据当时的工业安全实践总结出来的所谓“工业安全公理”，又称为“海因里希十条”，提出了基于事故因果链锁关系的事故致因理论，系统地阐述了安全管理的思想和经验。该理论得到了世界上许多国家安全工作者的认同，并作为安全管理工作中的理论基础。虽然理论中存在一些思想的局限性，但仍然显示了强大的生命力，至今依然对安全管理工作产生着重大的影响。

3. 系统论和综合型的安全管理

20 世纪 20～50 年代，美、英、法、日、荷等工业较为发达的国家普遍进行了安全立法，并相继建立了旨在预防伤亡事故和职业病的安全管理科研机构。尤其是在第二次世界大战之后，经济复苏，科学技术飞跃进步，新技术、新工艺、新能源、新材料和新产品的不断出现，在给人们的生活面貌带来巨大变化的同时，也带来了更多的危险。

20 世纪 50 年代以后，设备、工艺和产品越来越复杂，战略武器的研制、宇宙的开发、核电站的建设，代表着人类现代先进科学技术的复杂巨系统相继问世。这些复杂巨系统往往由数以千计、万计的元件和部件组成，系统中微小的差错可能会引起大量的能量意外释放，导致灾难性的事故。这一阶段，安全管理工作面临着前所未有的严峻挑战，同时也促使人们认识到安全工作必须从系统整体的角度出发去研究，从而诞生了系统安全管理的理念。

1957 年，苏联发射了第一颗人造地球卫星，取得了太空研究的巨大进步。美国为了保持其超级大国的地位，保护其空间技术优势，不甘示弱地发展导弹武器。从 20 世纪 50 年代末到 60 年代初，在研制井下弹道导弹发射系统时，采取了构思、设计、制造和使用齐头并进的方针。在最初的运行试验中，相继发生了 4 起重大事故，每次事故损失都达到数百万美元，迫使美国空军开始以系统工程的基本原理和管理方法来研究导弹系统的安全性和可靠性。

1962 年，美国军方首次公开发表了《空军弹道导弹安全系统工程大纲》；1962 年 9 月，制定《武器系统安全标准》；1962 年，提出了“系统安全程序”；1967 年 7 月，确定了《美军标 MIL－STD－882B 系统安全程序要求》；1969 年 9 月，完成了《美军标 MIL－STD－882C 系统安全大纲要求》。这一标准的产生标志着安全管理引入了系统工程的理念，建立了较为完整的系统安全的概念和安全分析、设计、评价的基本原则，是安全系统管理发展的一个里程碑，将安全系统管理工作推向了一个新的阶段。

20 世纪 60 年代之后，许多国家都借鉴了美国系统安全管理的理论和经验，从人、机、环境和管理等综合要素出发，开展了全面的安全系统管理工作，创造出了许多新的安全技术和安全管理方法，促进了安全系统管理的发展。在这个时期，系统论的理论以及系统方法的提出和应用，大大推动了安全系统理论的发展，解决了安全工作者凭借经验不能完全解决的复杂系统的安全问题。

4. 标准化和现代化的安全管理

20 世纪 50 年代，美国很多企业采用了以实行工程技术教育为基础的安全管理，标志着美国现代安全管理的起步。美国政府正规地介入职业安全卫生领域并开始发挥其主导作用始于 20 世纪 60 年代。1969 年，美国颁布了《联邦煤矿安全与卫生法》，这是美国第一个有关职业安全卫生的具体立法。1970 年 12 月 29 日，美国国会通过并由尼克松总统签署颁布了《职业安全与卫生法》（Occupational Safety and Health Act，OSH Act），于 1974 年 4 月 28 日生效。这是美国第一个全国性的安全卫生基本法，极大地推动了职业安全卫生工作的进展。

1971年，美国劳工部职业安全卫生管理局（Occupational Safety and Health Administration，OSHA）成立，确定其工作目标是通过与雇主和工人的共同努力，营造更好的工作环境，以确保工人的安全和健康。OSHA成立以来，美国因公死亡人数下降幅度超过60%，职业伤害和职业病发病率下降了40%，极大地改善了安全生产的状况。

20世纪90年代，国际上在安全管理方面提出了“可持续发展”的口号，人们充分认识到了安全问题与可持续发展的辩证关系。1999年4月，在巴西召开的第十五届世界职业安全卫生大会上，国际劳工组织明确提出，国际劳工组织将像贯彻ISO9000（质量管理与保证体系系列标准）和ISO1400（环境管理体系系列标准）一样，推行企业健康安全规范化的管理体系。2001年4月，国际劳工组织召开专家会议审核、修订并一致通过了职业安全健康管理体系（Occupational Safety and Health Management System，OSHMS）技术导则。

职业安全健康管理体系的建立和实施，使得安全系统管理工作走进了标准化和现代化的轨道，也成为现代化安全管理的重要标志。

纵观安全系统管理的发展，经历了从事后型的“亡羊补牢”到预防型的本质安全，从单因素的就事论事到系统安全工程，从事故致因理论到安全科学原理的发展历程，安全系统管理在不断地发展和完善。随着现代企业制度的建立和安全科学技术的发展，现代企业更需要发展科学、合理、有效的现代安全管理方法和技术。由此孕育而生的各种安全生产方针、安全生产体制、安全管理和检查制度等成为企业安全管理的基础。

现代安全管理是现代社会和企业实现安全生产和安全活动的必由之路，一个具有现代技术的生产企业必然需要与之相适应的现代安全管理科学。目前，现代安全管理是安全管理体系中最活跃、最前沿的研究和发展领域，并将随着安全管理科学的发展和职业安全健康管理体系的进一步推行，在理论和方法应用方面不断地发展和完善。

1.4 安全系统管理的地位和作用

科学技术的飞速发展，使得生产工艺、技术及环境的复杂性加大，安全管理的对象也日益复杂，给安全管理带来了前所未有的挑战，也使得安全系统管理在事故预防和控制以及促进经济发展中必须起到其不可替代的地位和作用。

(1)安全系统管理是在系统的全寿命周期内，为了解决安全问题而使用人力、物力和财力等各种资源的所有活动。它利用计划、组织、指挥、协调和控制等管理机能，控制来自自然界的、机械的、物质的不安全因素和人的不安全行为。因此，通过研究安全系统管理，可以极大程度地避免事故的发生，保障人们的生命安全，保证财产不受损失。

(2)对事故的原因分析可知，事故原因85%以上都是与管理紧密相关的，都是由于管理的缺陷、疏忽和失误造成的。因此，通过改进安全管理，就可以有效地控制85%左右的事故原因，降低事故发生的频率，减少事故的损失，这是防止伤亡事故和职业危害的根本对策。

(3)我国的安全生产方针是“安全第一，预防为主，综合治理”。事故的预防与控制的作用在安全管理中是举足轻重的。一方面，预防与控制事故的方法和手段，包括技术手段、教育手段和管理手段由管理部门选择并确定。另一方面，在有限的安全投入和现有的技术水平下，通过管理手段预防和控制事故无疑是最有效、最经济的方式。因此，搞好安全系统管理是贯彻落实安全生产方针的基本保证，安全管理水平的提高有利于国家安全生产管理体制的完善和执行。

(4)目前，我国社会正处于转型期，有关安全生产的立法、执法有待进一步地完善，虽然我国已经初步建立了安全生产法律法规体系，《安全生产法》已实施了多年，但在安全生产领域有法不依、执法不严的问题依然普遍存在。因此，加强安全系统管理，可以加快我国的安全法规建设，切实保证公民和法人的合法权利。

(5)职业安全健康管理体系是管理标准化的标志，是未来企业安全管理发展的趋势，而职业安全健康体系的实施需要包括方针、规划、组织、资源、程序等要素充分纳入其整个管理体系的组织。因此，必须依靠有效的安全管理才能发挥其应有的作用。

(6)安全管理对社会经济发展起着保驾护航的作用。从微观层面上讲，搞好安全管理，有助于改进企业管理，全面推进企业各个方面的工作，促进企业经济效益的提高。从宏观层面上讲，安全管理会产生并提供以间接形式为主的社会经济效益，其作用对于社会、经济的发展和稳定是不可缺少的。

思 考 题

1. 安全管理和安全系统管理的基本概念是什么？安全系统管理的内涵包括哪些方面？
2. 如何将管理的基本原理应用于安全管理之中？
3. 试说明安全问题也从一定的角度反映了社会问题。
4. 简述安全系统管理的研究对象和内容。

第2章 安全系统管理理论

本章学习目标

1. 掌握安全学和管理学的基本原理和方法。

2. 掌握安全系统管理的理论体系。

3. 了解安全系统管理的理论在安全系统管理工作中的应用。

在人类的发展历史中，始终伴随着意外事件和自然灾害的威胁和挑战，人们对意外事件的防范能力和认识过程也经历了漫长的岁月。从无意识地对事故和灾害听天由命，无能为力地承受事故所带来的损失和伤害，到有意识地与事故进行抗争，主动寻找对策应对事故；从事后型的“亡羊补牢”和单因素的就事论事的管理方法，到综合人、机、环境和管理等要素的系统安全管理理念，再到本质安全化的事故预防科学和技术。安全系统管理的理论体系在长期的实践和发展中不断地完善，成为人类认识危险、解决安全问题的依据。

2.1 安全原理

安全原理是安全科学的基础理论之一，是从大量典型事故的本质原因分析中提炼并科学地归纳出来的，反映了事故发生的规律性，能够为事故原因的定性和定量分析以及预防和控制事故，从理论上提供科学、完整的依据。因此，安全原理包括对事故的科学认识以及反映事故规律的事故模型。

2.1.1 事故

1. 事故的定义

在《辞海》中，“事故”的解释为意外的变故或灾祸。例如，会计师算错了账是工作事故，产品出了质量问题是质量事故，交通运输中的意外损害和破坏称为交通事故。对于事故，从不同的角度出发对其会有不同的描述和定义。

从直观接触到的事故来看事故的定义，事故涉及了人身伤害，事故是非预谋性事件，事故违背了人的意志，是意外事件。

美军标 MIL－STD－822C 指出，事故是造成伤亡、职业病、设备或财产的损坏或损失、环境危害的一个或一系列事件。这一定义体现了人类对事故的认识过程，将事故定义从意外伤害扩展到了职业病、财产的损失和设备的损坏，直至对环境的污染和破坏。

伯克霍夫(Berckhoff)对事故进行了更加全面的描述，认为事故是人(个人或集体)在为实现某种意图而进行的活动中，突然发生的、违反人的意志的、迫使活动暂时或永久性停止的事件。

将事故作为安全科学研究的主要对象，下面的说法比较准确和全面。

事故是人们在生产、生活活动过程中突然发生的、违反人们意志的、迫使活动暂时或永久性停止、可能造成人员伤害、财产损失或环境污染的意外事件。

如果以人为核心来考察事故后果,则有以下两种事故。

(1)伤亡事故。简称伤害。这类事故是个人或集体在行动过程中,接触了与周围条件有关的外来能量,若该能量作用于人体就会致使人的生理机能部分或全部丧失。因为这种事故后果严重时将决定一个人一生的命运,所以习惯上称为不幸事故。在生产区域中发生的和生产有关的伤亡事故,称为工伤事故,分轻伤、重伤和死亡三种类型。

(2)一般事故。这是指人身没有受到伤害或受伤轻微、停工短暂,与人的生理机能障碍无关的事故。由于这类事故传给人体的能量很小,不足以构成伤害,习惯上称为微伤。另外,对人身而言的未遂事故,称为无伤害事故。

当事故发生时,其结果是伤亡事故还是一般事故,是一个受偶然性支配的问题,两者的分界线是不鲜明的,把两者分开的可能性,从本质上说是一个偶然性的问题,只能用概率来加以论述。

如果以客观的物质条件为核心来考察事故现象,则也存在两类事故。

(1)物质遭受损失的事故。如由于火灾、爆炸、冒顶、倒塌等所发生的事故。这类事故的产生是因为生产现场的物质条件都是根据不同的目的,并为了实现这一目的而创造的人工环境,当供给它的动力不符合要求时,致使能量的突然逸散而发生物质的破坏,从而造成损失。

(2)物质完全没有受到损失的事故。这类事故虽然物质没有受到损失,但在人-机系统中,任何一方停止工作,另一方也无法正常工作。同时,生产现场的机械设备和装置在使用过程中,随时间的推移,有一个可靠性问题。伴随着可靠性降低,无法保证系统永远处于正常状态,因而就有发生事故的可能性。

总之,无论人是否受到伤害,物是否损失,都应彻底地从生产领域中排除各种不安全因素和隐患,防止事故发生,做到安全生产。

2.事故的特点

(1)事故是一种发生在人类生产、生活活动中的特殊事件,人类的任何生产、生活活动中都有可能发生事故,因此,人们若想把活动按自己的意图进行下去,就必须努力采取措施来防止事故。

(2)事故是一种突然发生的、出乎人们意料的意外事件。这是由于导致事故发生的原因非常复杂,往往是由许多偶然因素引起的,因而事故的发生具有随机性质。在一起事故发生之前,人们无法准确地预测什么时候、什么地方、发生什么样的事故。由于事故发生的随机性,认识事故、弄清事故发生的规律以及防止事故发生成为一件非常困难的事情。

(3)事故是一种迫使进行着的生产、生活活动暂时或永久性停止的事件。事件中断、终止活动的进行,必然给人们的生产、生活带来某种形式的影响。因此,事故是一种违背人们意志的事件,是人们不希望发生的事件。

(4)事故除了影响人们的生产、生活活动顺利进行之外,还可能造成人员伤害、财物损坏、环境污染等其他形式的后果。

值得指出的是,事故和事故后果是具有因果关系的两个概念。由于事故的发生产生了某种事故后果,人们往往把事故和事故后果看作一件事,这是不正确的。有些事故带来严重的伤害或损失,给人们的印象非常深刻,相应地使人们注意了带来这种后果的事故。而有些事故的后果非常轻微,没有引起人们的注意,这个时候,人们往往会忽略这类事故,例如未遂事故。未遂事故的发生原因、发展过程与那些造成了严重后果的事故是完全相同的,只是由于某个偶然因素，并没有造成严重的后果。

美国的海因里希调查了 5 000 多起伤害事故，在 330 起类似事故中，发现 300 起事故没有造成伤害，29 起为轻微伤害，1 起为严重伤害。严重伤害：轻微伤害：没有伤害＝1：29：300，这就是著名的海因里希法则，其示意图如图 2－1 所示。

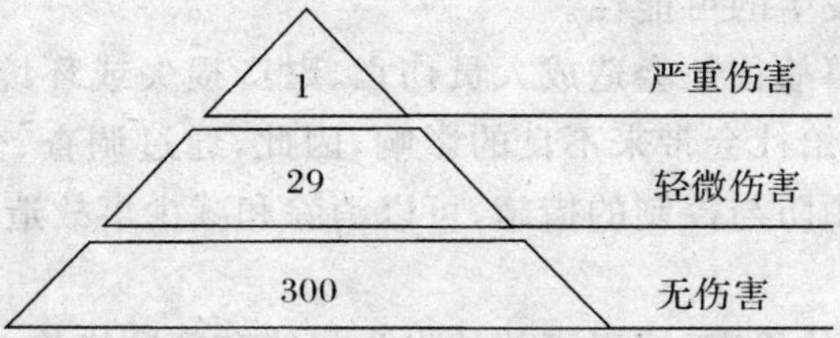

图 2－1 海因里希法则示意图

海因里希法则的意义体现在以下两个方面。

(1)海因里希法则反映了事故发生频率与事故后果严重度之间的一般规律。

(2)在事故发生后，其后果的严重度具有随机性，并取决于机会因素。

利用海因里希法则，日本曾掀起过“消灭 300”活动，目的在于对于未遂事故、没有造成伤害的事故不重视的现象，加强管理，形成员工-政府安全管理的模式。

从事故的特点中可以看出，安全管理不仅具有重要性，而且具有艰巨性。其重要性表现在事故后果的严重性，其艰巨性表现在严重事故的概率比较低，往往不会引起人们的重视，要想消灭重大事故，必须从消除大量的无伤害事件入手。

3. 事故的基本特性

(1)事故的普遍性和必然性。人们在生活和生产中的危险及有害因素是客观存在的，而且是绝对存在的，所以，人类的生产和生活中总是伴随着危险，发生事故的可能性普遍存在。只是在人类的不同生产和生活过程中，根据不同的条件和环境，发生事故的可能性存在差异，发生事故的严重程度也有所不同。人们采取预防和控制事故的一系列措施，可以延长事故发生的时间间隔，降低事故发生的概率，减小事故造成的损失，但是不能完全杜绝事故的发生。

(2)事故的随机性和规律性。事故属于在一定的条件下可能发生，也可能不发生的随机事件，而事故发生的时间、地点、形式、规模、后果的严重程度的不确定和难预测性，决定了事故的随机性。但是，在一定的范围内，事故的随机性遵循数理统计规律，可以在大量事故统计分析的基础上，找出事故发生的规律，认识事故的规律性，预测事故发生的概率大小，将事故消除在萌芽状态之中。

(3)事故的因果相关性。因果性是某一现象作为另一现象发生的依据的两种现象的相关性。事故是由系统中的相互联系、相互制约的多种因素共同作用的结果，即一个因素是前一个因素的结果，同时又是后一个因素的原因，因此，事故的因果关系有继承性，是多层次的。导致事故的原因很多，主要从人、物、环境的不良刺激来归纳事故的因果关系，掌握造成事故的直接和间接原因，防止同类事故的再次发生。

(4)事故的潜伏性和再现性。事故发生具有突变性，事故发生前有一个量变和渐变过程，所以事故具有潜伏期。在这个潜伏期内，导致事故发生的因素，即隐患或潜在危险早就存在，只是未被发现或未受到重视而已。随着时间的推移，一旦条件成熟，这些因素就会显现而酿成事故。

事故一经发生,就成为过去。如果没有真正地了解事故发生的原因,并采取有效措施去消除这些原因,就会再次出现类似的事故。应当致力于消除这种事故的再现性,这是能够做到的。

人们根据对过去事故所积累的经验、知识以及对事故规律的认识,并使用科学的方法和手段,可以对未来可能发生的事故进行预测。事故预测的目的在于识别和控制危险,预先采取对策,最大限度地减少事故发生的可能性。

(5)事故的危害性。事故往往会造成人员伤亡、财产损失或环境污染,严重者会制约企业的发展,影响人们的生活,给社会带来不良的影响,因此,通过调查、分析、统计事故,了解和掌握事故的特性,实施事故预防与控制的措施,可以消除和减少事故造成的危害。

4.事故分类

为了对事故进行科学的研究,探索事故的发生规律和预防措施,需要对事故进行分类。由于研究的目的和角度不同,因此分类的方法也不相同。

(1)按事故的性质进行分类。按事故的性质分类,有责任事故和非责任事故。

1)责任事故:本来可以预见、抵御、避免事故,但由于人为原因,没有采取措施而造成事故。据统计,90%以上的事故属于责任事故。

2)非责任事故:由于自然灾害造成事故,人类现阶段的科技水平无法避免。

(2)按事故中人的伤亡情况进行分类。按照人员遭受伤害的严重程度,将伤害划分为以下4类。

1)暂时性失能伤害:受伤害者或者中毒者暂时不能从事原岗位工作的伤害。

2)永久性部分失能伤害:受伤害者或者中毒者的肢体或某些器官功能不可逆丧失的伤害。

3)永久性全失能伤害:受伤者或中毒者完全残废的伤害。

4)死亡。

根据国家标准GB6441—1986《企业职工伤亡事故分类》,可以把受伤害者的伤害分成以下3类。

1)轻伤:损失工作日低于105天的失能伤害。

2)重伤:损失工作日等于或大于105天的失能伤害。

3)死亡:发生事故后当即死亡,包括急性中毒死亡,或受伤后在30天内死亡的事故。死亡损失工作日为6 000天。

(3)按事故严重程度分类。根据国务院《生产安全事故报告和调查处理条例》(2007年)规定,将事故按照严重程度可分为以下4类。

1)一般事故。这是指造成3人以下死亡,或者10人以下重伤(包括急性工业中毒),或者1 000万元以下直接经济损失的事故。

2)较大事故。这是指造成3人以上、10人以下死亡,或者10人以上、50人以下重伤(包括急性工业中毒),或者1 000万元以上、5 000万元以下直接经济损失的事故。

3)重大事故。这是指造成10人以上、30人以下死亡,或者50人以上、100人以下重伤(包括急性工业中毒),或者5 000万元以上、1亿元以下直接经济损失的事故。

4)特别重大事故。这是指造成30人以上死亡,或者100人以上重伤(包括急性工业中毒),或者1亿元以上直接经济损失的事故。

(4)按照事故类别进行分类

根据GB6441—1986《企业职工伤亡事故分类》,综合考虑起因物、引起事故发生的诱导性原因、致害物、伤害方式等，可将事故分为 20 类。表 2-1 给出了具体的分类和说明。

表 2-1 按照《企业职工伤亡事故分类》的事故分类

序号	事故类型	说明
1	物体打击	指落物、滚石、锤击、碎裂、崩块、击伤等伤害，不包括因爆炸而引起的物体打击
2	车辆伤害	包括挤、压、撞、倾覆等
3	机械伤害	包括绞、碾、碰、割、戮等
4	起重伤害	指各种起重设备或操作过程中所引起的伤害
5	触电	电流流过人体或人与带电体间发生放电引起的伤害，包括雷击伤害
6	淹溺	各种作业中落水及非矿山透水引起的溺水伤害
7	灼烫	火焰烧伤、高温物体烫伤、化学物质灼伤、射线引起的皮肤损伤等，不包括电烧伤及火灾事故引起的烧伤
8	火灾	造成人员伤亡的火灾事故
9	高处坠落	包括由高处落地和由平地上坠入地坑
10	坍塌	建筑物、堆置物、构筑物倒塌以及土石塌方引起的事故，不适用于矿山冒顶、片帮以及爆炸和爆破引起的坍塌事故
11	冒顶片帮	指矿山开采、掘进及其他坑道作业发生的顶板冒落、侧壁垮塌
12	透水	适用于矿山开采及其他坑道作业发生的因涌水而造成的伤害
13	爆破	由爆破作业引起的，包括因爆破引起的中毒
14	火药爆炸	指生产、运输、储藏过程中发生的意外爆炸
15	瓦斯爆炸	包括瓦斯、煤尘与空气混合形成的混合物的爆炸
16	锅炉爆炸	适用于工作压力在 0.07MPa 以上、以水为介质的蒸汽锅炉的爆炸
17	压力容器爆炸	包括物理爆炸和化学爆炸
18	其他爆炸	可燃性气体、蒸汽、粉尘等与空气混合形成的爆炸性混合物的爆炸；炉膛、钢水包、亚麻粉尘的爆炸等
19	中毒和窒息	职业性毒物进入人体引起的急性中毒、缺氧窒息性伤害
20	其他伤害	上述范围之外的伤害事故，如扭伤、跌伤、冻伤、野兽咬伤等

5. 事故原因

事故的原因分为直接原因和间接原因两类。

(1)事故的直接原因。事故的直接原因是直接导致事故发生的原因，又称一次原因。大多数学者认为，事故的直接原因有两个，即物的不安全状态和人的不安全行为。据美国研究者调查统计，某年全国休工 8 天以上的事故中，有 96%的事故与人的不安全行为有关，有 91%的事故与物的不安全状态有关。日本的调查统计显示，某年全国休工 4 天以上的事故中，有 94.5%的事故与人的不安全行为有关，有 83.5%的事故与物的不安全状态有关。这些数字表明，大多数事故既与人的不安全行为有关，又与物的不安全状态有关。

美国的皮特森(Den Peterson)认为，管理失误也是事故发生的直接原因，这一观点说明管理在安全工作中的重要地位。

1)物的不安全状态。它包括防护、保险、信号等装置缺乏或有缺陷，设备、设施、工具附件有缺陷，个人防护用品、用具缺少或有缺陷，生产(施工)场地环境不良等。

2)人的不安全行为。它包括操作错误、忽视安全、忽视警告，造成安全装置失效，使用不安全设备，手代替工具操作，物体(指成品、半成品、材料、工具、切屑和生产用品等)存放不当，冒险进入危险场所，攀、坐不安全位置，在起吊物下作业、停留，机器运转时加油、修理、检查、调整、焊接、清扫等，有分散注意力的行为，在必须使用个人防护用品用具的作业或场合中忽视其使用，不安全装束，对易燃、易爆危险品处理错误。

3)管理缺陷。它包括劳动组织不合理，企业主要领导人对安全生产的责任心不强，作业标准不明确，缺乏检查保养制度，人事配备不完善，对现场工作缺乏检查或指导错误，没有健全的操作规程，没有或不认真实施事故防范措施等。

(2)事故的间接原因。事故的间接原因是指使事故的直接原因得以产生和存在的原因。间接原因主要有以下几种类型。

1)技术原因。技术原因主要指建筑物、机械装置设计不良，材料结构不合适，检修、保养不好，作业标准不合理等。

2)教育培训原因。教育培训原因主要指缺乏安全知识，错误理解安全规程和要求，训练不足而有不良习惯或坏习惯，经验不足等。

3)身体和精神原因。身体和精神原因主要指疾病、残疾、疲劳、酩酊大醉、体格不合适、错觉、态度不好、精神不安、感觉上缺陷、性格上缺陷以及智能缺陷等。

4)社会历史原因。社会历史原因主要指国家由于法规、行政和社会结构缺陷或者国家民族特点、生产力水平和思想进步程度等引起的事故原因。

2.1.2　危险源理论

1.危险源的定义

危险源是可能导致人员伤害、财物损失和环境污染等事故的、潜在的不安全因素。危险源的存在是事故发生的根本原因，防止事故就是消除、控制系统中的危险源。

重大危险源是指长期或临时生产、加工、搬运、使用或储存危险物质，且危险物质的数量等于或超过临界量的单元。其中单元是一个(套)生产装置、设施或场所，或同属于一个工厂的且边缘距离小于 500m 的几个(套)生产装置、设施或场所。危险物质是一种或若干种物质的混合物，由于其化学、物理或毒性特性而具有易导致火灾、爆炸或中毒的危险。依据 GB18218—2000《重大危险源辨识》判定单元是否构成重大危险源。

2.危险源理论

危险源理论有陈宝智教授提出的两类危险源理论和田水承教授提出的三类危险源理论。

(1)第一类危险源。系统中存在的、可能发生意外释放的能量或危险物质称为第一类危险源。表 2-2 给出了常见的第一类危险源，表 2-3 给出了伤害事故类型与第一类危险源。

表 2-2　常见的第一类危险源

序号	危险源
1	产生、供给能量的装置和设备
2	使人体或物体具有较高势能的装置、设备和场所
3	能量载体
4	一旦失控可能产生巨大能量的装置、设备、场所
5	一旦失控可能发生能量蓄积或突然释放的装置、设备、场所
6	危险物质
7	生产、加工、储存危险物质的装置、设备、场所
8	人体一旦与之接触将导致人体能量意外释放的物体

表 2-3　伤害事故类型与第一类危险源

事故类型	能量源	能量载体或危险物质
物体打击	产生物体落下、抛出、飞散的设备、场所、操作	落下、抛出、破裂、飞散的物体
车辆伤害	车辆，使车辆移动的牵引设备、坡道	运动的车辆
机械伤害	机械驱动装置	机械的运动部分、人体
起重伤害	起重、提升机械	被吊起的重物
触电	电源装置	带电体、高跨步电压区域
灼烫	热源设备、加热设备、炉、灶、发热体	高温物体、高温物质
火灾	可燃物	火焰、烟气
高处坠落	高度差大的场所、人员借以升降的设备、装置	人体
坍塌	土石方工程的边坡、料堆、料仓、建筑物、构筑物	边坡土(岩)体、物料、建筑物、构筑物、载荷
冒顶片帮	矿山采掘空间的围岩体	顶板、两帮围岩
放炮、火药爆炸	炸药	

续表

事故类型	能量源	能量载体或危险物质
瓦斯爆炸	可燃性气体、可燃性粉尘	
锅炉爆炸	锅炉	蒸汽
压力容器爆炸	压力容器	内容物
淹溺	江、河、湖、海、池塘、洪水、贮水容器	水
中毒窒息	产生、储存、聚积有毒有害物质的装置、容器、场所	有毒有害物质

第一类危险源具有的能量越多，一旦发生事故其后果越严重。反之，第一类危险源处于低能量，则系统比较安全。

(2)第二类危险源。导致约束、限制能量或危险物质的措施失效或破坏的各种不安全因素称为第二类危险源。第二类危险源包括个体人行为失误、物的故障和环境因素 3 个问题。

人的失误是指人的行为所产生的结果偏离了预定的标准，人的不安全行为可以作为人失误的特例。人的失误可能直接破坏对第一类危险源的控制，造成能量或危险物质的意外释放。如误开阀门会使有毒有害气体泄漏。人的失误有时也可能造成物的故障，物的故障导致事故的发生，如超载起吊重物造成钢丝绳断裂，发生重物坠落事故。

物的故障是指物的不安全状态，可能直接使约束、限制能量或危险物质的措施失效而发生事故。例如，电线绝缘损坏发生漏电，管路破裂使有毒有害气体泄漏等。有时一种物的故障会导致另一种物的故障，最终造成能量或危险物质的意外释放。例如，压力容器的泄压装置故障，使容器内部介质压力上升，最终导致容器破裂。物的故障有时也会诱发人的失误，如设备故障可能会分散人的注意力，引起人的失误。

环境因素主要指系统运行的环境，包括温度、湿度、照明、粉尘、通风换气、噪声和振动等物理环境，以及企业和社会的软环境。不良的物理环境会引起物的故障或人的失误。例如，潮湿的环境会加速金属腐蚀而降低结构或容器的强度，工作环境的噪声会影响人的情绪，分散注意力，发生人的失误。企业的管理制度、人际关系以及社会环境都会影响人的心理，可能引起人的失误。

(3)第三类危险源。不符合安全的组织因素，如组织程序、组织文化、规则、制度等，包含组织人的不安全行为、失误等，都称之为第三类危险源。如强调预防事故的“第三双手(安全文化)”和面向人及组织不安全行为控制的研究，都属于第三类危险源的控制。

值得强调的是，事故的发生往往不是一类危险源作用的结果，而是三类危险源共同作用，从而导致防御系统失效的结果。第一类危险源的存在是事故发生的物质性前提，它影响事故发生的后果的严重程度，是事故发生的物质根源。没有第一类危险源就没有能量或危险物质的意外释放，也就不存在事故。第二类危险源的出现是第一类危险源导致事故的必要条件，没有第二类危险源破坏对第一类危险源的控制，也不会发生能量或危险物质的意外释放。第三类危险源不同于个体的人，个体的人存在于第二类危险源里，第三类危险源是第一类和第二类危险源之后的深层原因，是事故发生的一个组织性前提，是充分条件。田水承教授以汽车为例，对 3 类危险源进行了形象的描述。他认为高速行驶的汽车本身就是危险源，它里面的汽油是第一类危险源；司机的违章、汽车的部件失灵、天气不好、能见度比较差等，属于第二类危险源；安全文化理念缺失、有关的交通规则或者安全培训缺失、交通安全管理松懈、司机的单位对汽车的维护管理或者司机的挑选、考核、配备等方面的问题，都属于第三类危险源。

3. 重大危险源的分类

综合考虑多种因素，重大危险源分类遵循以下两个原则。

(1)从可操作性出发，以重大危险源所处的场所或设备、设施对重大危险源进行分类。

(2)按相似相容性原则，依据各大类重大危险源各自的特性进行有层次的展开。

按上述原则可将重大危险源分为 9 大类，分别是储罐区(储罐)、库区(库)、生产场所、压力管道、锅炉、压力容器、煤矿(井工开采)、金属非金属地下矿山、尾矿库。具体分类如图 2-2 所示。

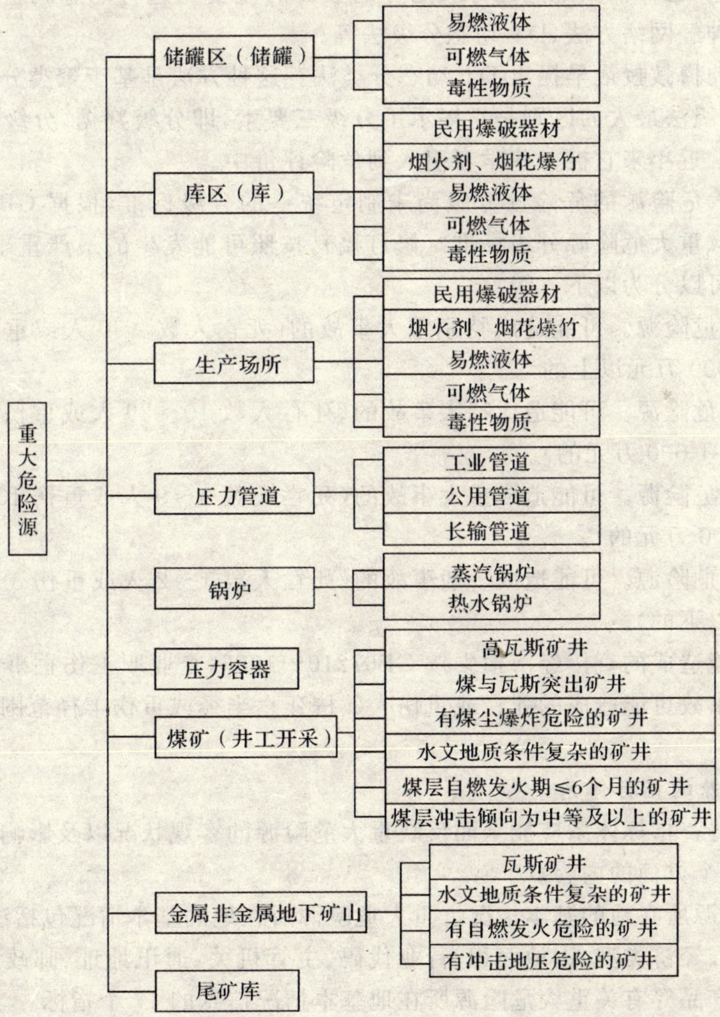

图 2-2　重大危险源分类

4. 重大危险源的危险性分级

目前，国际和国内通用的做法是以辨识单元固有危险性大小作为重大危险源的危险性分级的依据，决定固有危险性大小的因素由辨识单元的生产属性决定。

危险源分级主要有两种方法。第一种，分级的标准不变或分级结果不随参加分级的危险源数目多少而变化，即危险源静态分级方法。第二种，危险源数目发生变化或分级的标准是可变的或两者皆可变，即危险源动态分级方法。危险源静态分级的方法主要是以打分方式来进行的，如美国道化学公司的火灾爆炸指数法、ICI 蒙德法、六阶段评价法、中国的机械工厂危险程度分级法、化工厂危险程度分级法、冶金工厂危险程度分级法以及工厂危险程度分级法等。这些危险源分级方法虽然操作简便，但受主观因素的影响大，危险性等级划分的尺度很难把握，影响危险分析的准确性。

危险源的动态分级是按某种原则反复进行分级和修改的，直到分级满足某种规则为止。分级的研究对象是全体同类危险源，根据抽样的部分建立分级的标准。分级的标准可随样本数目进行动态调整，也可依据危险源等级划分的数目的改变而进行动态调整。常用的危险源动态分级方法有神经网络方法、DT 动态分级法等。

我国学者林韵梅教授最早提出 DT 动态分类法。这种方法是基于聚类分析原理进行的分级方法，与传统分级法最大的区别是它揭示了分级三要素，即分级判据、分级挡数和分级界限之间的内在规律。近年来它被一些学者引入到危险评价中。

目前我国重大危险源的危险性分级尚未制定统一的分级标准，根据 GB18218—2000《重大危险源辨识》和《重大危险源分级标准》(修订稿)，按照可能发生的最严重事故后果，重大危险源的危险等级可以分为以下 4 级。

(1)一级重大危险源。可能造成特别重大事故的(死亡人数≥30 人或重伤 50 人以上，或直接经济损失 1 000 万元以上的)。

(2)二级重大危险源。可能造成特大事故的(死亡人数 10～29 人或重伤 30～49 人，或直接经济损失 500～1 000 万元的)。

(3)三级重大危险源。可能造成重大事故的(死亡人数 3～9 人或重伤 10～29 人，或直接经济损失 100～500 万元的)。

(4)四级重大危险源。可能造成一般事故的(死亡人数 1～2 人或重伤 3～9 人，或直接经济损失 100 万元以下的)。

其中事故可能造成的直接经济损失按 GB67210－1986《企业职工伤亡事故经济损失统计标准》进行计算，事故可能造成的死亡或重伤人数按死亡半径或重伤半径范围内正常人员数的 50％计算。

5. 重大危险源的指标体系

重大危险源普查指标体系应能全面反映重大危险源的客观状况以及影响事故发生的主要因素，包括以下 3 个方面的内容。

(1)重大危险源所在地的基本情况。重大危险源所在地的基本情况包括法人单位名称、单位代码、单位名称、经济类型、占地面积、行业代码、主管机关、通讯地址、邮政编码、所属委办、隶属关系及主要产品等有关重大危险源所在地基本情况信息的 17 个指标。

(2)重大危险源的基本情况。依据重大危险源分类，分别制定各类重大危险源的普查指标。表 2－4 给出了各类重大危险源的普查指标。

表 2－4　各类重大危险源的普查指标

序号	重大危险源类别		普查指标/项
1	储罐区(包括储罐区名称、面积及储罐个数等)		9
2	库区(库)	库区基本(包括名称、面积等)	4
		库房情况(包括名称、形式和结构等)	7
		储存物品(包括名称、状态、最大存储量、包装形式等)	4
3	生产场所	危险单元(包括名称、面积和正常当班人数等)	3
		危险物质(包括名称、工艺过程中的物质量、存储的物质量和废弃物质量等)	4
4	企业危险建(构)筑物	危险建(构)筑物概况(包括名称、用途、面积和高度等)	16
		安全状况(包括与建筑物安全状况相关的指标)	11
5	压力管道	压力管道概况(包括名称、编号、类别和输送介质等)	23
		调压站(箱)概况(包括名称、类别、位置和数量等)	14
		安全状况(包括与压力管道安全状况相关的指标)	29
6	锅炉	设备概况(包括型号、名称、编号和介质出口温度等)	13
		移装记录(包括日期、验收报告摘要和经办人等)	3
		事故记录(包括日期、原因及损坏情况摘要和经办人等)	3
		检修、改造记录(包括日期、检修、改造内容摘要、经办人和定期检验日期等)	4
7	压力容器(包括名称、编号、容积、介质、安全状况等级等)		32

(3)重大危险源周围环境的基本情况。重大危险源周围环境的基本情况包括危险源周边环境情况和周边情况对危险源的影响两个大项，主要考虑危险源一旦发生事故对周围环境的影响以及周边环境中危险因素对危险源的影响。

2.1.3　事故致因理论

1.事故致因理论的定义和发展

阐明事故为什么会发生，事故是怎样发生的，如何防止事故发生的理论，被称为事故致因理论，或称事故发生及预防理论。事故致因理论反映了事故发生的规律性，能够为事故原因的定性、定量分析，为事故的预防及人的安全行为方式，从理论上提供科学、完整的依据。

随着科学技术和生产方式的发展，事故发生的本质规律在不断变化，人们对事故原因的认识也在不断深入，因此，先后出现了十几种具有代表性的事故致因理论和事故模型。

(1)早期的事故致因理论。20 世纪 50 年代以前，工业化大生产的飞速发展，使得大规模流水线生产方式得到广泛应用。这种生产方式利用机械的自动化，迫使工人适应机器，包括操作要求和工作节奏，一切以机器为中心，人成为机器的附属和奴隶。与这种情况相对应，人们往往将生产中的事故原因推到操作者的头上。

1919年，格林伍德(M. Greenwood)和伍兹(H. Woods)提出了"事故倾向性理论"，后来纽伯尔德(Newboid)和法默(Farmer)分别在1926年和1939年对这种理论进行了补充。这种理论认为，从事同样工作和在同样的工作环境下，有些人比其他人更容易发生事故，这些人是事故倾向者，他们的存在会使生产事故增多。如果通过人的性格特点区分出来这部分人而不予雇佣，则可以减少工业生产的事故。这种理论把事故致因归咎于人的天性，认为事故频发倾向者往往具有某些性格特征，如感情冲动、容易兴奋、脾气暴躁、厌倦工作、没有耐心、慌张、不沉着、动作生硬、喜怒无常、感情多变、理解能力差、缺乏自制力等，如果将这些有问题的人调离工作岗位，就会避免事故的发生。至今仍有学者赞成这一理论，但是后来的许多研究结果并没有证实该理论的正确性。

1936年，美国人海因里希提出了事故因果连锁理论。海因里希认为，伤害事故的发生是一连串的事件，按一定因果关系依次发生的结果。他用5块多米诺骨牌来形象地说明这种因果关系，所以，该理论又称为"多米诺骨牌"理论。这种理论与事故倾向性理论一样，将事件链中的原因大部分归于人的错误，没有看到机器设备在生产中的位置和对事故的影响，也忽视了企业的管理和对职工的工作安排，表现出时代的局限性。

(2)第二次世界大战后的事故致因理论。第二次世界大战爆发后，高速飞机、雷达、自动火炮等新式武器装备的出现，带来了操作的复杂性和紧张度，使得人们难以适应，常常发生动作失误。于是，产生了专门研究人类工作能力及其限制的学问——人机工程学。在人机关系中，不能把事故的发生简单地说成是工人的性格缺陷或粗心大意，应该重视机械的、物质的危险性在事故中的作用，强调实现生产条件、机械设备的固有安全，这样才能切实有效地减少事故的发生。

1949年，葛登(Gorden)利用流行病传染机理来论述事故的发生机理，提出了"用于事故的流行病学方法"理论。该理论认为，流行病病因与事故致因之间具有相似性，可以参照分析流行病的方法分析事故。流行病因有三种，即当事人的特征、环境特征和致病媒介特征。这三种因素的相互作用，可以导致人的疾病发生。与此类似，对于事故，也是考虑三个因素，即人的因素、作业环境因素和引起事故的媒介。

这种理论明确提出了事故因素间的关系特征，即事故是三种因素相互作用的结果。但是，这种理论也有明显的不足，主要是关于致因的媒介。作为致病媒介的病毒，在任何时间和场合都是确定的，只是需要分辨并采取措施防治；而作为事故的媒介不确定，需要识别和定义。

1961年，吉布森(Gibson)提出，并于1966年由哈登(Hadden)引申了"能量异常转移"论。该理论是事故致因理论发展过程中的重要一步。该理论认为，事故是一种不正常的，或不希望的能量转移，各种形式的能量构成了伤害事故的直接原因。因此，应该通过控制能量或控制能量的载体来预防伤害事故，防止能量异常转移的有效措施是对能量进行屏蔽。

"能量异常转移论"的出现，为人们认识事故原因提供了新的视野。例如，在利用"用于事故的流行病学方法"理论进行事故原因分析时，可以将媒介看成是促使事故的能量，即有能量转移至人体才会造成事故。

(3)现代事故致因理论。近30年来，科学技术不断发展与进步，生产工艺、生产设备越来越复杂，信息论、系统论、控制论相继成熟，并在各个领域获得广泛应用。对于复杂系统的安全性问题，采用以往的理论和方法都不能很好地解决，因此，出现了新的事故致因理论。人们结合信息论、系统论和控制论的观点、方法，提出了一些具有代表性的事故理论和模型。相对而言,20 世纪 70 年代是事故致因理论发展比较活跃的时期。

1969 年,瑟利(J. Surry)提出了“瑟利模型”,以人对信息的处理过程为基础来描述事故发生的因果关系。该理论认为,人在信息处理过程中出现失误从而导致人的行为失误,进而引发事故。与此理论类似的还有 1970 年的海尔(Hale)模型,1972 年威格里沃思(Wigglesworth)的“人失误的一般模型”,1974 年劳伦斯(Lawrence)提出的“金矿山人失误模型”,1978 年安德森(Anderson)对“瑟利模型”的修正等。

这些理论均从人的特性和机器性能及环境状态之间是否匹配和协调的观点出发,认为机械和环境的信息不断地通过人的感官反映到大脑,人若能正确地认识、理解、判断,做出正确决策,并采取适当的措施,就能化险为夷,避免事故和伤亡;反之,如果人未能察觉、认识所面临的危险,或判断不准确而未能采取正确的行为方式,就会发生事故和伤亡。

由于这些理论把人、机、环境作为一个整体(系统)来看待,研究人、机、环境之间的相互作用、反馈、调整,从中发现事故的致因,揭示出预防事故的途径,所以,也有人将它们称为“系统理论”。

动态和变化的观点是现代事故致因理论的基础。1972 年,本尼尔(Benner)提出了处在动态平衡的生产系统中,由于“扰动”(Perturbation)导致事故的理论,即 P 理论。1975 年,约翰逊(Johnson)提出“变化-失误”模型。1980 年,塔兰兹(W. E. Talanch)提出了“变化论”模型。1981 年,佐藤吉信提出了“作用-变化与作用连锁”模型。

近十几年来,比较流行的事故致因理论是“轨迹交叉”论。该理论认为,事故的发生就是人的不安全行为和物的不安全状态两大因素综合作用的结果,人、物两大系列时空运动轨迹的交叉点就是事故发生的所在。预防事故的发生,就是设法从时空上避免人、物运动轨迹的交叉。

与轨迹交叉论类似的理论是“危险场”理论。危险场是指危险源能够对人体造成危害的时间和空间范围。这种理论多用于研究存在诸如辐射、冲击波、毒物、粉尘、声波等危害的事故模型。

到目前为止,事故致因理论的发展还很不完善,还没有给出对于事故调查分析和预测预报方面的普遍和有效的方法。然而,通过对事故致因理论的深入研究,必将在安全生产工作中产生深远的影响。

(1)可以从本质上阐明事故发生的机理,奠定安全生产的理论基础,为安全生产指明正确的方向。这有助于指导事故的调查分析,帮助查明事故原因,预防同类事故再次发生。

(2)可以为系统安全分析、危险性评价和安全决策提供充分的信息和依据,增强针对性,减少盲目性。

(3)有利于从定性的物理模型向定量的数学模型发展,为事故的定量分析和预测奠定基础,真正实现安全管理的科学化。

(4)增加安全生产的理论知识,丰富安全教育的内容,提高安全教育的水平。

2. 事故因果连锁理论

(1)海因里希事故因果连锁理论。20 世纪 30 年代,美国安全工程师海因里希认为工业伤亡事故的发生是由许多互为因果关系的原因连锁作用的结果,用多米诺骨牌形式来描述这一理论的因果连锁关系。该理论的核心思想是:伤亡事故的发生不是一个孤立的事件,而是一系列原因事件相继发生的结果,即伤害与各原因相互之间具有连锁关系。图 2-3 给出了海因里希多米诺骨牌的示意图。

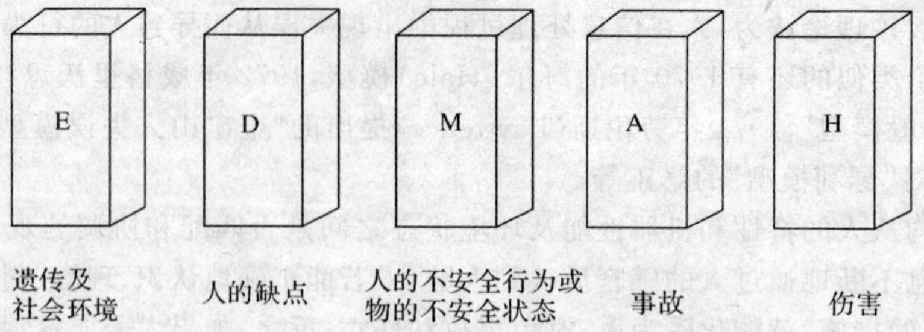

图 2-3 海因里希多米诺骨牌的示意图

海因里希提出的事故因果连锁过程包括 5 个因素。

1)遗传及社会环境(E):遗传及社会环境是造成人的缺点的原因。遗传因素可能使人具有鲁莽、固执、粗心等对安全来说属于不良的性格;社会环境可能会妨碍人的安全素质的培养,助长不良性格的发展。因此,这种因素是因果链上最基本的因素,用英文 Environment 的首位字母 E 表示。

2)人的缺点(D):由于遗传因素和社会因素所造成的人的缺点,是使人产生不安全行为或造成物的不安全状态的原因。这些缺点包括鲁莽、固执、易过敏、神经质、轻率等性格上的先天缺陷,也包括诸如缺乏安全生产知识和技能等后天不足。这一因素用英文 Disadvantage 的首位字母 D 表示。

3)人的不安全行为或物的不安全状态(M):人的不安全行为或物的不安全状态是指那些曾经引起过事故,可能引起事故的人的行为、机械和物质的状态,这二者是造成事故的直接原因。海因里希认为,人的不安全行为是由于人的缺点而产生的,是造成事故的主要原因。这种因素用英文 Men 和 Machine 的首位字母 M 表示。

4)事故(A):事故是一种由于物体、物质或放射线等对人体发生作用,使人员受到或可能受到伤害、出乎意料的失去控制的事件。这里用英文 Accident 的首位字母 A 表示。

5)伤害(H):直接由事故产生的人身伤害。这里用英文 Hurt 的首位字母 H 表示。

海因里希事故因果连锁理论的积极意义在于,如果移去因果连锁关系中任一块骨牌,则连锁被破坏,事故过程被终止,达到控制事故的目的。图 2-4 给出了海因里希因果连锁的示意图。

海因里希强调,企业安全工作的中心就是要移去中间的骨牌——防止人的不安全行为或消除物的不安全状态,从而中断事故连锁的进程,避免发生事故。

该理论的不足在于将人的不安全行为和物的不安全状态的原因归咎于人的缺点和错误,过分强调先天遗传因素的作用,反映了时代的局限性。此外,对事故致因连锁关系的描述过于简单化、绝对化。事实上,各个骨牌(因素)之间的连锁关系是复杂的、随机的。前面的骨牌倒下,后面的骨牌可能倒下,也可能不倒下。事故并不是全都造成伤害,不安全状态也并不是必然造成事故。

尽管如此,海因里希的事故因果连锁理论促进了事故致因理论的发展,成为事故研究科学化的先导,具有重要的历史地位。

(2)博得事故因果连锁理论。博得在海因里希事故因果连锁理论的基础上，提出了与现代安全观点更加吻合的事故因果连锁理论。博得的事故因果连锁过程同样分为 5 个因素，但每个因素的含义与海因里希有所不同。

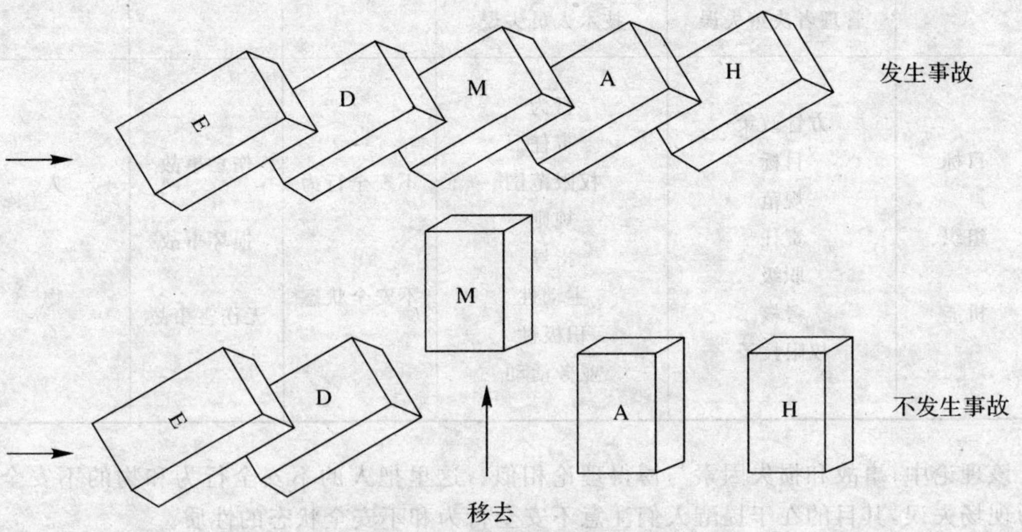

图 2-4　海因里希因果连锁示意图

1)管理缺陷：对于大多数工矿企业来说，由于各种原因，完全依靠工程技术措施预防事故既不经济也不现实，只能通过完善的安全管理工作，经过较大的努力，才能防止事故的发生。企业管理者必须认识到，只要生产没有实现本质安全化，就有发生事故及伤害的可能。因此，安全管理是企业的重要环节。

2)个人及工作条件的原因：这方面的原因是由于管理缺陷造成的。个人原因包括缺乏安全知识或技能，行为动机不正确，生理或心理有问题等；工作条件原因包括安全操作规程不健全，设备、材料不合适，存在温度、湿度、粉尘、有毒有害气体、噪声、照明、工作场地状况等有害作业环境因素。只有找出并控制这些原因，才能有效地防止后续原因的发生，从而防止事故的发生。

3)直接原因：人的不安全行为和物的不安全状态是事故的直接原因。这种原因是安全管理中必须重点加以追究的原因。但是，直接原因只是一种表面现象，是深层次原因的表征。在实际工作中，不能停留在这种表面现象上，而要追究其背后隐藏的管理上的缺陷原因，并采取有效的控制措施，从根本上拒绝事故的发生。

4)事故：这里的事故被看作是人体或物体与超过其承受阈(允许)值的能量接触，或人体与妨碍正常生理活动的物质接触。因此，防止事故就是防止接触。通过对装置、材料、工艺的改进来防止能量的释放，或者训练工人提高识别和回避危险的能力，通过个体防护来防止接触。

5)损失：人员伤害及财物损坏统称为损失。人员伤害包括工伤、职业病、精神创伤等。

(3)亚当斯事故因果连锁理论。亚当斯提出了一种与博得事故因果理论类似的因果连锁模型，如表 2-5 所示。

表 2－5　亚当斯事故因果连锁模型

管理体系	管理失误	现场失误	事故	伤害或损坏	伤害对象
	管理者决策失误	技术人员失误			
目标 组织 机能	方针政策 目标 规范 责任 职级 考核 权限授予	行为 责任 权限范围 规则 指导 主动性 积极性 业务活动	不安全行为 不安全状态	伤亡事故 损坏事故 无伤害事故	人 物

该理论中，事故和损失因素与博得理论相似。这里把人的不安全行为和物的不安全状态称为现场失误，其目的在于提醒人们注意不安全行为和不安全状态的性质。

亚当斯理论的核心在于，对现场失误背后原因进行了深入研究。操作者的不安全行为及生产作业中的不安全状态等现场失误，是由于企业领导和安全技术人员的管理失误造成的。管理人员在管理工作中的差错或疏忽，企业领导人的决策失误，对企业经营管理和安全工作具有决定性影响。

(4)北川彻三事故因果连锁理论。前面几种事故因果连锁理论把考察范围局限在企业内部。实际上，工业伤害事故发生的原因是很复杂的，一个国家或地区的政治、经济、文化、教育、科技水平等诸多社会因素对伤害事故的发生和预防都有着重要的作用。

日本的北川彻三正是基于这种考虑，对海因里希的理论进行了一定的修正，提出了事故因果连锁理论，如表 2－6 所示。

表 2－6　北川彻三事故因果连锁理论

基本原因	间接原因	直接原因		
学校教育原因 社会原因 历史原因	技术原因 教育原因 身体原因 精神原因 管理原因	不安全行为 不安全状态	事故	伤害

在北川彻三的因果连锁理论中，基本原因中的各个因素，已经超出了企业安全工作的范围。但是，充分认识这些基本原因因素，对综合利用可能的科学技术、管理手段来改善间接原因因素，达到预防伤害事故发生的目的，是十分重要的。

3. 能量意外转移理论

在生产过程中，能量是必不可少的。人类利用能量做功以实现生产目的。人类为了利用能量做功，必须控制能量。在正常生产过程中，能量在各种约束和限制下，按照人们的意志流动、转换和做功。如果由于某种原因能量失去了控制，发生了异常或意外的释放，则发生了事故。

如果意外释放的能量转移到人体，并且其量超过了人体的承受能力，则人体将受到伤害。吉布森和哈登从能量的观点出发，曾经指出：人受到伤害的原因只能是某种能量向人体的转移，而事故则是一种能量的异常或意外的释放。

能量的种类很多，如动能、势能、电能、热能、化学能、辐射能、声能、生物能等。人受到伤害都可以归结为上述一种或若干种能量的异常或意外转移。可以将能量引起的伤害分为两大类：

第一类伤害是由于转移到人体的能量超过了局部或全身性损坏阈值而产生的。人体各部分对每一种能量的作用都有一定的抵抗能力，即有一定的伤害阈值。当人体某部位与某种能量接触时，能否受到伤害及伤害的严重程度如何，主要取决于人体的能量大小。作用于人体的能量超过伤害阈值越多，造成的伤害的可能性也越大。例如，球形弹丸以 4.9N 冲击打击人体时，只轻微擦伤，以 68.6N 冲击打击人头部，会造成头骨骨折。

第二类伤害是由于影响局部或全身性能量交换引起的。例如，因物理或化学因素引起的窒息，因体温调节障碍引起的生理损害、局部组织损坏或死亡。例如，在工业生产中，36V 为安全电压，即人与电源接触时，36V 是在人体所承受的阈值之内的，不会造成伤害，而 220V 电压则超过了人体阈值，会造成伤害。

能量意外转移理论的优点如下。

(1)把各种能量对人体的伤害归结为伤亡事故的直接原因，对能量加以控制可以防止伤害。

(2)可以全面概括各种能量对人体的伤害，利于伤亡事故的统计分类。

该理论的不足之处在于，机械能是主要伤害形式，但是在实际应用上有困难，如形式多种多样，各种能量确定、分类困难。

4. 基于人体信息处理的人失误事故理论

该事故理论的基本观点是，人失误会导致事故，而人失误的发生是由于人对外界刺激(信息)的反应失误造成的。

(1)威格里斯沃思模型。1972 年，威格里斯沃思提出，人失误是构成所有类型事故的基础。他把人失误定义为：人错误地或不适当地响应一个外界刺激。他认为，在生产操作中，各种各样的信息不断地作用于操作者的感官，给操作者以刺激。若操作者能对刺激做出正确的响应，事故就不会发生；反之，如果操作者错误或不恰当地响应了刺激，就有可能出现危险，危险是否会带来伤害事件，则取决于一些随机因素。

图 2-5 给出了威格里斯沃思模型的示意图。

人在生产操作中，所接受的信息可以分为两大类，一类是安全的信息，一类是操作的信息。当安全的信息占据主要位置时，可以增加操作的正确性，提高对危险的判断能力。当操作的信息占据主要位置而忽视安全信息时，任何一个操作的失误可能都会导致事故的发生。

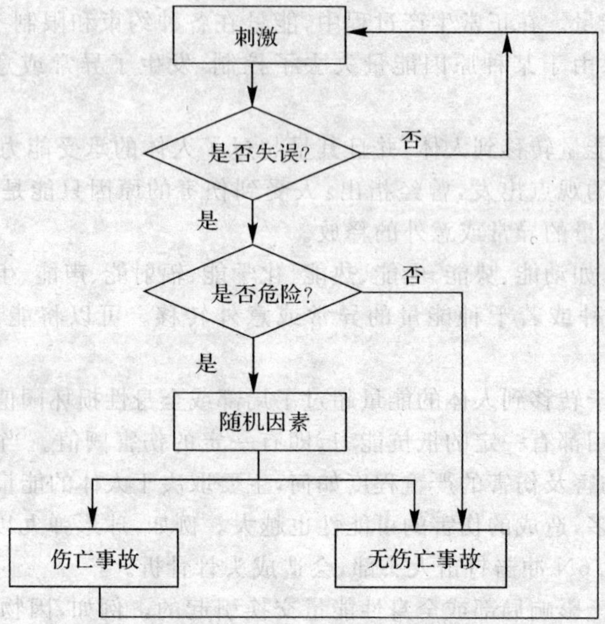

图 2-5　威格里斯沃思模型

(2)瑟利模型。1969 年,美国人瑟利提出了一个典型的根据人的认知过程分析事故致因的理论,被称之为瑟利模型。该模型将事故分为两个阶段,每一个阶段都各自包括一组类似人的信息处理过程,即知觉、认识和行为响应过程。第一阶段为危险出现阶段,在这个阶段内,如果人的信息处理的每个环节都正确,危险就能控制或消除;反之,就会面临危险。第二个阶段为危险释放阶段,在这个阶段内,如果人的信息处理的每一个环节都正确,虽然面临危险,却能够避免危险释放出来,不会带来伤害或损害;反之,只要任何一个环节出错,危险就会转化成伤害或损害。

图 2-6 给出了瑟利模型的示意图。

在瑟利模型中,危险出现和危险释放的两个阶段,都包含以下 6 个含义。

1)危险的出现(释放)有警告吗? 这里警告的含义是指工作环境中是否存在安全运行状态和危险状态之间可被感觉的差异。在通常情况下,这种差异仅仅凭借人的感知是不容易察觉的,需要采用一定的技术手段和方法来充分地显现出来,让人们在工作中能够感觉出异常。

2)感觉到这个警告吗? 不同的人感觉能力不同,不同的环境对警告信号的干扰程度也不同。因此,一方面,需要训练人的感觉能力,增强对危险信号的分辨和感知能力;另一方面,在干扰严重的场合,需要采用特殊的告警方式,例如在噪声的场所使用光信号或与噪声频率差别较大的声信号。

3)认识到这个警告吗? 这里的认识是指操作者在感觉到警告后,对警告所包含的意义的理解程度,需要操作者将警告信息与自己头脑中的知识进行对比,辨识出危险的存在。

4)知道如何避免危险吗? 如何避免危险,考核的是操作者对避免危险的知识和技能。为了使这种知识和技能变得完善,需要进行相应的训练,以便有利于采取正确的行动。

5)决定要采取行动吗? 这个问题从表面上看,是毋庸置疑的,当危险出现的时候,应该立即采取行动。但是在实际工作中，操作者往往抱着侥幸的心理而不采取避险的行动，从而失去了避免危险的时机。

6)能够避免危险吗？是否能够避免危险，需要操作者在做出采取行动的决定后，能够迅速、敏捷和正确地在行动上做出反应，这种反应能力需要通过培训和事故应急演练来实现。

瑟利事故模型的优点在于，不仅分析了危险出现、释放直至导致事故的原因，而且还为事故的预防提供了良好思路。首先，采用技术的手段使危险状态充分显现出来，使操作者能够有机会感觉到危险的出现或释放。其次，通过培训、教育，提高人的感觉能力。最后，通过培训、教育，提高人采取措施和应急的能力。

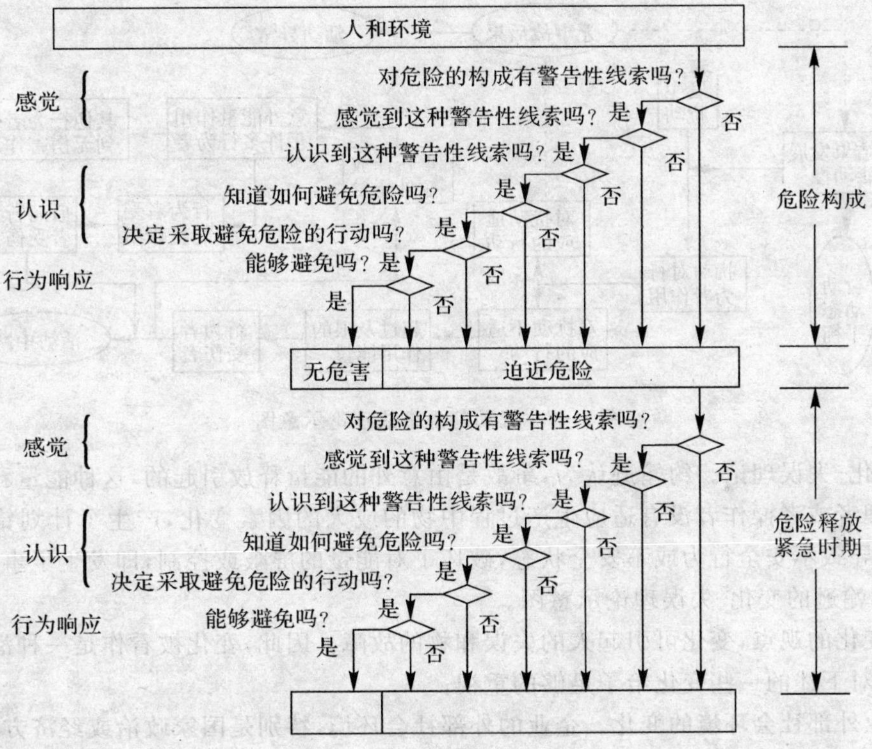

图 2-6　瑟利事故模型示意图

5. 动态变化理论

世界是在不断地运动和变化的，工业生产过程也是处于不断变化之中的。针对客观世界的变化，安全工作要适应管理、人员、设备、外界环境的变化，才能够防止事故的发生。

(1)扰动起源事故理论。本尼尔认为，事故过程包含着一组相继发生的事件，可以将生产活动看作是一个自觉或不自觉地指向某种预期的或意外的结果的事件链，它包含生产系统元素间的相互作用和变化着的外界的影响。如果由事件链所组成的正常生产活动是在一种自动调节的动态平衡中进行的，则在事件的稳定运行中，将向着预期的结果发展。

这种动态平衡是处于系统内部的，而实际工作中生产系统的外界影响是经常变化的，可能偏离正常的或预期的情况。这种外界影响的变化称为“扰动”，产生扰动的事件称为起源事件。

当行为者能适应不超过其承受能力的扰动时，生产活动可以维持动态平衡而不发生事故。当其中的一个行为者不能适应这种扰动时，动态平衡过程被破坏，开始一个新的事件过程，即事故过程。

该事件过程可能使某一行为者承受不了过量的能量而发生伤害或损害。这些伤害或损害事件可能依次引起其他变化或能量释放，作用于下一个行为者并使其承受过量的能量，发生连续的伤害或损害。当然，如果行为者能够承受冲击而不发生伤害或损害，则依据行为者的条件和事件的自然法则，事件过程将继续进行。

在本尼尔的事故致因理论中，可以将事故看作是由事件链中的扰动开始，以伤害或损害为结束的过程。这种事故致因理论在安全学术界也称为“P 理论”(Perturbation 理论)，其示意图如图 2-7 所示。

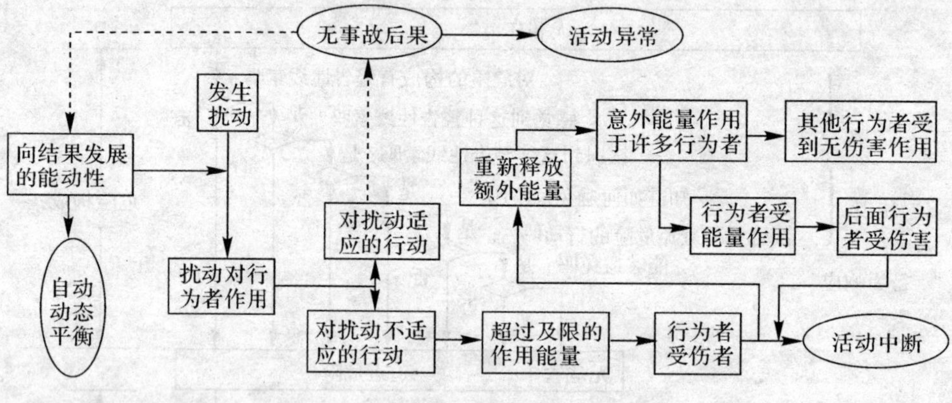

图 2-7　扰动起源事故理论示意图

(2)变化-失误理论。约翰逊认为，事故是由意外的能量释放引起的，这种能量释放的发生是由于管理者或者操作者没有适应生产过程中物的或人的因素变化，产生了计划错误或认为失误，从而导致不安全行为或不安全状态，破坏了对能量的屏蔽或控制，即发生了事故。图 2-8 给出了约翰逊的变化-失误理论示意图。

按照变化的观点，变化可引起人的失误和物的故障。因此，变化被看作是一种潜在的事故致因，应该对下述的一些变化给予足够的重视。

1)企业外部社会环境的变化。企业的外部社会环境，特别是国家政治或经济方针、政策的变化，对企业的经营管理理念、管理体制及员工心理等有较大影响，必然也会对安全管理带来影响。

2)企业内部的宏观变化和微观变化。宏观变化指企业总体上的变化，如领导班子的变化、经营目标的调整、职工下岗及录用、生产计划的较大改变等。微观变化指一些具体事物的改变，如供应商的变化、机器设备及其工艺的调整和维护等。

3)计划内和计划外的变化。对于有计划进行的变化，应事先进行安全分析并采取安全措施；对于不是计划内的变化，一是要及时发现变化，二是要根据发现的变化采取正确的措施。

4)实际的变化和潜在的变化。通过检查和观测可以发现实际存在着的变化；潜在的变化一般不容易被发现，往往需要靠经验和分析研究才能发现。

5)时间的变化。随着时间的流逝，人员对危险的戒备会逐渐松弛，设备、装置性能会逐渐劣化，这些变化与其他方面的变化相互作用，引起新的变化。

6)技术上的变化。采用新工艺、新技术或新项目时，常由于人们不熟悉新的变化，而产生不安全行为或失误。

7)人员的变化。这里主要指员工的心理、生理上的变化。人的变化往往是最不容易掌握的因素,需要认真观察和分析。

8)劳动组织的变化。当劳动组织发生变化时,可能引起组织过程的混乱,如项目交接不当,造成工作衔接或配合默契程度差等,进而导致操作失误和不安全行为的发生。

9)操作规程的变化。新的规程替换旧的规程以后,往往要有一个逐渐适应和习惯的过程。

需要指出的是,在管理实践中,变化是不可避免的,也非均对安全有害。但是,从安全角度考虑,必须及时发现和预测出变化后的安全隐患,并采取适当的措施或对策,做到顺应有利的变化,克服不利的变化。

约翰逊认为,事故的发生一般是多重原因造成的,包含着一系列的变化-失误连锁。从管理层次上看,有企业领导的失误、计划人员的失误、监督人员的失误以及执行者的失误等。该连锁模型如图 2-9 所示。

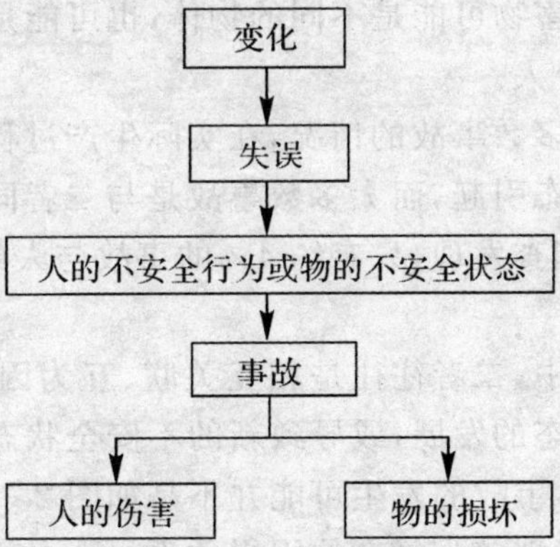

图 2-8　变化-失误理论示意图

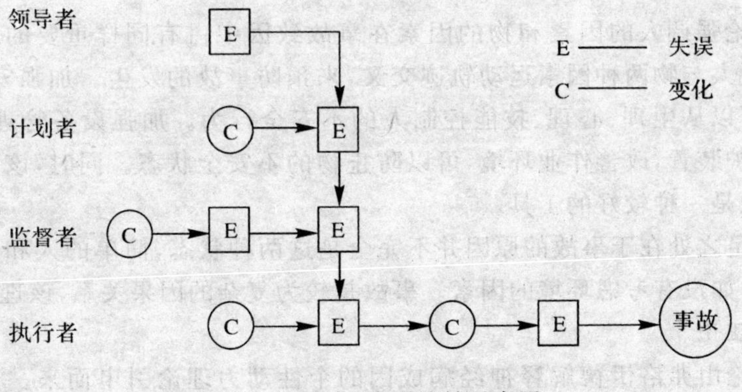

图 2-9　变化-失误连锁示意图

6. 轨迹交叉理论

轨迹交叉理论的基本思想是:伤害事故是许多相互联系的事件顺序发展的结果。这些事件概括起来为人和物(环境)两大发展系列。当人的不安全行为和物的不安全状态在各自发展过程中(轨迹),在一定时间、空间发生了接触(交叉),能量转移于人体时,伤害事故就会发生。而人的不安全行为和物的不安全状态之所以产生和发展,又是受到多种因素作用的结果。图 2-10 给出了轨迹交叉理论的示意图。

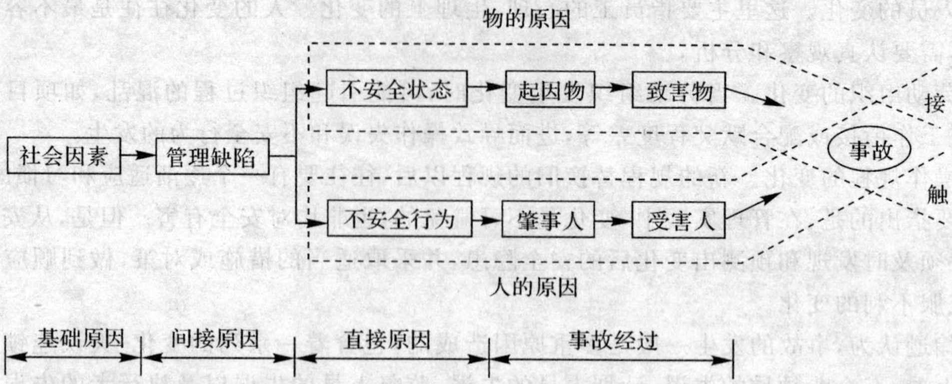

图 2-10　轨迹交叉理论事故模型

图 2-10 中的起因物和致害物可能是不同的物体,也可能是同一物体;肇事者和受害者可能是不同的人,也可能是同一个人。

轨迹交叉理论反映了绝大多数事故的情况,在实际生产过程中,只有少量的事故仅仅由人的不安全行为或物的不安全状态引起,而大多数事故是与二者同时相关的。例如,日本劳动省通过对 50 万起工伤事故进行调查发现,只有约 4%的事故与人的不安全行为无关,约 9%的事故与物的不安全状态无关。

在人和物两大系列的运动中,二者往往是相互关联、互为因果、相互转换的。有时人的不安全行为促进了物的不安全状态的发展,或导致新的不安全状态的出现;而物的不安全状态可以引发人的不安全行为。因此,事故的发生可能并不是如图 2-10 所示的那样简单地按照人、物两条轨迹独立地运行,而是呈现较为复杂的因果关系。人的不安全行为和物的不安全状态是造成事故的表面的直接原因,如果对它们进行更进一步的考虑,则可挖掘出二者背后更深层次的原因。

轨迹交叉理论强调人的因素和物的因素在事故致因中占有同样重要的地位。按照该理论,可以通过避免人与物两种因素运动轨迹交叉,来预防事故的发生。加强安全教育、技术训练和科学管理,可以从生理、心理、技能控制人的不安全行为。加强设备管理,提高安全可靠性,增加保护、防护装置,改善作业环境,可以防止物的不安全状态。同时,该理论对于调查事故发生的原因,也是一种较好的工具。

该理论的不足之处在于事故的原因并不完全是这两种状态,简单的人和物两个轨迹不能反映真实的情况,如没有考虑环境的因素。事故是较为复杂的因果关系,该理论是有缺陷的。

7.心理动力理论

心理动力理论由弗洛伊德解释神经病成因的个性动力理论引申而来。个性动力理论认为:精神病不是病,而是因为一些动力因素,如情绪混乱、有意识与无意识的记忆、与欲望的冲突,以及环境和压力造成的心理失调。例如,缺乏交际关爱,过严惩罚,竞争,过高要求,挫折,身心受到伤害,发泄,心理压力。

心理动力理论认为:事故是一种无意识的希望或愿望的结果,这些希望或愿望通过事故象征性地得到满足。也就是说,肇事者是由于受到了某种精神上的刺激或压力才下意识产生不安全行为。安全管理的重要手段,就是改善人的心理因素,更改愿望,释放压力,调整正常心态,避免由于人的心理问题而引发事故。

该理论的积极意义在于，更改人的愿望和满足的方式，或通过心理咨询消除破坏性的愿望，是可以避免事故发生的。其不足之处在于，不同人的思想和欲望是不相同的，该理论关注人的因素对事故影响的片面性问题，无法提供手段去证实某个特定的动机与特定事故的必然联系。

2.2　安全系统管理原理

安全系统管理是以安全为目的，在系统的全寿命周期范围内，通过管理的职能，进行有关安全方面的决策、计划、组织、指挥、协调和控制等方面的工作，有效地发现和分析各种不安全因素，预防各种事故的发生，保障人员的安全健康和避免各种损失。因此，安全系统管理的基本原理不仅包括系统工程的基本原理，而且包括管理学的基本原理，可以从系统原理、人本原理、预防原理、强制原理和责任原理等 5 个方面去理解。

2.2.1　系统原理

系统原理是指人们在从事管理活动时，运用系统论的观点、理论和方法对管理活动进行充分的系统分析，以达到安全管理的优化目标，即从系统论的角度来认识和处理管理中出现的安全问题。

在安全管理活动中运用的系统原理应遵循以下 5 个原则。

1. 动态相关性原则

动态相关性原则是指任何安全管理系统的正常运转，不仅要受到系统自身条件和因素的制约，而且还要受到其他系统的影响，并随着时间、地点以及人们的不同努力程度而发生着变化。因此，必须要掌握各个管理对象要素之间的动态相关特征，充分利用各个要素之间的相互关系和作用，以提高管理的效果。

对于安全管理来讲，动态相关性原则可以从以下两个角度来研究。

(1)系统内各个要素之间的动态相关性是事故发生的根本原因。正是由于构成管理系统的各个要素处于动态变化之中，并相互联系、相互制约，才使得事故有发生的可能性。

(2)为了搞好安全管理，掌握与安全有关的所有对象要素之间的动态相关特性，必须要有良好的信息反馈手段，能够随时随地地掌握安全生产的动态情况，以处理好各种安全问题之间的动态联系性。例如，在考虑人的不安全行为时，同时要考虑物和环境的状态，还要考虑管理制度、教育培训等方面的相关问题，甚至考虑员工的家庭和社会生活的影响。

2. 整分合原则

整分合原则是指为了实现高效的管理，必须在整体规划下明确分工，在分工的基础上进行有效的综合。在管理活动中，首先要从整体上把握系统的环境，分析系统的整体性质、功能，确定系统的总体目标。第二，围绕总体目标，进行多方面的合理分解和分工，以构成系统的结构和体系。第三，在分工的基础上，对各个要素、环节、部分及其活动进行系统综合、协调管理，以实现系统的总目标。

在整分合原则中，整体把握是前提，科学分工是关键，组织综合是保证。没有整体目标的指导，分工就会盲目而混乱；离开了分工，整体目标就难以高效地实现。如果只有分工，而无综合与协作，就会出现分工各个环节脱节，造成横向协作困难等现象，不能形成凝聚力。因此，管理必须有分有合，先分后合，这是整分合原则的基本要求。

在安全管理领域运用该原则，要求企业高层管理者在制定整体目标和进行宏观决策时，必须将安全纳入其中，作为一项重要的内容加以考虑。在此基础上对安全管理活动进行有效分工，明确每一个员工的安全责任和目标。同时，加强专职安全部门的职能，保证强有力的协调控制，实现有效的组织综合。

3. 弹性原则

管理的弹性就是指在系统面临各种变化的情况下，管理能够灵活地做出反应以适应变化的环境，使得系统能够继续正常发挥其功能。管理的弹性原则是指在制定目标、计划和策略时，应相应地留有余地，对发展变化有所准备，以增强组织系统的可靠性和管理的应变能力。

弹性原则对于安全管理具有十分重要的意义。安全管理所面临的是错综复杂的环境和条件，各种事故的致因很难被完全预测和掌握，因此，安全管理必须尽可能地保持良好的、积极的弹性。一方面不断地推进安全管理的科学化、现代化，加强系统安全分析和危险性评价，尽可能做到对危险因素的识别、消除和控制。另一方面要采取全方位、多层次的事故预防措施，实现全面、全员、全过程的安全管理。

4. 反馈原则

反馈是指被控制过程对控制机构的反作用，即由控制系统把信息输送出去，又把其作用结果返送回来，并对信息的再输出产生影响，起到控制的作用，以达到预定的目的。

现代企业管理是一项复杂的系统工程，其内部条件和外部环境都在不断变化。因此，要发挥组织系统的积极弹性作用，并最终导向优化目标的实现，就必须对环境变化和每一步行动结果不断进行跟踪，及时准确地掌握变动中的态势，进行再认识、再确定。一方面，一旦发现原计划和原目标与客观情况有差异，就可以做出适时性的调整。另一方面，将行动结果情况与原来的目标要求相比较，发现偏差及时采取有效的纠偏措施，以确保组织目标的实现。这种为了实现系统目标，把行动结果传回决策机构，使因果关系相互作用，以实现动态控制的行为准则，就是管理的反馈原则。

反馈原则对于安全控制领域有着重要的意义。一个正常运转的系统，当它指向安全目标的运动受到任何不安全因素及不安全行为的干扰时，其运动状态就会偏离既定目标，甚至遭到破坏，从而导致事故和损失的发生。为了维护系统的正常和稳定运转，应及时准确地捕捉、反馈不安全的信息，及时采取有效的调整措施，消除和控制不安全因素，使系统的运动态势回到安全的轨道上，以达到安全管理的目的。

5. 封闭原则

封闭原则是指在任何一个管理系统内部，管理手段和管理过程必须构成一个连续封闭的回路，这样才能形成有效的管理活动。尽管任何系统都与外部环境进行着物质、能量和信息的交换，但是在系统内部却是一个相对封闭的回路。这样，物质、能量和信息能够在系统内部实现自律化和合理流通。

封闭原理有其相对性。从空间上讲，封闭系统不是孤立的存在，在运行中与周围环境发生着多种联系，其客观干扰在所难免。从时间上讲，执行指令的后果难以预测，需要时间的验证。因此，管理活动需要根据事物发展的客观需要，不断地完善封闭方法和方式，理顺封闭渠道，排除封闭干扰，保持管理运行和控制的畅通、灵活、及时和准确。

封闭原则应用于安全管理中，要求安全管理机构之间、安全管理制度和方法之间，必须具有紧密的联系，形成相互制约的回路，以保证安全管理活动的有效进行。图 2-11 给出了安全管理封闭链的示意图。

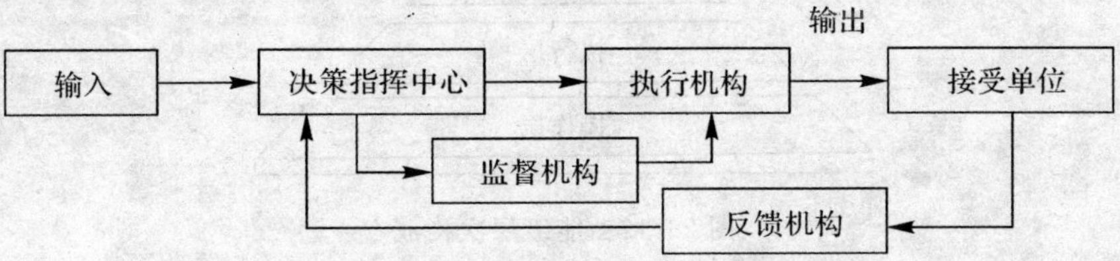

图 2-11　安全管理封闭链的示意图

在图 2-11 中，首先，为了保证安全管理执行机构准确无误地贯彻安全指挥中心的命令，在系统中应建立安全监督机构。没有正确的执行，就没有正确的输出，也没有正确的反馈，反馈原理就无法实现。其次，建立安全管理规章制度可以构成一个封闭的制度网，使安全管理活动高效正常地运行。

2.2.2　人本原理

现代管理学的人本原理是指管理者要达到组织目标，一切管理活动都必须以人为中心，以人的积极性、主动性、创造性的发挥为核心和动力来进行。人本原理的前提是指人不是单纯的"经济人"，而是具有多种需要、复杂的"社会人"。

人本原理要求管理者要研究人的行为规律，理解人的需要、动机和能力，掌握激励、沟通、领导的规律，改善人力资源管理，了解、关心、尊重和激励人，努力开发和利用人的创造力，实现人的社会价值。同时，努力满足人的合理需求，开发人的潜能，实现人的自我价值。

在管理活动中，人本原理可以具体化、规范化，形成若干个相应的管理原则，分为管理的动力原则、能级原则和行为原则。

1. 动力原则

动力原则是指管理必须要有能够激发人的工作能力的动力，使得管理活动持续、有效地进行下去。对于管理系统而言，基本动力有 3 类，即物质动力、精神动力和信息动力。物质动力是指物质待遇及经济效益的刺激和鼓励。精神动力主要来自于理想、道德、信念、荣誉等方面的鼓励和激励。信息动力是通过信息的获取与交流产生奋起直追或领先他人的动力。

2. 能级原则

现代管理认为，单位和个人都具有一定的能量，并且可以按照能量的大小顺序排列，形成管理的能级，就像原子中电子的能级一样。在管理系统中，建立一套合理的能级，根据单位和个人能量的大小安排其工作，发挥不同能级的能量，保证结构的稳定性和管理的有效性，这就是能级原则。通常，能级原则是由若干个分别具有不同能级的不同层次有规律地组合而成的，安全管理能级由 4 个层次构成金字塔形式，如图 2-12 所示。

能级原则确定了系统建立组织结构和安排使用人才的原则，4 个层次能级不同，使命各异，必须划分清楚，不可混淆。

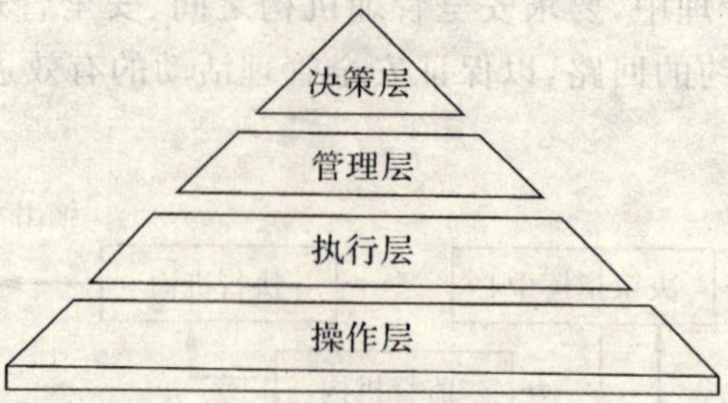

图 2-12　能级层次构成

3. 激励原则

激励原则是利用某种外部诱因的刺激，调动人的积极性和创造性，以科学的手段，激发人的内在潜能，使其充分发挥积极性、主动性和创造性。

人的工作动力来源于3个方面。第一是内在动力，指人本身具有的奋斗精神和本质特性。第二是外部压力，指施加于人的某种力量。第三是吸引力，指那些能够使人产生兴趣和爱好的某种力量。这3种动力相互联系、相互作用，管理者要善于体察和引导，采用有效的措施和手段，因人而异、科学合理地运用各种激励方法和激励强度，最大限度地发挥员工的内在潜能。

总之，要实现“以人为本”的安全管理，首先要加强企业的安全文化建设，使“以人为本”的安全理念在安全生产意识形态领域得到普及和加强；其次，要不断改善和提高客观生产条件，加大安全投入，以保障“以人为本”的安全理念在安全生产实践中得到落实。

2.2.3　预防原理

我国的安全生产方针是“安全第一，预防为主，综合治理”，通过有效的管理和技术手段，减少并防止人的不安全行为和物的不安全状态，从而使事故发生的概率降到最低，这就是预防原理。运用预防原理应遵循以下4个原则。

1. 偶然损失原则

事故后果及其后果的严重程度都是随机的、难以预测的，反复发生的同类事故，并不一定产生完全相同的后果，这就是事故损失的偶然性。偶然损失原则表明，在安全管理实践中，无论事故是否造成了损失，都必须被重视，并且做好预防工作。

2. 因果关系原则

因果关系原则是指事故的发生是许多因素互为因果连续发生的最终结果，只要诱发事故的因素存在，发生事故是必然的，只是事故发生的时间或迟或早而已。从因果关系原则中认识事故发生的必然性和规律性，从而重视事故的原因，切断事故因素的因果关系链环，对于消除事故发生的必然性，将事故消灭在萌芽状态具有重要的意义。

3. 3E 原则

造成人的不安全行为和物的不安全状态的原因可以归结为4个方面，即技术原因、教育原因、身体和态度原因及管理原因。针对这4方面的原因，可以采取3种预防事故的对策，即工程技术(Engineering)对策、教育(Education)对策和法制管理(Enforcement)对策，称之为“3E”原则。3E原则是实施事故预防与控制的最有效对策。在实际应用中，工程技术对策是安全管理的首选，因为无论安全教育和安全管理，都不可能完全避免人的失误。尽管如此，还应始终保持三者之间的均衡，合理地采取相应的措施，最大限度地预防和控制事故。

4. 本质安全化原则

本质安全化是指设备、设施或技术工艺含有内在的能够从根本上防止事故发生的功能。本质化安全是安全管理预防原理的根本体现，是安全观的最高境界。在“本质安全”设计中，达到绝对的安全是很难的，但可以通过设计使系统发生事故的风险降至最小，或降低到可接受的水平。

要想做好安全管理工作，就必须把握“预防原则”，在完善各项安全规章制度、开展安全教育和落实安全责任的同时，要做到安全管理工作的全过程控制，使事故发生的概率降到最小，真正使安全工作做到“防微杜渐”。

2.2.4　强制原理

强制是指绝对服从，无需被管理者同意便可以采取控制行动。采取强制管理的手段控制人的意愿和行为，使得个人的活动、行为受到管理的约束，从而有效地实现安全管理目标，这就是安全管理的强制原理。

一般来说，管理均带有一定的强制性。管理是管理者对被管理者施加作用和影响，并要求被管理者服从其意志，满足其要求，完成其规定的任务。不强制管理便不能够有效地抑制被管理者的无拘无束的个性，也不能够将其调动到符合整体安全利益和目标的轨道上来。

安全管理需要强制性是由事故损失的偶然性、人的冒险心理和事故损失的不可挽回性决定的。安全强制性管理的实现，离不开严格合理的法律、法规、标准和各级规章制度，离不开强有力的管理和监督体系。在安全管理活动中，强制原理应遵循以下两个原则。

1. 安全第一原则

安全第一就是要求在进行生产和其他活动时，将安全工作放在一切工作的首位。当生产和其他工作与安全工作发生矛盾时，要以安全为主，生产和其他工作要服从安全，这就是安全第一原则。

贯彻安全第一原则，要求在计划、布置、实施各项工作时首先要想到安全，预先采取措施，以防止事故的发生。需要指出的是，安全第一要落到实处，必须要有经济基础、文化理念和法规制度的支撑。

2. 监督原则

监督原则是指在安全工作中，为了落实安全生产法律法规，必须授权专门的部门和人员行使监督、检查和奖惩的职责，对企业生产中的守法和执法情况进行监督，追究和惩戒违章失职行为，这就是安全管理的监督原则。

2.2.5　责任原理

各级组织和个人负责任并履行职责，这是实现安全的基石。责任是指责任主体方对客体方承担必须承担的任务，完成必须完成的使命，做好必须做好的工作。在管理活动中，责任原则是指管理工作必须在合理分工的基础上，明确规定组织各级部门和个人必须完成的工作任务和相应的责任。

在安全管理、事故预防中，责任原理体现在很多方面。例如，安全生产责任制的制定和落实、事故责任问责制、SA8000 社会责任标准等。在安全管理活动中，只有运用责任原理，大力强化安全管理责任建设，建立健全安全管理责任制，构建落实安全管理责任的保障机制，促使安全管理责任主体到位，强制性地安全问责，才能推动企业履行应有的社会责任，提高安全监管部门的监管力度和效果，激发和引导各级人员的责任心。

2.3 安全系统管理理论体系

安全系统管理作为安全学、系统学和管理学等学科的一门交叉学科，其理论体系具有交叉学科所特有的立体网络结构。这种网络结构并非各个学科的无序拼凑和简单汇集，而是由横向、纵向和时间上的无穷系列交织成的有机系统。其中，横向和纵向可以由两个层次来表述，横向表示理论体系的顶层结构，纵向表示理论体系的支撑结构。横向顶层结构由安全学、系统学和管理学这 3 大学科构成，纵向支撑结构由与安全系统管理学科紧密相关的若干相邻学科（如社会学、工程技术学、法学、环境学、经济学、信息学、行为学、心理学、灾害学、教育学、风险学等学科）构成。而这些横向和纵向的学科又由其更加丰富的内容和理论知识体系纵横交错在一起，共同构织成立体的网络结构。

时间在这种立体的网络结构中具体体现为安全系统管理的发展历程。例如，从早期被动型的“听天由命”到经验型的“亡羊补牢”，由事后型的就事论事到综合型的系统安全理论，再到基于安全文化和职业安全健康管理体系的现代安全管理理念。

安全系统管理的理论体系构架如图 2－13 所示。

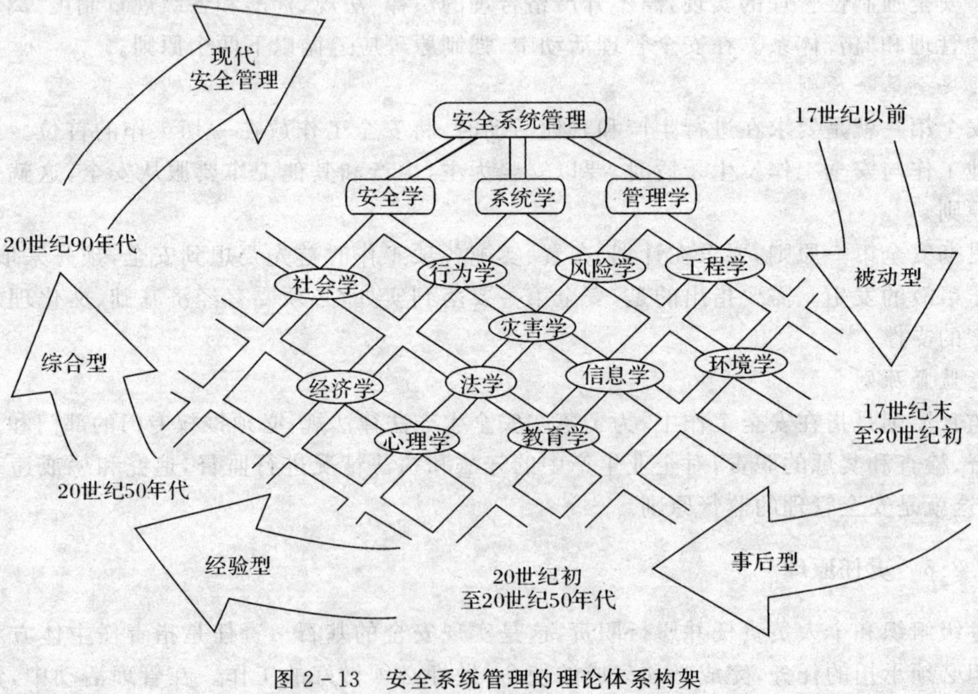

图 2－13 安全系统管理的理论体系构架

交叉学科是科学发展的产物。据统计，自然科学中交叉学科已约占该系统全部学科总数的 80％，社会科学中交叉学科约占全部学科总数的 40％，技术学科中交叉学科约占 63％。交叉学科虽然已经流行，但是很多交叉学科在其孕育期间因其交叉性和综合理论体系尚不完善，因而在学科内容方面存在一个发展的过程。安全系统管理的理论体系同样尚需进一步的发展和完善，使其能够真正为解决复杂系统的安全问题提供理论依据和分析方法。

思　考　题

1. 什么是事故？事故的特性是什么？
2. 事故是如何进行分类的？
3. 何谓事故致因理论？早期事故致因理论对现代安全管理的作用是什么？
4. 简述瑟利模型在安全系统管理中的应用。
5. 安全系统管理应遵循什么原理？
6. 为什么说安全系统管理的知识体系具有交叉性？

第3章 安全管理方法

本章学习目标

1. 从安全管理的职能出发,掌握安全管理的基本方法。
2. 掌握安全目标管理的主要思想和内容。
3. 掌握安全文化的建设在安全系统管理工作中的重要性。
4. 了解现代安全管理方法及其在安全系统管理工作中的应用。

生产活动是人类认识自然、改造自然过程中最基本的实践活动,是人类赖以生存和发展的必要条件。在生产活动为人类创造着巨大社会财富的同时,各种潜伏的不安全、不卫生的因素也随之同行。如果不采取有效的预防和保护措施,将会对社会造成严重的危害,甚至是不可挽回的危害。安全管理从安全问题的诱发因素入手,运用管理学、安全学和系统学的相关知识和理论,进行有关计划、组织、指挥、协调和控制的一系列活动,以科学的管理方法和系统有效的管理机制遏制事故的发生,最终达到安全目的。

本章首先从安全管理的基本职能出发,阐述安全管理的基本方法;其次,详细介绍安全目标管理和安全信息管理的内容及其在安全管理中的作用;最后,论述安全文化和现代安全管理的概念及其主要方法以及在安全管理工作中的应用。

3.1 基于管理科学的安全管理方法

从管理科学的基本理论和方法出发,安全管理的基本职能是计划、决策、组织、协调和控制生活、生产中的安全问题,安全管理的方法与其职能是密切相关的。本节按照安全管理的基本职能来阐述安全管理的基本方法。

3.1.1 安全管理计划

计划是指未来行动的方案。安全管理计划是指根据安全决策目标制订实施安全目标的手段和方案,筹划和协调人力、物力以及财力等资源配置,拟订实施步骤和方法,制定相应策略和政策等一系列安全管理活动的方案。安全管理计划是为了促使安全决策目标的实现而制订的,是安全工作的实施纲领,合理、科学的安全管理计划是有效地预防和控制事故的手段,可以使安全管理活动取得最佳的效益。

1. 安全管理计划的内容

安全管理计划必须具备以下3个要素。

(1)目标。安全工作目标是安全管理计划制订的依据,是安全管理活动的方向。制订安全管理计划前,要分析和研究安全工作现状,准确无误地提出安全工作的目的和要求以及这些要求的根据，使安全管理计划的执行者能够事先了解安全工作未来的结果。

(2)措施。安全措施和方法指明达到安全目标需要什么手段，需要动员哪些力量，创造什么条件，排除哪些困难。如果是集体的计划，还需指明某项安全任务的责任者，以便于检查监督。因此，安全措施是实现安全管理计划的保证。

(3)步骤。步骤是工作程序和时间的安排，在制订安全管理计划时，要明确在一定的时间内和一定的条件下，安全管理工作的程序和人力、物力、财力的分配使用情况。

三要素是安全管理计划的主体部分，除此之外，还应包括以下3个方面的内容。

(1)确切的、一目了然的标题，把安全管理计划的内容和执行计划的有效期限体现出来。

(2)安全管理计划的制定者和制定计划的日期。

(3)有些内容需要用图表或用文字说明的，可以附在计划正文后面，作为安全管理计划的一个组成部分。

2.安全管理计划的指标体系

安全管理计划指标体系是由不同类型的指标构成的，每一类指标，又包括许多具体指标。安全管理计划指标体系主要由5类指标组成。

(1)数量指标和质量指标。数量指标是以数量来表现计划任务，用以反映计划对象的发展水平和规模。数量指标一般用绝对数来表示。常用的数量指标，如企业的总产量、安全生产总投入、劳动工资总额等。

质量指标是以深度、程度来表现计划任务，用以反映计划对象的素质、效率和效益。质量指标一般用相对数或平均数来表示，如企业的劳动生产率、成本降低率、设备利用率、隐患整改率等。

(2)实物指标和价值指标。实物指标是指用质量、容积、长度、件数等实物计量单位来表现使用价值量的指标，可以具体确定各生产单位的生产任务，确定各种实物产品的生产与安全的平衡关系。

价值指标又称为价格指标或货币指标，是以货币作为计量单位来表现产品价值、安全投入以及伤亡事故损失关系的指标。常用的价值指标有两种，一种是按不变价格计算的，可以消除价格变动的影响，反映不同时期产出量的变化；另一种是按现行价格计算的，可以大体反映产品价值的变动，用于核算分析产出量、安全投入、事故损失之间的综合平衡关系。

(3)考核指标和核算指标。考核指标是考核安全管理计划任务执行情况的指标，如安全学习成绩及格率、隐患整改率等。考核指标可以是实物指标，也可以是价值指标，可以是数量指标，也可以是质量指标。

核算指标是指在编制安全管理计划过程中供分析研究用的指标，只作为计划的依据。如企业中安全生产装备、安全控制能力利用情况、安全生产投入的使用金额、安全生产产生的收益额等。

(4)指令性指标和指导性指标。指令性指标是企业指令下达的执行单位必须完成的安全生产指标，具有权威性和强制性。指导性指标只对企业安全工作起指导作用，不具有强制性。

(5)单项指标和综合指标。单项指标是指安全工作中单项任务完成情况的指标，如某台设备的检修安全任务完成情况、某项工程的安全控制情况等。

综合指标是反映安全管理计划任务综合情况的指标。综合指标往往是由多项具体安全工作任务指标组合而成的。

3.安全管理计划的制订和修订

安全管理计划的制订方法有定额法、系数法、动态法、比较法、因素分析法和综合平衡法等,制订安全管理计划的基本程序分为以下 4 个步骤。

(1)调查研究。在制订安全管理计划前,必须清楚计划对象的客观情况,全面积累数据,充分掌握资料,做到目标明确、有的放矢。调查分为亲自调查、委托调查、重点调查、典型调查、抽样调查和专项调查等。

(2)安全预测。进行科学的安全预测是安全管理计划制订的依据和前提。安全预测主要包括:工艺安全状况预测、设备可靠性预测、隐患发展趋势预测、事故发生可能性预测等。

(3)拟订计划方案。根据调查研究和安全预测的数据和资料,审慎地提出安全生产的发展战略目标和阶段目标、安全工作的任务以及安全生产指标和实施步骤的设想,拟订几种方案供决策者选择。

(4)论证和择定计划方案。通过各种形式和渠道,召集专家进行科学论证,修改补充计划草案,拟出修订稿,再经过讨论后,比较选择合理的安全管理计划,最后由企业权力机关批准实行。

制订安全管理计划并不是计划管理的全部,只是计划管理的开始。在整个安全管理计划的制订、贯彻、执行和反馈的过程中,计划的检查和修订占据着十分重要的位置,起着不可忽视的作用。在计划的检查中,重点检查计划的执行是否偏离目标、计划指标的完成程度、计划执行过程中潜在的问题、计划与实际情况的偏离等,然后根据检查和反馈的意见,对计划进行修改和补充。

3.1.2 安全管理决策

决策是人们在生产和生活中,以对事物发展规律及主客观条件的认识为依据,寻求并实现某种最佳(最满意)的准则和行动方案而进行的一系列活动。决策有广义、一般和狭义 3 种解释。广义决策包括抉择准备、方案优选、方案实施等全过程。一般决策是人们按照某个准则在若干备选方案中的选择,它包括准备和选择两个阶段的活动。狭义决策是指作决定,作抉择。

安全决策贯穿于整个安全管理过程中,是安全管理的核心,安全决策的水平直接影响安全管理的水平和效率。安全管理者应该提高安全决策的水平,将安全决策作得正确、合理、经济和高效。

1.安全管理决策的内容和方法

安全管理决策是指人们针对特定的安全问题,运用科学的理论和方法,拟订各种安全行动方案,从中进行选择以达到安全目标的活动过程。现代安全管理中所讲的决策,就是指科学安全决策。不同的管理目标和决策任务决定了安全管理决策的具体内容,根据决策者和被决策对象的范围及其相互作用构成的决策系统,安全管理决策的内容包括以下 4 个方面。

(1)系统安全管理决策。它是解决全局性重大问题的高层决策,主要解决安全方针、政策、规划、安全管理体制、法规、监督监察及推进安全事业发展等方面的决策。

(2)为解决工程项目建设问题而进行的决策。它是为保证新建、改建、扩建工程项目能安全投入生产,对工程项目设计进行安全论证、审核和安全评价方面的决策,例如,厂址选择、厂店布局、结构、工艺过程、设备布置、防火防爆。

(3)企业安全管理决策。它是为健全、改善和加强企业安全管理所进行的计划、组织、协调、控制以及预测、预防事故等方面的决策,例如,企业发展规划、生产任务、组织机构、工程计划、人员素质。

(4)处理事故决策。它是事故发生后采取的调查、分析、处理及改善与改进的对策,例如,事故调查、抢救人员、控制进一步扩展等。

预测和预防事故是安全管理决策的主要课题。导致事故发生的直接原因有物的不安全状态和人的不安全行为,主要对象是人、机、环境与技术、教育、管理对象的关系,图 3-1 给出了这种关系。

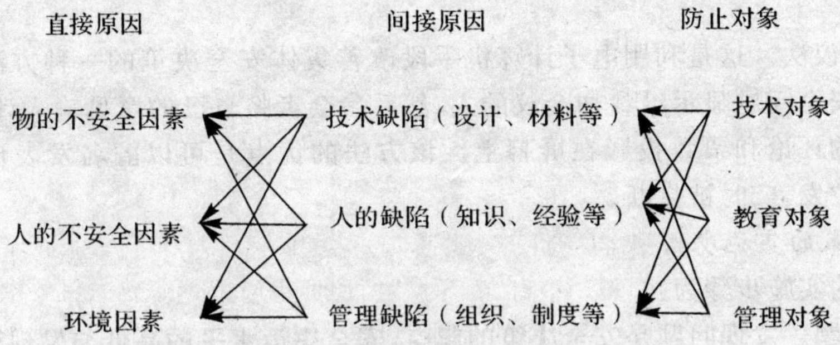

图 3-1　人-机-环境-管理之间的关系

如果根据决策系统的约束性和随机性原理,可以分为确定型决策和非确定型决策。

(1)确定型决策。在一种已知的完全确定的自然状态下,选择满足目标要求的最有效方案的决策称为确定型决策。确定型决策问题一般应具备 4 个条件。

第一,存在着决策者希望达到的一个明确目标(收益大或损失小)。

第二,只存在一个确定的自然状态。

第三,存在着决策者可选择的两个或两个以上的抉择方案。

第四,不同的决策方案在确定的状态下的益损值可以计算。

(2)非确定型决策。当决策问题有两种以上自然状态时,哪一种可能发生是不确定的,在该情况下的决策称为非确定型决策。非确定型决策分为两类。

第一类,风险型决策。这类决策是指当决策问题自然状态的概率能确定时,在概率基础上作决策,但是要冒一定的风险。风险型决策要具备 5 个条件:①存在着决策者希望达到的一个明确目标。②存在着决策者无法控制的两种或两种以上的自然状态。③存在着可供决策者选择的两个或两个以上的抉择方案。④不同的抉择方案在不同的自然状态下的益损值可以计算。⑤每一种自然状态出现的概率可以估算。

第二类,完全不确定型决策。这类决策是指如果自然状态的概率不能确定,没有任何有关每一个自然状态可能发生的信息。

围绕着安全决策的主要内容,常见的安全生产决策方法有以下 4 种。

(1)头脑风暴法。头脑风暴法是集中有关专家进行安全专题研究的一种会议形式,即通过会议的形式,将能够解决安全问题的专家集中在一起,自由地发表对安全问题的意见和看法,迅速地收集到各种安全工作的意见和建议。头脑风暴法还可以通过这种会议形式对已经系统化的方案或设想提出质疑,研究有碍于方案或设想实施的所有限制性因素,找出方案设计者思考的不足之处,指出实施方案时可能遇到的困难。

(2)集体磋商法。这是一种让持有不同思想观点的人或组织进行正面交流,展开辩论,比较各个方案的优劣,找到一种合理方案的安全决策方法。该方法适用于有着共同利益追求和同样具有责任心的集体。集体磋商可以以“头脑风暴法”的形式出现，也可以以其他的形式出现。集体磋商和头脑风暴所不同的是，头脑风暴的成员可以是临时请来的某一安全生产领域的专家，而集体磋商的成员是组织内担负安全决策使命的安全生产决策者。

(3)加权评分法。这是一种对备选方案进行分项比较的方法。首先，将备选方案分成若干对应项，然后，逐项进行比较打分；最后，通过加权评分找出备选方案中的最佳方案。这种方法能够发挥对方案作出最后抉择的安全决策者的主动性，可以在获得较佳方案的同时，节约大量的时间和人力。

(4)电子会议法。这是利用电子计算机手段改善集体安全决策的一种方法。该方法首先通过计算机将安全问题显示给参加会议的人，然后参会者将自己的意见输入计算机，通过计算机网络将个人的评论和票数投影在屏幕上。该方法的优点是可以匿名发表自己的意见和建议，不会担心在“发言”时被打断。

2. 安全决策的实施步骤

安全决策的实施步骤为：

(1)发现问题。发现问题是安全决策的起点，安全决策水平的高低与发现现实安全问题和未来安全问题的程度紧密相关。在安全管理活动中，不要害怕暴露问题，发现问题后，要认真分析，找出产生问题的根本原因，为确定合理的安全目标打下基础。

(2)确定目标。确定的目标应该具体明确，既不能含糊不清，也不能抽象空洞。对确定目标的要求体现在以下 4 点。第一，目标必须单一。第二，必须有明确的目标标准，以便能检查目标达到和实现的程度。第三，明确目标的主客观约束条件。第四，在多目标存在的条件下，应对各个目标进行具体分析，分清主次。

(3)拟订方案。拟订方案是研究实现目标的途径和方法。安全生产决策的一个重要特点是要在多种方案中选择较好的方案，在拟订方案时，要兼顾整体详尽性和互相排斥性的基本要求，尽量将指标量化以减少主观性。

(4)方案评估。从理论上和可行性方面进行综合分析，对备选方案加以评比，从而得出备选方案的优劣结论。在评估方案时，要对方案的限制因素、协调性和潜在问题进行系统的分析，经过对比分析，权衡利弊，对方案进行设计改进。方案评估主要从经济效益分析、社会效益分析、社会心理效应分析等 3 个方面进行考虑。

(5)方案优选。方案优选是在对各个方案进行分析评估的基础上，从众多方案中选取一个较优的方案。在方案优选中，决策者要有科学的思维方法和战略性的观点，正确处理与专家的关系，有意地修正心理因素所产生的偏差。

3. 决策中存在的问题

上述的各种安全决策方法各有其优点，也存在一些共性的问题。

(1)安全决策中存在主观因素。决策是由决策者做出的，决策者的主观因素必然影响决策过程。决策者的主观估计要尽可能符合客观实际，设法能使决策者在做出决定时尽可能少地带有主观随意性。即设法能比较客观地决定各目标的相对重要程度，或者是加权系数的数值大小。

(2)决策结果不可能是最理想的答案。多指标决策很难简单地满足一个要求而不使别的方面的要求受到损失。因此，任何设计方案都有不理想的成分。由于受到时间、投资、技术限制，加上加权系数和诸指标的目标值本身就不是十全十美，所以，不能获得最优解，只能得到满意解。在允许的条件下，应该使所获得的解能相对地更为人满意。

(3)决策的目的在于做方案的比较。无论哪种决策方法，最终目的是为了综合评价时便于方案优劣的比较。在实际工作中，首先通过定性比较提出的各种方案，分出相对的优劣；再进行定量处理，在工程上进行方案选择，大多采用加权处理，以便将诸指标值汇成总指标值，以利于比较。

3.1.3　安全管理组织

安全管理组织是完成安全目标的组织保障，建立合理的安全管理组织机构是有效进行安全生产指挥、检查、监督的组织保证。安全管理组织机构是否健全，管理组织中各级人员的职责与权限界定是否明确，安全管理体制是否协调高效，直接关系到安全工作能否全面开展和职业安全健康管理体系能否有效运行。

1. 安全管理组织的构成和基本要求

安全管理组织由安全工作指挥系统、安全检查系统和安全监督系统 3 大系统组成。

(1)安全工作指挥系统。由厂长或经理委托一名副厂长或副经理(通常为分管生产的负责人)负责，对职能科室负责人、车间主任、工段长或班组长实现纵向领导，以确保企业职业安全健康计划和安全目标的有效落实和实施。

(2)安全检查系统。该系统具体负责实施职业安全健康管理体系中“检查与纠正措施”环节各项任务的重要组织，其主体是由分管副厂长、安全技术科、保卫科、车间安全员、车间消防员、班组安全员、班组消防员等组成的。另外，安全工作的指挥系统也兼有安全检查的职责。

(3)安全监督系统。由工会、党、政、工、团组成的安全监督组织，监督、考核安全目标的执行情况。

对于安全管理组织的构成，有以下 6 个方面的要求。

(1)合理的组织结构。合理地设置横向安全管理部门，科学地划分纵向安全管理层次。

(2)明确责任和权利。组织机构内各部门、各层次和各工作岗位都要有明确的安全工作责任，并对各级授予相应的权利。

(3)人员选择和配备。根据组织机构内不同部门、不同层次、不同岗位的责任情况，选择和配备人员。特别是专业安全技术人员和专业安全管理人员应该具备相应的安全专业知识和能力。

(4)制定和落实规章制度。制定和落实各项规章制度，可以保证安全工作有效地运行。

(5)信息沟通。组织内部要建立有效的信息沟通模式，使信息沟通渠道畅通，保证安全信息及时、准确地传达。

(6)与外界协调。企业存在于社会环境之中，安全工作不仅受到外界环境的影响，而且要接受政府的指导和监督，因此，安全组织机构必须和外界有着良好的协调关系。

2. 安全管理组织的运行

安全管理组织的运行情况直接影响着安全管理的效果、安全目标的实现和安全资源的配置情况，在安全管理组织的运行过程中，要以有关的规章制度和安全文化作为约束条件，以完善的绩效考核和充足的安全投入作为保障条件。

(1)安全管理组织运行的约束。安全管理组织的有效运行需要对各个方面的规章制度进行设计和规范，相关的规章制度包括安全管理组织结构、安全管理组织所承担的任务、安全管理组织运行的流程、安全管理组织人事、安全管理组织运行规范等。安全管理的组织结构、组织承担的任务和组织中的人可以通过安全规章制度的约束作用很好地协调起来。

安全文化体现在企业安全生产的价值观和全体员工的安全行为等方面，是培养共同职业安全健康目标和一致的安全行为的基础。安全文化具有自动纠偏的功能，可以使企业能够自我约束，使安全管理组织畅通运行。

(2)安全管理组织运行的保障。绩效考核是通过较为详细、明确、合理的考核指标来指导和协调组织中人的行为的一种有效方法，是对企业安全管理人员以及各级承担安全目标的人员完成目标情况的跟踪、记录和考评。通过绩效考核的方式可以增强安全管理组织的运行效率，推动安全管理组织有效、顺利地运行。

安全经济投入是安全管理组织建立和运行的保障，有了充足的安全投入，安全管理组织才能有足够的资金、人力、物力等资源，才能保证安全管理组织活动的顺利开展和实施。

3.1.4 安全管理协调

安全管理需要从协调理论出发，在组织机构、人员保障和经费保障等3个方面进行协调、统一的管理。主要从以下3个方面开展安全管理的协调工作。

1.安全管理工作协调体系

安全管理是有组织、有计划的行为活动，为了实现共同的安全目标，必须形成一个安全管理组织的网络结构，其纵向要形成一个由上而下指挥自如的安全生产指挥系统，横向要使企业的安全工作按照专业部门归口管理，层层展开，实现企业管理纵向到底、横向到边、全员参加、全过程管理的安全工作体系。安全管理工作协调体系由安全工作指挥系统、安全检查系统和安全监督系统组成。图3-2给出了安全管理工作协调体系的网络示意图。

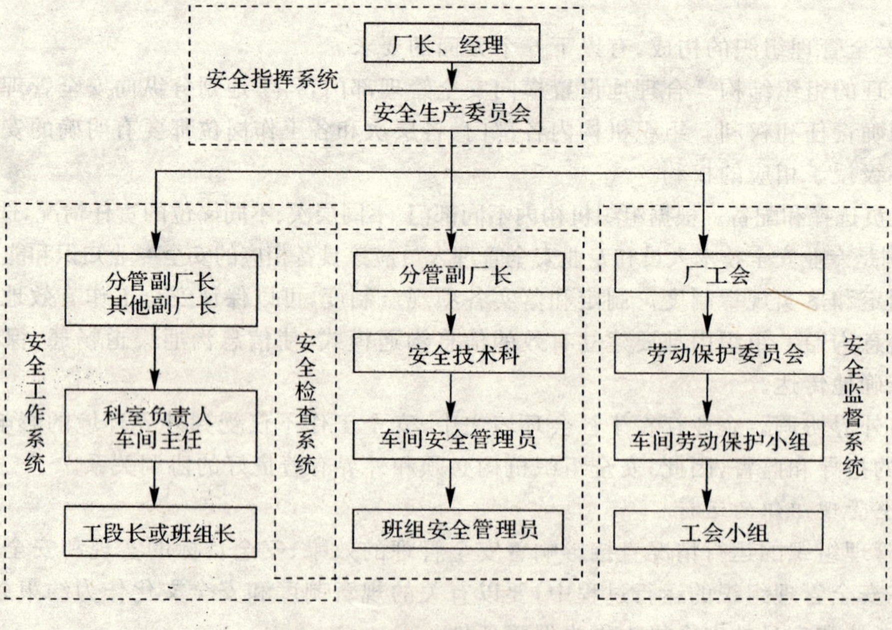

图3-2 安全管理工作协调体系

在安全管理工作协调体系中，安全工作指挥系统由厂长或经理委托一名副厂长或副经理负责，确保企业职业安全卫生计划和安全目标的落实和实施，该系统兼管安全检查的职责。安全检查系统是具体负责实施各项任务的重要组织，由各级安全管理员负责安全检查的重要职责。安全监督系统主要是由工会组成的安全防线。

2. 人员保障系统的协调

要保证安全管理组织机构的效能，必须合理配置有关的安全管理人员，并合理界定各部门、各层次的职责。

对安全管理人员的素质要求包括政治思想素质好、热爱安全管理工作、掌握职业安全卫生技术专业知识和劳动保护业务知识、了解企业生产中的危险因素和危险源、熟悉安全防护措施、具有一定的文化水平和较强的组织管理能力等。

安全管理人员的配备可根据企业安全生产性质确定，按照行业的不同，在企业职能部门中设置专门的安全管理部门，如安全处、安全科等，或设置兼有安全管理的其他管理部门，如安全环保处、质量安全处等，在车间、班组设置专职或兼职安全员。安全管理人员的职责包括以下 6 个方面的内容。

(1)协助企业领导管理安全工作，负责督促检查企业安全卫生法规和各项安全规章制度的执行情况。

(2)组织编制企业的职业安全卫生方针、目标、计划，并督促实施。

(3)组织定期或不定期的安全检查，组织调查和定期检测尘毒作业点，制定防止职业中毒和职业病发生的措施，搞好工业卫生及建档工作。

(4)参加各类事故的调查处理，会同有关部门提出防范措施，并督促实施。

(5)参加新建、改建、扩建和大修项目中有关安全技术、职业安全卫生方面的设计方案审查、工程验收和试运转工作。

(6)开展安全宣传教育、安全竞赛和评比活动等。

3. 安全经济投资保障协调机制

安全投资结构的比例协调关系如下：

(1)安全措施经费、个人防护费用从目前的 1∶2 投资比例逐步过渡到合理的发达国家的 2∶1 的结构。

(2)安全技术费用、工业卫生费用从现行的 1.5∶1 的比例结构逐步过渡到 1∶1 结构。

正确认识预防性投入与事后整改投入的等价关系，研究和掌握安全措施投资政策和立法，讲求谁需要、谁受益、谁投资的原则，建立国家、企业和个人协调的投资保障系统。要进行科学的安全技术经济评价、有效的风险辨识及控制、事故损失测算、保险与事故预防的机制，推行安全经济奖励和惩罚、安全经济抵押等方法。

3.1.5　安全管理控制

1. 安全管理控制的基本概念

安全管理控制系统是由各种相互制约和影响的安全要素所组成的，具有一定安全特征和功能的整体。安全管理控制系统分为宏观安全管理控制系统和微观安全管理控制系统两类。

(1)宏观安全管理控制系统。宏观安全管理控制系统是指各级行政主管部门，以国家法律、法规为依据，应用安全监察、检查、经济调控等手段，实现整个社会、部门或企业的安全生产目标的整体控制活动。宏观安全管理控制系统是以各种生产、经营系统为被控系统，以各种安全检查和安全信息统计为反馈手段，以各级安全监察管理部门为控制器，以国家安全生产方针和安全指标为控制目标的一种宏观管理系统。

(2)微观安全管理控制系统。微观安全管理控制是指应用工程技术和安全技术手段,防止在特定生产和经营活动中发生事故的全部活动。微观安全管理控制系统是以具体的生产和经营活动为被控制系统,以安全状态检测信息为反馈手段,以安全技术和安全管理为控制器,以实现安全生产为控制目标的系统。

2. 安全管理控制的方式和原则

(1)首选前馈控制方式。由于安全管理控制系统状态的触发性和安全决策的复杂性,宏观安全管理控制系统的控制方式应首选前馈控制方式。前馈控制是指对系统的输入进行检测,以消除有害输入或针对不同情况采取相应的控制措施,以保证系统的安全。前馈控制系统的工作模式如图 3-3 所示。

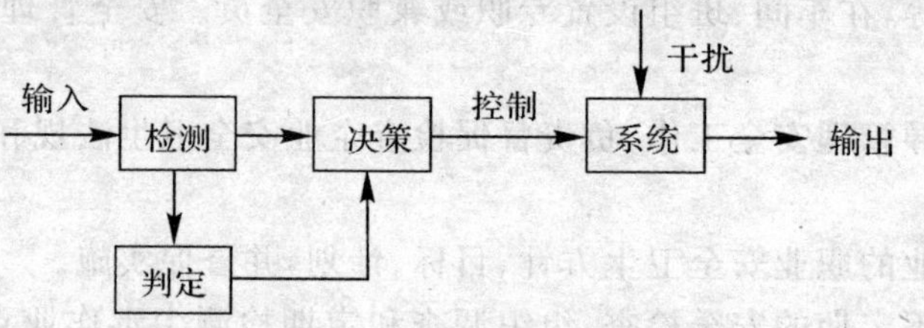

图 3-3　前馈控制系统的工作模式

(2)合理使用各种反馈控制方式。反馈控制是控制系统中使用广泛的控制方法。安全系统的反馈控制有局部状态反馈控制、事故后的反馈控制、负反馈控制、正反馈控制等 4 种方式。

(3)建立多级递阶控制体系。安全管理控制系统应建立较完善的安全多级递阶控制体系,各控制层次之间除了督促下层贯彻执行有关方针、政策、规程和决定外,还要提高下属层次的自组织能力。各级管理层的自组织能力主要体现为了解下层危险源的相关事故结构信息、掌握危险源的动态信息、熟悉危险分析技术、经验丰富和应变能力较强等方面。

(4)力争实现闭环控制。闭环控制是自动控制的核心,安全管理工作部署应形成一种自动反馈机制,以提高工作效率,保证安全信息处理和传递线路畅通。

3.1.6　安全激励

行为学认为,激励是激发人的动机。根据人的行为规律,通过强化人的动机,以强调人的积极性的理论称为激励理论。利用人的心理因素和行为规律激发人的积极性,增强其动机的推动力,对人的行为进行引导,以改进其在安全方面的作用,达到改善安全状态的目的,这称为安全激励。

1. 安全激励的理论基础

激励理论是关于如何满足人的各种需要,调动人的积极性的原则和方法的概括和总结。激励理论按照形成的时间及其所研究的对象的不同,可以分为内容型激励理论、过程型激励理论和行为修正型激励理论。

(1)内容型激励理论。内容型激励理论研究的重点在于激发动机的诱因。它主要包括马斯洛的“需求层次理论”、郝茨伯格的“双因素理论”和麦克莱兰的“成就需要激励理论”等。

需求层次理论认为,人的需求可以分为 5 个层次,即生理需求(维持人类生存所必需的身体需求)、安全需求(保证身心免受伤害和避免失去工作、财产、实物或住所等恐惧的需求)、归属和爱的需求(包括感情、归属、被接纳、友谊等需求)、尊重需求(包括内在的尊重,如自尊心、自主权、成就感等,外在的尊重,如地位、认同、受重视等)、自我实现的需求(包括个人成长、发挥个人潜能、实现个人理想的需求)。

双因素理论又称保健因素-激励因素理论。该理论认为,在管理中有些措施因素能消除职工的不满,但不能调动其工作的积极性,这些因素类似卫生保健对人体的作用,所以称为保健因素。双因素理论是针对满足人的需要的目标或诱因提出的,具有实用性。

成就需要激励理论认为,一个组织因配备了具有高成就动机需要的人员,会使得组织成为高成就的组织。

(2)过程型激励理论。过程型激励理论研究的重点在于从动机的产生到采取行动的心理过程。它主要包括弗鲁姆的"期望理论"、海德的"归因理论"和亚当斯的"公平理论"等。

期望理论认为,人们之所以采取某种行为,是因为他认为这种行为可以有把握地得到某种结果,并且这种结果对他有足够的价值。动机激励水平取决于人们认为在多大程度上可以期望达到预计的结果,以及人们判断自己的努力对于个人需要的满足是否有意义。

归因理论研究个人用以解释其行为原因的认知过程,探讨行为的因果关系。

公平理论研究工资报酬分配的合理性、公平性及其对职工生产积极性的影响。

(3)行为修正型激励理论。行为修正型激励理论的研究重点在于讨论激励的目的。它包括斯金纳的"强化理论"和"挫折理论"。

强化理论是以学习的强化原则为基础的关于理解和修正人的行为的一种学说,是对一种行为的肯定或否定。挫折理论是关于个人的目标行为受到阻碍后,如何解决问题并调动积极性的激励理论。

2. 安全激励方法的分类

根据安全管理中安全激励形式的不同,安全激励方法分为以下 5 类。

(1)经济物质激励。这是常用的一种激励方法,如奖励、罚款等,使个人经济物质利益与安全状况挂钩。

(2)刑律激励。刑律激励是综合精神和肉体激励的一种激励方法,既有惩戒性,防止再犯的作用,也有示范性的作用。

(3)精神心理激励。它从道德观念、宗教信仰、政治思想、情感、荣誉心等方面进行激励。

(4)环境激励。这是一种从众行为的作用和群体行为的影响。

(5)自我激励。它通过提高修养、自我激励达到自我完善的境界。

按照安全行为的激励原理,可将安全激励方法分为两类。

(1)外部激励。它通过外部力量来激发人的安全行为积极性和主动性,如安全奖励、改善劳动卫生条件、提高待遇等。

(2)内部激励。它通过增强安全意识、素质、能力、信心和抱负等,提高职工的安全生产和劳动保护自觉性。

3.2　安全目标管理

目标管理(Management By Objectives, MBO)是美国管理学家彼得·德鲁克(Peter F. Drucker)创立的。1954 年,他在《管理实践》中首次使用了"目标管理"的概念,随后提出了"目标管理和自我控制”的主张。彼得·德鲁克提出，让每位职工根据总目标的要求编制个人目标，并努力达到个人目标。他主张在目标管理的实施阶段和成果评价阶段充分信任职工，实行权限下放和民主协商，使职工自我控制，独立自主地完成任务，激发职工的主动性和创造性。

从20世纪50年代至今，目标管理的制度和方法不仅在企业界得到广泛应用，而且在金融、公用事业，甚至在政府机关、团体、医院得到应用，成为世界上一种流行的现代管理方法。

安全目标管理是目标管理在安全管理方面的应用。安全目标管理是指企业内部各个部门以至每个人，从上到下围绕企业在一定时期内安全生产的总目标，层层分解展开，制定各自的目标，确定行动方针，安排工作进度，有效地组织实现，并对成果严格考核的一种管理制度。

安全目标管理是通过组织内部自我控制达到安全生产目的的一种安全管理方法，是根据工作目标来控制企业安全生产的一种民主的科学有效的管理方法，将企业的全体职工都科学地组织在目标体系之内，使每个人都明确自己在目标体系中所处的地位和作用，通过每个人的积极努力来实现企业安全生产目标，是我国工业企业实行现代安全管理的一项重要内容。

3.2.1 安全目标管理特点

安全目标管理是一个以人为本、系统、动态的管理过程，其特点如下。

(1)安全目标管理是重视人、激励人、充分调动人的主观能动性的管理。管理的主客体都是人，人在管理活动中起着至关重要的作用，有效的管理方式可以充分调动人的主观能动性。在安全目标管理中，首先设定目标并使之内化(不是外部加强，而是内在要求)，然后依靠目标的激励作用。这种管理方式使传统的命令指示型管理模式转变为主动地追求目标型的管理模式，从而产生了强大的动力，极大地调动了人们的主观能动性，充分发挥创造精神，全心全意地搞好安全工作，大大增强了安全管理工作的效能。

安全目标管理的激励作用不仅体现在“目标”本身，而且贯彻于管理全过程的各个环节中。例如安全目标与经济发展指标挂钩，使两者具有同等地位；安全目标与奖惩挂钩，实现安全目标与责、权、利的统一；将安全指标作为否定性指标，达不到目标的不能晋级调档，不能评先进等。

(2)安全目标管理是系统的、动态的管理。安全目标管理的最终目的是实现系统的整体安全的最优化，即实现安全的最佳整体效应，这种整体效应体现在系统的整体安全目标上。首先，安全目标管理制定一个整体安全目标。然后，整体安全目标自上而下层层分解，制定各级、各部门直到每个职工的安全目标。这样就构成了一个纵横交错、多层次、全方位覆盖的系统安全目标网络，使之具有了系统的空间结构。

安全目标管理充分调动每个部门、每个人的积极性，但是并不是各自为政、放任自流。实现最佳的整体安全目标需要有组织的管理活动，要把所有的积极性集中统一起来，沿着指定的目标轨道向前运行。如果发现偏离，就要及时纠正。为此，需要重视信息的收集和反馈，进行有效的指导、帮助、协调和控制，这样，安全目标管理就不是一个静态的过程，而是一系列动态的管理控制过程。

3.2.2 安全目标

1. 安全目标的内容

安全目标包括企业安全目标方针、总体目标和实现目标的对策措施等3个方面的内容。

(1)企业安全目标方针。企业安全目标方针是企业根据上级的要求和企业的主客观条件，经过科学分析和充分论证后确定的。企业安全目标方针反映了企业安全工作的奋斗方向和行动纲领，要求使用简明扼要、激励人心的文字和相关的数字对企业安全目标进行概括。例如，某厂某年制定的安全目标方针为“加强基础抓管理，减少轻伤无死亡，改善条件除隐患，齐心协力展宏图”。

(2)总体目标。总体目标是目标方针的具体化指标的表现形式，具体规定了为了实现目标方针在各主要方面应达到的要求和水平。

目标方针和总体目标是紧密联系、不可分割的。只有目标方针而没有总体目标，目标方针就成了一句空话。只有根据目标方针确定的总体目标，才有正确的方向，才能保证目标方针的实现。

总体目标是由若干个目标项目组成的。对目标项目要求其既能全面反映安全工作在各个方面的要求，又能适用于国家和企业的实际情况。每一个目标项目都应规定相应的标准，这个标准必须数值化，即要有定量的目标值。在一般情况下，目标项目包括以下4个方面。

1)各类工伤事故指标。根据GB6441—1986《企业职工伤亡事故分类标准》，主要工伤事故指标有千人死亡率、千人重伤率、伤害频率、伤害严重率等。根据行业特点，可以按照产品、产量计算死亡率，如百万吨钢(煤)死亡率、万立方米木材死亡率等。

2)工伤事故造成的经济损失指标。根据GB6721—1986《企业职工伤亡事故经济损失统计标准》，主要的经济损失指标有千人经济损失率和百万元产值经济损失率。根据企业的实际情况，为了便于统计计算，可以只考虑直接经济损失，以直接经济损失率作为控制目标。

3)粉尘、毒气、噪声等职业危害作业点合格率。

4)日常安全管理工作指标。对于安全管理的组织机构、安全生产责任制、安全生产规章制度、安全技术措施计划、安全教育、安全检查、文明生产、隐患整改、安全档案、班组安全建设、经济承包中的安全保障以及“三同时”“五同时”等日常安全管理工作的各个方面均应设定目标并确定目标值。

(3)实现目标的对策措施。为了保证安全目标的实现，在制定目标时必须制定相应的对策措施。对策措施是为了实现总体目标而确定的具体工作目标。对策措施的制定要避免面面俱到或“蜻蜓点水”，应该抓住影响全局的关键项目，针对薄弱环节，集中力量有效地解决问题。对策措施还应规定时限，落实责任，并尽可能有定量的指标要求。

2. 安全目标制定的原则

安全目标的制定必须有一定的依据，并做到重点突出、方向明确、先进可行。主要原则如下：

(1)科学预测原则。安全目标的制定必须要以科学的预测为前提，只有进行科学的预测，才能准确地掌握安全管理系统内部和外部的信息，才能预见事物的未来发展趋势，从而为安全目标的确定提供科学而可靠的依据。因此，在安全目标的制定中，不仅要进行深入实际的调查研究，还要运用先进预测手段，做到定性预测与定量预测相结合，以保证安全目标的科学性和可行性。

(2)职工参与原则。安全目标的制定，不应只是企业领导者和管理者的事情，还应该广泛发动职工共同参与安全目标的制定。发动职工参与目标的制定，不仅可以听取职工的要求和建议，集中职工的智慧和创造力，增强安全目标的科学性，而且有利于安全目标的贯彻和执行。

(3)方案选优原则。安全目标的制定,必须坚持方案选优的原则,这一原则要求在安全目标的制定过程中,首先要有多个可选择方案,然后通过学科决策和可行性分析,从多个方案中选出一个较为满意的方案。满意主要有以下 3 个标准。第一,目标要有较高的效益性,其中包括有较高的安全效益、经济效益和社会效益。第二,目标要有先进性,有一定的创新,有一定的难度。第三,目标要有可行性,切合实际,通过努力能够实现。

(4)信息反馈原则。在坚持上述原则的基础上所确定的安全目标,并不能保证有足够的科学性、先进性和可行性。这主要是因为人们的认知能力和知识水平是有限的,有些见解在当时看来是科学的、合理的,但随着时间的推移和人们认知能力的提高,事后就会发现其不足之处。其次,企业内部环境和外部环境是不断变化的,条件的不断改变使得原定的安全目标必然会出现偏差。因此,在安全目标的制定中,必须坚持信息反馈的原则,不断收集反馈各种有关信息,及时纠正偏差。

合理确定安全目标值是安全目标管理中最困难和最重要的工作,合理、适宜的目标值应该是企业科学技术装备和管理水平的客观反映,也是先进性和可行性的辩证统一,太高或太低都不合适,甚至会产生副作用。因此,定目标值应当进行纵横比较和对比调整,从而制定出较为先进的、被上级认可的安全目标值,作为年度或阶段考核指标。

3.2.3 安全目标管理实施

安全目标管理的实施是指在落实保障措施,促使安全目标实现的过程中所进行的管理活动。安全目标管理的实施是安全管理取得成效的关键环节,执行者必须根据安全目标规定的实施细则、措施、手段和进度认真执行,以确保安全目标的实现。安全目标管理的实施主要通过以下几个方面工作来完成。

(1)安全目标的展开。根据整分合原理,将安全目标分解落实到各部门、车间、班组和个人,纵向到底、横向到边,使每个组织、每个职工都明确自己的目标和责任,形成一个目标连锁体系。安全目标体系示意图如图 3-4 所示。

(2)建立安全目标分级负责的安全责任制。企业从上到下的各级领导、各级组织、每一位职工,根据各自的安全目标,达成协议,明确规定其在安全工作上的具体任务、职责和权限。在这个阶段,所有人员都应充分发挥各自的主观能动性和创造精神,独立自主地开展安全目标活动,实现所制定的对策措施。同时要注意,上级应根据下级实现目标的要求授予相应的自主权,以便下级可自主地处理问题,充分地体现自我管理、自我控制的管理机制。

(3)建立安全监督和协调体系。安全目标的实施不仅需要各级组织和广大职工自我管理、自我控制,而且需要各级之间进行有效的监督和协调管理。在这个阶段,各部门、各环节的安全管理活动要严密地组织在一个统一的安全管理大系统内,通过这个体系,加强对目标管理工作的监督,协调上下左右的关系,积极开展自我检查和自我评价等工作,充分发挥各自的特长和优势,为实现安全目标而共同努力。

(4)建立信息交流的通道。企业组织中的信息交流是企业经营管理中一个不可忽视的重要过程,所有的组织活动都必须依赖信息的传递与交流来进行。因此,在企业内部,应形成一个信息交流网,加快各层次间信息的收集、处理、传递,使各部门、各环节、各层次互相了解、互相促进,及时准确地反馈信息,及时掌握不断变化的情况,推动目标管理顺利而扎实的开展。

(5)应注意的问题。应加强各级人员对安全目标管理的认识,企业要有完善的、系统的安全基础工作，安全目标管理需要全员参加，安全目标管理需要责、权、利相结合，安全目标管理要与其他安全管理方法相结合。

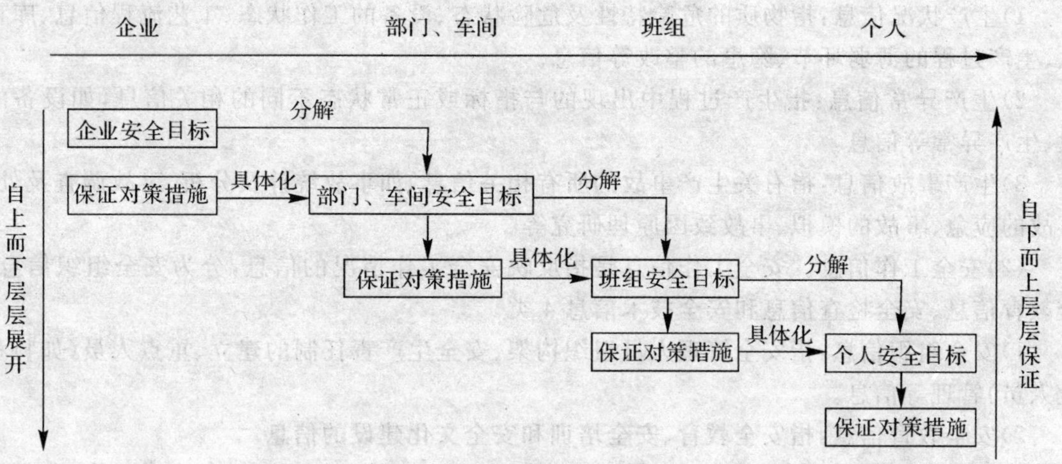

图 3-4　安全目标体系示意图

3.3　安全信息管理

信息化管理是当今社会发展的趋势，在安全生产管理中，信息管理发挥着举足轻重的作用。安全信息作为一种高速、高效、大容量、全方位和大跨度的活体技能群，流动在整个生产过程中，同资本、劳动力、原材料、设备等一样，已经成为生产中主要的生产元素。因此，通过安全信息管理，能够完成建模、仿真(设计-制造一体化技术)的全寿命周期安全管理，使企业领导和安全管理工作者快速、全面和有效地掌握安全信息，做出正确的安全决策，提高安全管理的水平。

3.3.1　安全信息

1. 安全信息的概念

在生产和生活过程中，与消除事故隐患、减少事故损失、促进安全生产、保障安全生活有关的数据的集合统称为安全信息。安全信息是反映安全事物之间的差异及其变化、运动状态和外在表现的一种形式。安全信息的收集、处理和应用过程实质上就是一种安全管理的过程。

安全信息的本质是安全管理、安全技术和安全文化的载体，主要体现在：①通过采取各种安全信息管理技术，保障生产和生活过程的顺利进行，预防和控制事故发生，保障人的安全和健康。②安全信息是在最广泛、最基本、最经常的原始信息的基础上，经过系统的集合、分类、归纳和提炼等处理，揭示安全的内在联系和活动规律，上升到安全科技水准的信息集合，安全技术本身就是一种安全信息，通过安全信息表现出来。③安全文化通过安全信息的传播形成社会氛围和安全意识。

2. 安全信息的分类

根据安全信息的产生形式和功能，安全信息可以分为生产安全信息、安全工作信息和安全指令性信息等 3 类。

(1)生产安全信息。生产安全信息是反映生产过程中安全的信息,可以分为生产状况信息、生产异常信息和生产事故信息 3 类。

1)生产状况信息:指物质的危险特性及危险状态、设备的工作状态、工艺流程信息、库存信息、生产过程的薄弱环节、隐患的整改等信息。

2)生产异常信息:指生产过程中出现的与指标或正常状态不同的相关信息,如设备的失效、生产异常等信息。

3)生产事故信息:指有关生产事故的所有相关信息,如事故统计及分析、事故调查及处理、事故的应急、事故的模拟、事故致因原理研究等。

(2)安全工作信息。安全工作信息是指反映安全工作情况的信息,分为安全组织信息、安全教育信息、安全检查信息和安全技术信息 4 类。

1)安全组织信息:指安全管理人员组织构架、安全生产责任制的建立、重点人员(如特种作业人员)管理等信息。

2)安全教育信息:指安全教育、安全培训和安全文化建设的信息。

3)安全检查信息:指安全检查工作、安全评价工作(安全预评价、安全验收评价、安全现状评价和专项安全评价)等相关信息。

4)安全技术信息:指事故预防与控制所采取的安全技术对策的相关信息。

(3)安全指令性信息。安全指令性信息是指安全生产和安全管理过程中具有指导性作用的信息,来源于安全生产和安全工作规律,具有强化安全管理的功能,分为安全生产法规、安全工作计划和安全生产指标 3 种类型。

1)安全生产法规:指与安全生产相关的生产指标、标准、法律法规和方针政策及其贯彻落实的情况。

2)安全工作计划:指政府、企业或部门定期的安全工作计划及其完成情况。

3)安全生产指标:指特定行业的安全生产指标、政府部门下达的和内部自行设定的安全生产指标及其完成情况和结果分析。

3. 安全信息的功能

安全信息可以将安全工作和安全生产中存在的差异反映出来,从而获知人们对安全工作的重视程度、安全教育和安全检查的效果、安全法规和制度的执行情况、安全技术装备的使用现状,及时报告生产和生活中存在的隐患和事故信息,对于指导和改进安全管理工作,消除事故隐患,达到预防和控制的目的具有重要的意义。安全信息的功能主要表现在以下 3 个方面。

(1)安全信息具有预防事故的功能。通过安全指令性信息,对人、机、环境及其相互影响的动态情况进行有效的组织、协调和控制,可以监控不安全因素,规范和控制人的不安全行为,促使生产实践规律运动,以预防事故的发生。

(2)安全信息具有控制事故的功能。在生产和生活中,物的不安全状态和人的不安全行为是导致事故发生的主要原因,反映在安全管理中表现为异常的安全信息。通过对安全信息的收集、整理、处理和反馈,采用安全技术、安全教育、安全管理等手段,可以矫正人和组织的不安全行为,消除物的不安全因素,以达到控制事故的目的。

(3)安全信息是安全决策和目标管理的依据。安全决策和目标管理需要大量的安全信息的支持,通过对安全信息的有效管理,可以使安全管理目标明确、职责分明。一方面,以安全生产方针、政策、法律、法规等安全指令性信息为指导;另一方面,总结和分析历年安全工作的经验和教训，不仅可以为管理者提供安全决策的依据，而且可以编制符合实际情况的安全目标和管理方案。

3.3.2　安全信息管理方法

安全信息只有在不断的流动过程中才能实现其最大的价值，在安全管理过程中，为了让安全信息更好地、持续地流动，必须对其进行管理。

1. 安全信息的生命周期管理

生命周期法是指系统在设计、开发和使用的过程中，随着系统生存环境的发展、变化，需要不断地维护、更新、修改，当它不再适合的时候就被淘汰，由新系统代替老系统，使系统形成一个从生到死、到再生的周期性循环。

安全信息同其他信息资源一样，有产生、发展和消亡的过程，存在生命周期。安全信息的生命周期包括安全信息的需求、获取、存储、维护、应用和推出的整个过程。信息生命周期管理是根据安全信息生命周期的特点，研究如何有效地采集安全信息、组织开发安全信息，使丰富的信息资源得到有效的使用。安全信息生命周期管理包括以下4个方面的内容。

(1)安全信息的收集和识别。生产和管理过程中存在各种各样的安全信息，这些信息通常是杂乱无章的，管理者需要依据各自的需求对信息进行收集和识别。收集的主要方法有自下而上的广泛收集、有目的的专项收集和随机积累法等3种。收集的主要依据有：安全生产方针、政策、法规和上级的安全指示，国内外安全管理情报，安全工作汇报、安全工作计划、总结，不同形式的安全检查记录，安全技术装备的运行信息和故障信息，安全会议记录和安全教育记录，事故调查和事故讨论会议记录，违章登记、人员的异常信息，安全管理月报表、事故月报表、定期综合安全生产信息等。

安全信息的识别有两种方法。一是决策者识别，即决策者根据管理决策的需要及系统目标向信息收集人员提出所需信息的种类、内容范畴和信息结构等。二是信息收集人员亲自观察识别，即深入到生产管理的现场，分析信息需求，深入了解信息的来源、使用等情况。也可以将两种方法结合起来，首先由信息收集人员观察得到基本信息需求，然后再由决策者调查补充信息，使得信息真实、准确和可靠。

(2)安全信息的传输。将所收集和识别的安全信息通过一定的传输途径，如通信、计算机、微波、卫星等方式，传输给安全管理者。

(3)安全信息的加工和使用。安全信息的加工是指将大量的原始信息进行筛选、分类、排列、比较和计算，聚同分异、去伪存真，使得信息系统化和条理化。

安全信息的使用形式有：安全管理记录，如安全会议记录、安全调度记录、安全教育记录、安全检查记录、违章登记、隐患登记、事故登记、事故调查记录、事故讨论分析记录等；安全管理报表，如伤亡事故登记表、非伤亡事故登记表、重大隐患整改表、违章人员控制表等；安全管理台账，如事故统计台账、职工安全管理统计台账、隐患统计台账、安全天数管理台账等；安全管理表，如安全组织体系表、事故动态表、安全工作周期表等；安全管理卡，如职工安全卡片、安检人员卡片、尘毒危害人员卡片、特种设备人员卡片、工伤职工卡、新工人卡等；安全管理档案，如职工安全档案、事故档案、安全法规档案、隐患管理档案、违章人员管理档案、安全文件档案、安全宣传教育档案、尘毒危害治理档案、安全措施工程档案、安全技术设备档案等；安全管理通知书，如隐患整改通知书、违章处理通知书等；安全宣传信息，如安全简报、板报、安全广播、安全标志、安全宣传教育室等。

(4)安全信息的存储和反馈。安全信息的存储是将安全信息保存起来以备需要时使用。信息的存储不仅需要考虑存储的内容、时间、介质以及存储的方式，而且要根据系统目标和管理需求进行取舍。

安全信息的反馈有两种方式，一是直接向信息员反馈，二是加工处理后集中反馈。

2. 文件组织与数据库管理

文件组织根据信息需要存放的时间、使用用途和信息重要性分为主文件、事务文件、工作文件、报表文件、后备文件等类型。文件管理必须根据企业的安全生产经营活动和事物的发展变化，不断地进行检索和更新。

数据库是指以一定方式存储在一起的、相互关联的数据集合，可能是文档、层次型数据库、网络结构化数据库、反向列表数据库、关系型数据库或是几种数据库组成的混合数据库。

数据库不仅具有数据仓库的含义，还具有数据挖掘的功能。数据挖掘又称数据库的知识发现，是指从大型数据库中提取隐含的、未知的、非平凡的、有潜在应用价值的信息，自动分析数据和进行归纳性推理，从中挖掘潜在的规律和模式，以帮助决策者建立数据模型。数据挖掘融合了数据库、人工智能、模式识别、机器学习的搜索算法和统计学等多领域的理论和技术，不仅能够对过去的数据进行查询，而且能够找出过去数据之间的潜在联系，从而促进信息的传递。图 3-5 给出了数据挖掘的过程。

数据挖掘通过关联规则挖掘技术、人工神经网络、决策树、基于模式的相似搜索技术、遗传算法、粗糙集方法等方法来实现。

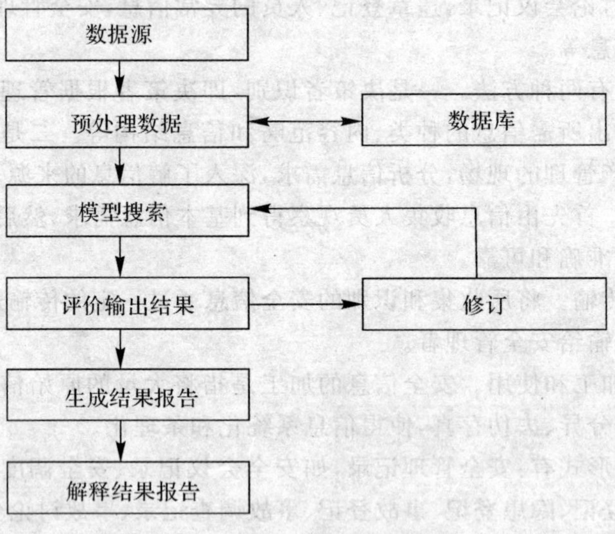

图 3-5 数据挖掘过程示意图

3. 多媒体信息处理

多媒体信息包括数字、文本、语音、图像等 4 种类型。对多媒体信息的处理一般包括常规信号的采集、数字化、滤波、重建等过程，也包括信息压缩、编码、存储等处理，其中信息压缩技术是多媒体技术中的关键环节。

多媒体信息处理方法在安全监测和资源调度方面有广阔的应用，系统采集安全监测、生产调度等信息，实现实时传输处理、图像/图形显示、图形和数据存储管理及输出、图像、图形、动画、文字报表等为一体的综合安全调度指挥功能，可以保证系统显示和存储数量庞大的安全信息。

3.3.3　安全信息管理的实施

安全信息管理是通过建立安全管理信息系统来实施的。

1. 安全管理信息系统的概念

安全管理信息系统是一个以人为主导，利用计算机硬件、软件、网络通信设备和其他办公设备，结合先进的信息技术和多学科知识，进行安全信息的收集、传输、加工、存储、更新维护，以实现生产与生活的全过程安全管理为目的，支持安全管理者的高层安全决策、中层安全控制和基层安全管理运行的集成化的人机系统。

安全管理信息系统充分发挥计算机存储容量大、速度快、精度高、范围广和人工智能等优势，严格按照安全管理的要求，提供安全管理所需的信息，大大提高了安全管理工作的效率和效能，为安全评估、安全决策和优化管理等提供了系统性、完整性、准确性和时效性的信息支持。

根据系统的服务对象和功能，安全管理信息系统可以分为企业安全管理信息系统、政府安全生产监督综合管理系统和特定领域的安全管理信息系统 3 种类型。

(1)企业安全管理信息系统。企业安全管理信息系统是以企业的安全管理部门为主，处理企业日常的安全管理工作，涉及企业内部的技术、劳资、财务、行政等部门和领导、管理人员、基层职工的综合安全管理体系，分为生产隐患管理子系统、伤亡事故管理子系统和安全教育管理子系统 3 个部分。

日常的安全管理工作包括日常安全检查、定期安全工作汇报、对生产隐患的检查整改、设备的维修保养、消防管理、工作环境的监测、对职工的安全培训和安全教育、劳动卫生保护装置的管理、重大事故演练等。通常将系统逻辑结构设计为决策层、管理层、作业层的层次结构。

(2)政府安全生产监督综合管理系统。政府安全生产监督综合管理系统主要承担完成安全主管部门的部分安全生产监督管理职责，其主体是政府部门的安全生产监督管理机构，分为安全生产监督综合政务系统、重大危险源管理新型系统、安全生产调度与统计信息系统、公共安全信息查询系统和外网门户系统等 5 个部分。

政府安全生产监督综合管理系统负责辖区内重大危险源的监控管理，组织辖区内的安全生产大检查和专项督察，组织和协调安全生产事故的调查处理，定期分析和预测辖区内的安全生产形势，组织、指挥和协调辖区内的安全生产应急救援工作，负责发布辖区内的安全生产信息。

(3)特定领域的安全管理信息系统。特定领域的安全管理信息系统是针对某特定领域，或针对某种特定管理功能的安全管理系统，如石油天然气管道安全管理信息系统、矿山安全生产实时监控及调度管理系统等。

2. 安全管理信息系统的结构

从概念结构上讲，安全管理信息系统由信息源、信息处理器、信息用户和信息管理者等 4 个部分组成。其中，信息源是信息的产生地，信息处理器完成信息的接受、传输、加工、存储、处理和输出等任务，信息用户是信息的具体使用者，信息管理者进行信息的总体管理和协调。其概念结构如图 3-6 所示。

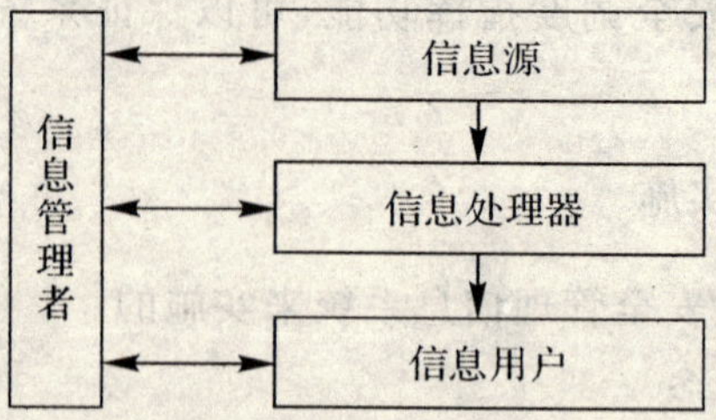

图 3-6 安全管理信息系统概念结构示意图

从组织结构上讲，对应于系统用户的高层、中层和基层，其组织结构由战略管理层、管理控制层、作业管理层和事务处理层构成，其组织结构如图 3-7 所示。

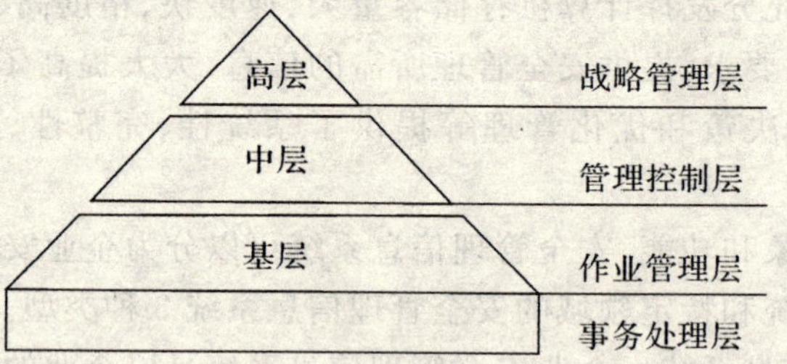

图 3-7 安全管理信息系统组织结构示意图

从内容结构上讲，针对不同的信息种类、信息量、管理方式和管理目标，其综合结构如图 3-8所示。

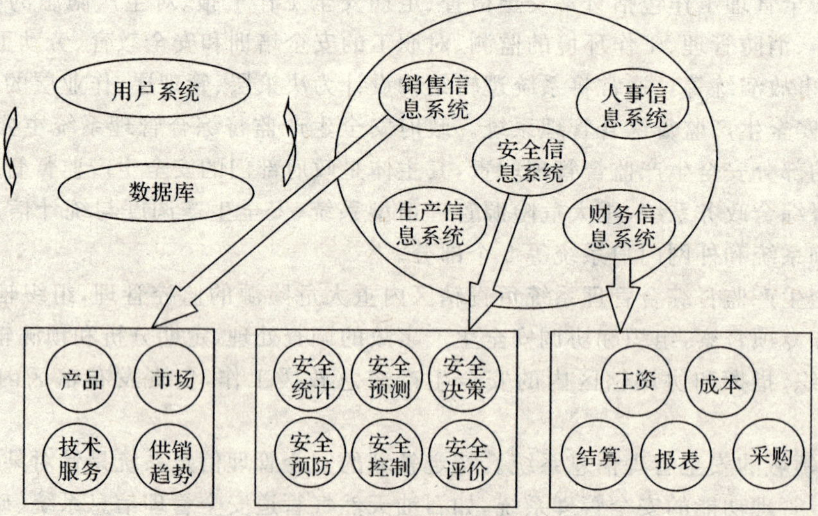

图 3-8 安全管理信息系统综合结构示意图

3. 安全管理信息系统的开发

安全管理信息系统开发是指根据组织的问题和机会建立一个信息系统的全部活动，系统开发的好坏直接影响到整个系统的成败。由于安全管理信息的种类很多，所以形成了多种开发安全管理信息系统的方法，如结构化生命周期法、原型法、利用软件包开发信息系统、面向对象方法、CASE 方法和软系统方法等。

(1)结构化生命周期法。“结构化”概念最早由 Bohn Jacopini 于 1966 年提出，用来描述结构化程序设计，采用 3 种基本逻辑结构（顺序、选择和循环结构）来编写程序。将结构化理论和生命周期管理结合起来，便形成了结构化生命周期法。该方法遵循的基本原则为：面对用户的观点、严格区分工作阶段、自顶向下地开发、充分考虑变化的情况和开发成果规范化、标准化。开发过程如图 3-9 所示。

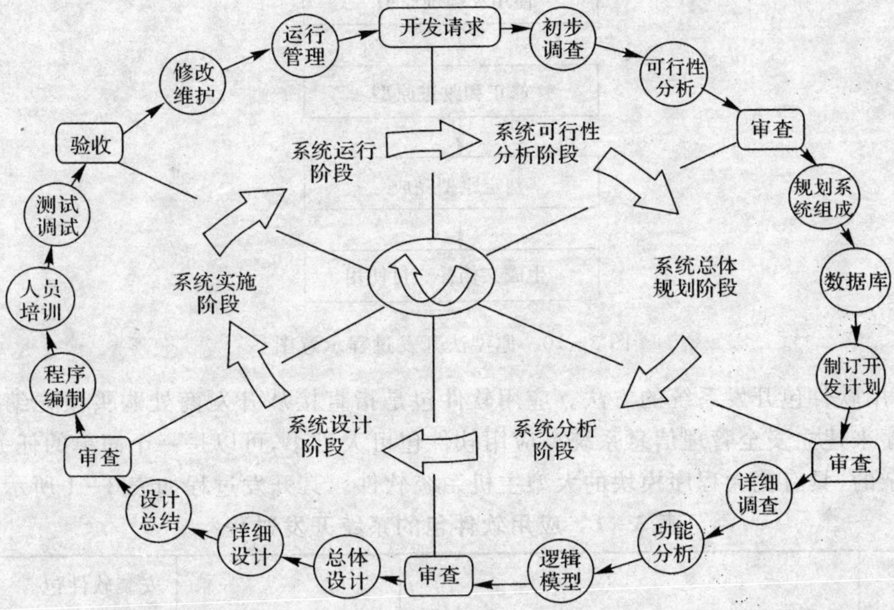

图 3-9　结构化生命周期法开发过程示意图

如图 3-9 所示的安全管理信息系统，通过系统可行性分析阶段、系统总体规划阶段、系统分析阶段、系统设计阶段、系统实施阶段和系统运行阶段的工作，新系统代替原系统正常运行。但是，系统的环境是不断变化的，为了使系统能够适应环境，具有较强的生命力，必须进行维护和评价，使系统总是处于最佳的工作状态。当这个系统运行到一定的时候，不再适合系统的总目标时，必须提出新系统的开发要求。这样，另一个新系统的生命周期就开始了，进入新一轮的系统开发工作。

结构化生命周期法要求在系统设计与程序设计之前就对系统的应用需求进行严格的定义或确切的说明，因此，这种方法不适合需求是模糊的或者随时间变化的系统。

(2)原型法。原型法的基本思想是在投入大量的人力、物力之前，在限定的时间内，用经济的方法，开发出一个可实际运行的系统原型，以便尽早澄清不明确的系统需求。在原型系统的运行中，用户发现问题，提出修改意见，技术人员不断地修改、补充和完善原型。如此不断地反复，使它逐步满足用户的要求，形成一个相对稳定的管理信息系统。其开发过程如图 3-10 所示。

原型法适用于用户需求不清、管理及业务处理不稳定、需求常常变化的系统，可以提高用户满意度，鼓励用户参与到整个系统开发过程中去，在较短的时间内可以得到一个可操作的工作系统，周期短、成本低。但是对于批处理、有着大量计算和复杂逻辑过程的系统，不适合采用原型化方法进行开发。

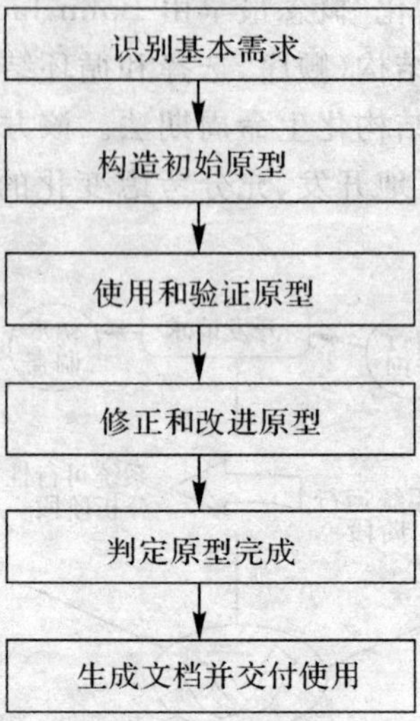

图 3-10　原型法开发过程示意图

(3)利用软件包开发系统的方法。应用软件包是指直接从开发商处购买预先编写好的应用软件程序来建立安全管理信息系统。应用软件包可大可小，可以是一个简单的任务，也可以是一个复杂的、具有庞大程序模块的大型主机系统软件。其开发过程如表 3-1 所示。

表 3-1　应用软件包的系统开发过程

系统分析	找出问题 确定用户需求 确定解决方案 确定软件包开发商 评估软件包	编程、测试和转换	安装软件包 完成软件包的修改 设计程序界面 生成文档资料 转换成软件包系统 系统测试 培训软件包用户
系统设计	制定与软件包特征相吻合的用户需求 培训软件包应用技术人员 准备物理设计 按要求修改软件包设计 重新设计组织过程	运行和维护	纠正存在的问题 软件包更新或功能改善

软件包开发系统所需要的信息资源少，可以有效地降低系统开发的成本，定期地升级和修改服务，不仅可以使内容保持最新，而且让使用者容易应用。但是软件包一般是针对单独的某一种应用设计的，无法满足一个组织的全部需求，只能用另一个软件来补充该软件包，使得组织无法控制整个系统的设计过程。

3.4 以安全文化为基础的安全管理

3.4.1 安全文化

安全文化是实现持续安全生产必不可缺的软支撑。在人类对安全管理的宿命论、经验论、系统论和本质论的认识过程中，安全文化经历了古代安全文化、近代安全文化和现代安全文化的发展历程。而真正建立安全文化建设的思想和策略，始于20世纪80年代末。

1986年，国际原子能机构核安全咨询组(International Nuclear Safety Advisory Group, INSAG)在其提交的《关于切尔诺贝利核电厂事故后的审评总结报告》中首次使用了“安全文化”(Safety Culture)一词，标志着核安全文化概念被正式引入核安全领域。1988年国际原子能机构在其《核电厂基本安全原则》中将安全文化的概念作为一种重要的管理原则予以确定，并渗透到核电厂以及核能相关领域中。1991年，国际原子能机构在编写的《安全文化》(又称《INSAG-4报告》)中首次定义了安全文化的概念，完整地阐述了安全文化的理念，建立了评价安全文化的标准。

安全文化从其定义来说，有“狭义说”和“广义说”两类。

“狭义说”强调文化或安全内涵的某一层面，如人的素质、企业文化范畴等。1991年《INSAG-4报告》认为安全文化是存在于单位和个人中的种种素质和态度的总和，它建立一种超出一切之上的观念。西南交通大学曹琦教授认为安全文化是安全价值观和安全行为准则的总和，其中安全价值观指安全文化的内层结构，安全行为准则指安全文化的表层结构。上述两种定义都强调人文素质的特征。另外有学者认为，安全文化是社会文化和企业文化的一部分，特别是以企业安全生产为研究领域，以事故预防为主要目标。或者认为，安全文化就是运用安全宣传、安全教育、安全文艺、安全文学等文化手段开展的安全活动。这两种定义强调了安全文化应用领域和安全文化的手段。

“广义说”把安全和文化两个概念都作广义解，认为安全不仅包括生产安全，还包括生活和娱乐安全；文化不仅包含观念文化、行为文化和管理文化，还包含物态文化和环境文化。对安全文化广义的定义有以下3种。

(1)英国保健安全委员会核设施安全咨询委员会组织认为，一个单位的安全文化是个人和集体的价值观、态度、能力和行为方式的综合产物，它决定于保健安全管理上的承诺、工作作风和精通程度。具有良好安全文化的单位具有如下特征：在相互信任基础上的信息交流、共享安全是重要的想法、对预防措施效能的信任。

(2)美国学者道格拉斯·韦格曼(Douglas Wegman)等人，在2002年5月向美国联邦管理局提交的一份对安全文化研究的总结报告中，认为安全文化是一个组织的各层次、各群体中的每一个人所长期保持的、对职工安全和公众安全的价值即优先性的认识。它涉及每个人对安全承担的责任，以及保持、加强和交流对安全关注的行动，主动从失误中吸取教训，努力学习、调整并修正个人和组织的行为，并且从坚持这些有价值的行为模式中获得奖励等。在这一论述中，提出了安全文化的通用表征方式，即组织的承诺、管理的参与程度、员工授权、奖惩系统和报告系统。

(3)我国学者在研究安全文化中提出，安全文化是指在人类生存、繁衍和发展的历程中，在其从事生产、生活乃至实践的一切领域内，为保障人类身心安全(含健康)并使其能安全、舒适、高效地从事一切活动，预防、避免、控制和消除意外事故和灾害(自然的或人为的)，为建立起安全、可靠、和谐、协调的环境和匹配运行的安全体系，为使人类变得更加安全、康乐、长寿，使世界变得友爱、和平、繁荣而创造的安全物质财富和安全精神财富的总和。也有学者认为，安全文化是人类安全活动所创造的安全生产、安全生活的精神、观念、行为和物态的总和。这种定义建立在大安全观和大文化观的概念基础之上，安全观包括企业安全文化、全民安全文化、家庭安全文化等，文化观既包括精神和观念等意识形态的内容，也包括行为、环境和物态等实践和物质的内容。

"狭义说"和"广义说"的共同点包括5个方面的内容。

(1)文化是观念、行为和物态的总和，既包括主观内涵，也包括客观存在。

(2)安全文化强调人的安全素质，要提高人的安全素质需要综合系统工程。

(3)安全文化是以具体的形式、制度和实体表现出来的，并具有层次性。

(4)安全文化具有社会文化的属性和特点，是社会文化的组成部分，属于文化的范畴。

(5)安全文化最重要的领域是企业的安全文化，发展并建设安全文化，最终要建设好企业安全文化。

"狭义说"和"广义说"的不同点包括两个方面的内容。

(1)内涵不同。广义的定义既包括了安全物质层，又包括了安全精神层；而狭义的定义主要强调精神层面。

(2)外延不同。广义的定义既涵盖了企业，又涵盖了公共社会、家庭和大众等领域；而狭义的定义则局限于文化或安全的某一层面。

3.4.2 安全文化管理模型

国际核安全咨询小组提出的以安全文化为基础的安全管理模型如图3-11所示。

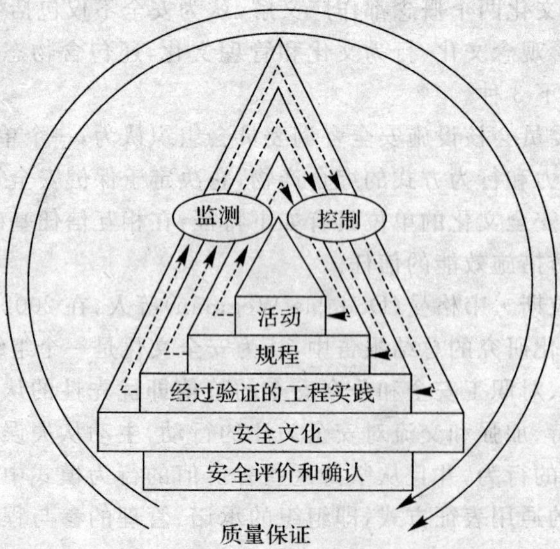

图3-11 安全管理模型

该安全管理模型包括安全评价和确认、安全文化、经过验证的工程实践、规程、活动等 5 个方面的内容。

(1)安全评价和确认(Safety Assessment and Verification):在工厂建设和运行之前必须进行安全评价,通过安全评价确认核电站的安全程度。

(2)安全文化(Safety Culture):是指存在于单位和个人中的种种特性和态度的总和,包括从事涉及工厂安全的活动的所有人员的奉献精神和责任心。

(3)经过验证的工程实践(Proven Engineering Practices):运用已经经过试验或工程实践验证的技术,由经过选拔和训练的合格人员设计、制造、安装装置、设备,使之符合有关各种规范、标准。在整个系统全寿命期间内都要采用经过验证的工程技术。

(4)规程(Procedures):制定并执行各种操作程序、作业标准和技术规范、标准。

(5)活动(Activities):根据企业的具体情况开展的安全活动,推动企业安全文化的发展。

质量保证是产品、过程或服务满足规定要求的特性和特征的总和,它包括产品质量和工作质量。产品质量包括性能、寿命、可靠性、安全性、适应性、经济性等。工作质量包括人员质量意识、业务能力、各项工作指标、工作制度以及人们在贯彻和执行这些标准、制度时的严谨程度等。产品质量是工作质量的综合反映,工作质量是产品质量的标准。

在这些关系中,安全文化是安全管理的基础。在选择、运用经过验证的工程实践过程中,在制定、执行规程过程中,以及进行生产活动的过程中要进行监测和控制,以防止偏离预定的标准。从这个意义上说,该模型又是一个质量保证体系。

3.4.3　安全文化建设

1. 安全文化建设的核心内容和目标

(1)安全文化建设的核心内容。安全文化建设的核心内容是安全观念文化的建设。安全观念文化是人们在长期的生产实践活动过程中所形成的一切反映人们安全价值取向、安全意识形态、安全思维方式、安全道德观等精神因素的统称。安全观念文化是安全文化发展的最深层次,是指导和明确企业安全管理工作方向和目标的指南,是激发全体员工积极参与、主动配合企业安全管理的动力。有关安全生产的哲学、艺术、伦理、道德、价值观、风俗和习惯等都是它的具体表现。

安全管理的实践经验表明,受科学技术发展水平的限制,100%地保证系统、设备或元件的绝对安全是不可能的,而依靠严格的安全管理、完善的法规制度、健全的监管网络,仍然无法杜绝事故的发生。面对这样的形势及安全发展的要求,只有超越传统的管理方法,通过安全观念文化的培养和熏陶,使员工从内心深处形成"关注安全、关爱生命"的本能意识,才能最终实现本质安全,因此,安全观念文化是企业安全文化建设的核心内容。

(2)安全文化建设的目标。安全文化建设的目标有以下 4 个方面。

第一,全面提高企业全员的安全文化素质。企业安全文化建设应以培养员工安全价值观念为首要目标,分层次、有重点、全面地提高企业职工的安全文化素质。对于企业决策层人员要求树立"安全第一,预防为主""安全就是效益"和"关爱生命,以人为本"等基本安全理念,了解安全生产的相关法律法规,勇于承担安全责任。对于企业管理层人员应该掌握安全生产方面的管理知识,熟悉安全生产相关法规和技术标准,做好安全生产教育、培训和宣传等工作。对于企业操作层等基层职工要自觉培养安全生产的意识,主动掌握必须的安全生产技能,遵章守纪。

第二，提高企业安全管理的水平和层次。管理活动是人类发展的重要组成部分，广泛体现在社会文化活动中。企业应建立健全职业安全健康管理体系，建立富有自身特色的安全管理体系，针对企业自身风险特点和类型实施超前预防管理。

第三，营造浓厚的安全生产氛围。通过丰富多彩的企业安全文化活动，在企业内部营造一种“关注安全，关爱生命”的良好氛围，促使企业更多的人和群体对安全有新的、正确的认识和理解，将全体员工的安全需要转化为具体的愿景、目标、信条和行为准则，成为员工安全生产的精神动力，并为企业的安全生产目标而努力。

第四，树立企业良好的外部形象。企业文化作为企业的商誉资源，是企业核心竞争力的一个重要体现。企业安全文化建设项目之一是树立企业良好的外部形象，提升企业核心竞争力中的“软”实力，在企业投标、信贷、寻求合作、占有市场、吸引人才等方面，发挥出巨大的作用。

2. 安全文化建设的模式

模式是研究和表现事物规律的一种方式，具有系统化、规范化、功能化的特点，能够简洁、明了地反映事物的过程、逻辑、功能、要素及其关系，是一种科学的方法论。安全文化建设的模式是期望将安全文化建设的规律用一种概念模式简明地表现出来，以有效而清晰的形式指导安全文化的建设实践。安全文化的建设模式首先是针对企业安全文化的建设模式来谈，根据安全文化的理论，依赖于安全文化的形态体系，安全文化建设的层次结构模式可以从企业安全生产观念文化、管理文化、行为文化和物态文化 4 个方面设计。图 3－12 给出了企业安全文化建设的层次结构模式。

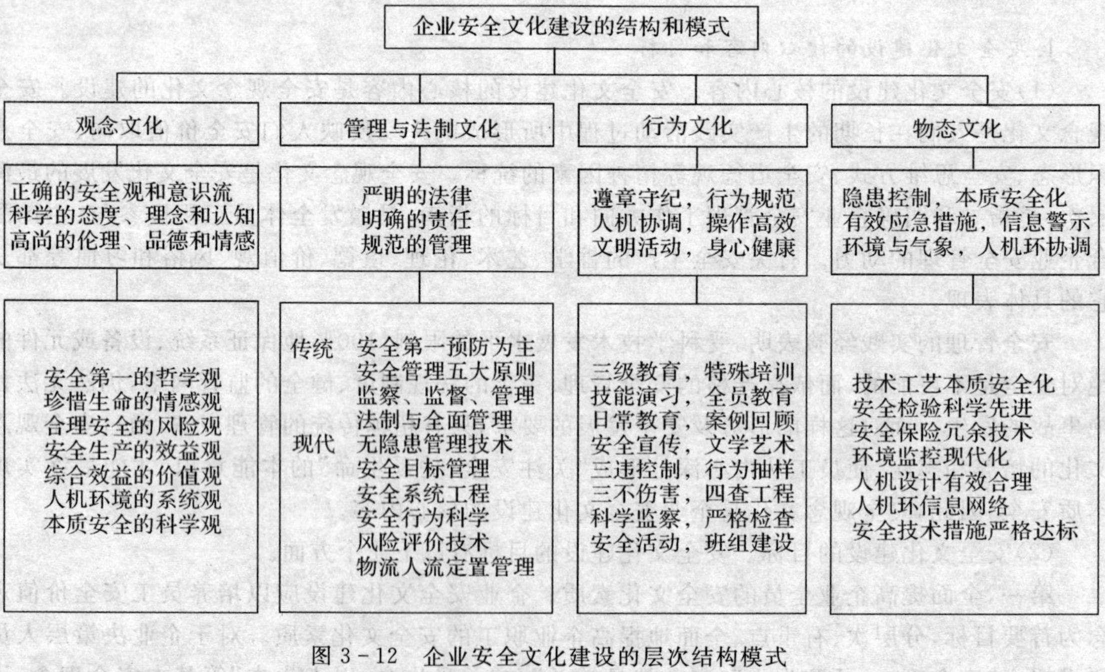

图 3－12　企业安全文化建设的层次结构模式

安全文化建设的层次结构模式归纳了安全文化建设的形态与层次结构的内涵和联系。其纵向结构体系按照安全文化形态体系划分，分为观念文化、管理与法制文化、行为文化和物态文化。其横向结构体系按照层次系统划分，第一层次是安全文化的形态，第二层次是安全文化建设的目标体系，第三层次是安全文化建设的模式和方法体系。

针对不同的行业，应用系统工程的方法也不同，还可以设计出安全文化建设的系统工程模式，即从建设领域、建设对象、建设目标、建设方法 4 个层次的系统出发，将一个企业安全文化建设需要涉及的系统分为企业内部系统的文化和企业外部系统的文化，只有全面进行系统建设，企业的安全生产才有文化的基础和保障。图 3－13 给出了企业安全文化建设的系统工程示意图。

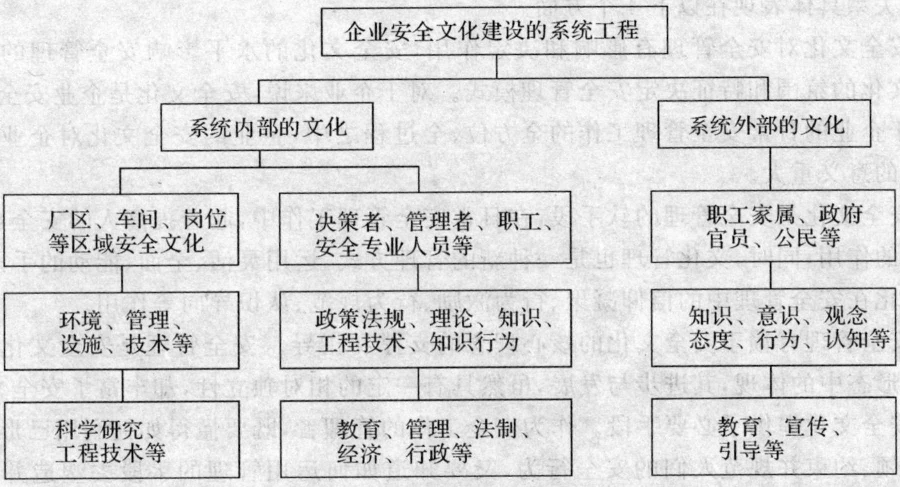

图 3－13　企业安全文化建设的系统工程

人类安全文化的发展，要通过建设实践才能得到实现，企业安全文化的建设可以通过下面的方式来进行。

(1)班组及职工的安全文化建设。倡导科学、有效的基层安全文化建设手段，如三级教育(333 模式)、特殊教育、检修前教育、开停车教育、日常教育、持证上岗、班前安全活动、标准化岗位和班组建设、技能演练和三不伤害活动等。推行现代的安全文化建设手段，如“三群”(群策、群力、群管)对策、班组建小家活动、“绿色工程”建设、事故判定技术、危险预知活动、风险报告机制、家属安全教育、“仿真”(应急)演习等。

(2)管理层及决策者的安全文化建设。运用传统有效的安全文化建设手段，如全面安全管理、“四全”安全活动、责任制体系、三同时、定期检查制、有效的行政管理、经济奖惩、岗位责任制大检查等。推行现代的安全文化建设手段，如三同步原则、目标管理法、无隐患管理法、系统科学管理、系统安全评价、动态风险预警模式、应急救援预案、事故保险对策等。

(3)生产现场的安全文化建设。运用传统的安全文化建设手段，如安全标语、安全标志(禁止标志、警告标志、指令标志等)、事故警示牌等。推行现代的安全文化建设手段，如技术及工艺的本质安全化、安全标准化建设、车间安全生产工作日计时、三防管理(尘、毒、烟)、四查工程(岗位、班组、车间、厂区)、三点控制(事故多发点、危险点、危害点)等。

(4)企业人文环境的安全文化建设。运用传统的安全文化建设手段，如安全宣传墙报、安全生产周(日、月)、安全竞赛活动、安全演讲比赛、事故报告会等。推行现代的安全文化建设手段，如安全文艺(晚会、电影、电视)活动、安全文化月(周、日)、事故祭日(或建事故警示牌)、安全贺年活动、安全宣传的“三个一工程”(一场晚会、一幅新标语、一块墙报)、青年职工的“六个一工程”(查一个事故隐患、提一条安全建议、创一条安全警示语、讲一件事故教训、当一周安全监督员、献一笔安全经费)等。

3.4.4 安全文化与安全管理

安全文化具有意识和现实两种形态,这两种形态在安全管理中都得到了很好的体现。安全文化与安全管理有内在的联系,但不可相互取代,两者相辅相成、互相促进。安全文化与安全管理的关系具体表现在以下 4 个方面。

(1)安全文化对安全管理有影响和决定作用,安全文化的水平影响安全管理的机制和方法,安全文化的氛围和特征决定安全管理模式。对于企业来说,安全文化是企业安全生产的灵魂,贯穿于企业的日常安全管理工作的全方位、全过程之中,企业的安全文化对企业搞好安全管理工作的意义重大。

(2)安全文化是安全管理的软手段,在日常安全管理工作中,起着提高人的安全意识、规范人的行为的作用,同时,文化管理也是一种新的管理方式,运用灵活、全面、能动的手段,充分发挥安全文化在安全管理中的信仰凝聚、行为激励、行为规范、认识导向等作用。

(3)安全管理有赖于安全文化的核心理念的支撑和指导。安全管理是安全文化思想与成果在现实形态中的体现,其进步与发展,虽然具有一定的相对独立性,却丰富了安全文化,为塑造、培育安全文化提供了必要手段。作为安全工作的管理者,既要懂得如何利用已形成的安全文化去引领、约束并规范人们的安全行为,又要知道如何运用管理的手段去塑造并构建安全文化。

(4)管理活动作为人类发展的重要组成部分,广泛体现在社会文化活动中,并带有不同时期的文化特征。安全管理便是安全文化理念及层次水平的反映,有什么样的安全文化就会形成什么样的安全管理,安全管理模式的创新,需要安全文化的不断创新与发展。

总之,安全文化能够促进安全管理的理论与机制创新,安全管理的改进与提高,反过来又能激励安全文化的传承和发扬。正确处理安全文化与安全管理的关系,无论是对安全文化的培育、优良安全文化氛围的营造,还是对搞好日常安全管理工作,实现安全的生产、生活和生存,都有十分深远的意义。

3.5 现代安全管理方法

3.5.1 现代安全管理特征

现代安全管理是现代企业管理的一个组成部分,遵循现代企业管理的基本原理和原则,具有现代企业管理的共同特征。从管理的内容来看,现代安全管理的特征具体表现在以下两个方面。

(1)强调以人为中心的安全管理。马克思主义认为:“管理首先是人为达到自己的目的而进行的自觉活动”。现代安全管理的一个重要特征就是强调以人为中心的安全管理,即为了人和人的管理。为了人就是把保障职工生命安全当作事故预防工作的首要任务。人的管理就是充分调动每个职工的主观能动性和创造性,让职工人人主动参与安全管理。

(2)体现系统安全的基本思想。现代安全管理从企业的整体出发,把管理重点放在事故预防和整体效应上，实行全员、全过程、全方位的安全管理，使企业达到最佳安全状态。

从管理的过程来看，现代安全管理的特征表现在以下 3 个方面。

(1)全员参加安全管理。实现安全生产必须坚持群众路线，切实做到专业管理与群众管理相结合，在充分发挥专业安全管理人员骨干作用的同时，吸引全体职工参加安全管理，充分调动和发挥广大职工的安全生产积极性。安全生产责任制为全员参加安全管理提供了制度上的保障。

(2)全过程安全管理。系统安全的基本原则是从一个新系统的规划、设计阶段起，就要开始事故预防工作，并且要一直贯穿于整个系统全寿命期间内，直到报废为止。在企业生产经营活动的全过程中都要进行安全管理，识别、评价、控制可能出现的危险因素。

(3)全方位安全管理。任何有生产劳动的地方，都会存在不安全因素，都有发生伤亡事故的危险性。因此，在任何时候，从事任何工作，都要考虑其安全问题，进行安全管理。安全管理不只是专业安全管理部门的事情，必须党、政、工、团齐抓共管。

从管理的体系来看，现代安全管理的特征表现在以下 3 个方面。

(1)现代安全管理着眼于系统管理，而不是个别事故的原因因素。

(2)在系统管理中，现代安全管理重点在于管理体系的建立和完善，如职业安全健康管理体系的建设。

(3)现代安全管理的工作策略为变损失控制为风险管理，确定不可容许的风险，采取适当的控制措施。

3.5.2　现代安全管理方法

安全管理方法是将现代安全管理理论与事故预防工作实践相结合的产物，具体体现了现代安全管理的理论和原则。在众多的现代安全管理方法中，安全标杆管理、6σ 管理、5S 管理具有广泛的适用性。

1. 安全标杆管理

标杆管理的实质是模仿创新，是一个有目的、有目标的学习过程。以安全为主要目标的标杆管理被称为安全标杆管理。

标杆管理是 20 世纪 70 年代末由施乐公司首创的，随后，美国生产力与质量中心将其系统化和规范化。20 世纪 80 年代以后，摩托罗拉、IBM、杜邦、通用等大的国际公司先后实施标杆管理，在全球范围内寻求业内经营实践最好的公司进行标杆比较和超越，成功地获取了竞争优势。

安全标杆管理遵循标杆管理的原理，开展持续的、以保证安全和改善环境为目标的标杆学习和评比活动。该管理方法是将安全绩效较好的企业、部门作为安全标杆，企业可以通过对安全标杆的学习和模仿，从安全组织管理、安全设施改进、科学制定安全管理制度、消除员工不安全行为、提升安全管理水平、创建和完善企业安全文化等方面入手，不断创新，持续改进，结合本企业自身的情况进行事故预防和控制，提高其职业安全健康水平。

以安全标杆管理为企业的安全管理方法，许多企业都取得了非常好的管理成效。例如，中国电网公司 2006 年度发布的 12 个标杆单位，年年实现 3 个百日安全无事故记录，未发生触电员工死亡和重伤事故，未发生主要设备严重损坏事故，未发生 5 类电器误操作事故，未发生重大交通事故，未发生重大火灾事故，未发生触电死亡事故。

中国宝钢实施安全标杆管理，选定了包括安全指标在内的164项生产经营指标作为标杆定位的具体内容，选择了45家世界先进钢铁企业作为标杆企业。在安全标杆管理中，宝钢从技术创新专利、技术创新研发基地建设、未来科技前沿性战略发展研究项目、装备技术、信息技术建设等方面，不断学习先进的榜样，发现并解决了企业自身的问题，取得了很好的安全效益和经济效益。

2. 6σ管理

6σ在统计学中，表示标准偏差，即数据的分散程度。对于连续可计量的质量特性，σ表示质量特性总体上与目标值的偏离程度。6σ表示每100万个机会中有3.4个出错的几率，即质量的合格率为99.999 66％。

6σ管理方法的重点是将所有工作作为一种流程，采用量化的方法分析流程中影响质量的因素，找出最关键的因素加以改进，从而达到更高的客户满意度。在安全管理中，6σ的安全实质是“零缺点计划”，即在安全生产上要求“零事故”。为了达到6σ，首先要制定标准，在安全管理中随时跟踪考核操作与标准的偏差，不断改进，最终达到6σ。这种安全管理方法在不断的实践中已经形成了一套流程模式，包括定义、测量、分析、改进和控制5个阶段。

(1)定义。定义即为陈述问题。以企业现有资源为依据，利用反馈的数据以及获取的信息，作出相应的曲线，进行数据比较，从而确定改进目标。

(2)测量。对预期安全进行评估，计算σ水平。可以用百万次机会中的缺陷数来表示，其计算公式为

$$\sigma\text{水平}=\frac{\text{缺陷总数}}{\text{单元总数}\times\text{缺陷机会}}\times 10^6$$

(3)分析。对数据进行分析，找出问题的关键因素。可以通过头脑风暴法、直方图、排列图等方法对所采集的数据进行分析，找到准确的因果关系。

(4)改进。在分析的基础上，针对关键因素确定最佳的改进方案。

(5)控制。对关键因素进行长期控制并采取措施以维持改进的结果。

3. 5S管理

5S管理方法起源于日本，是整理(SEIRI)、整顿(SEITON)、清扫(SEISO)、清洁(SEIKETSU)、素养(SHITSUKE)5个项目的整合，因为日语的拼音均以“S”开头，故简称5S管理方法。5S的具体含义如表3-2所示。

表3-2　5S的含义

中文	日文	英文	典型例子
整理	SEIRI	Organization	倒掉垃圾，将长期不用的物品放入仓库
整顿	SEITON	Neatness	30s内可以找到要使用的物品
清扫	SEISO	Cleaning	谁使用谁负责清洁(管理)
清洁	SEIKETSU	Standardization	管理的公开化、透明化
素养	SHITSUKE	Discipline and training	严守标准，团队精神

(1)整理。整理是彻底把需要和不需要的人、事、物分开,并加以处理,改善生产现场的环境。通过整理,可以改善和增加作业面积,清理现场杂物,保持行道畅通,消除混放、乱放,有利于减少库存,提高工作效率。

(2)整顿。整顿是将需要的人、事、物加以定量和定位,对生产现场需要的物品进行科学合理的布置和摆放,以便在最快速的情况下取到所用之物。通过整顿,可以提高工作效率,保持整洁的工作环境,保障生产安全。

(3)清扫。清扫是将工作场所、环境、仪器设备、材料、工具等上的灰尘、污垢、碎屑、泥沙等清扫干净,创造一个一尘不染的工作环境。

(4)清洁。清洁是在整理、整顿和清扫之后,认真维护,保持环境的最佳状态,形成制度和习惯。

(5)素养。素养是培养全体员工良好的工作习惯、组织纪律和敬业精神,提高人员的素质,营造团队精神。这是 5S 管理活动的核心,是各项活动顺利开展、持续进行的关键。

在 5S 管理中,5 项内容不是孤立的,它们是一个相互联系的有机整体。整理、整顿和清扫是进行日常 5S 活动的具体内容;清洁是对整理、整顿和清扫工作的规范化和制度化的管理,以便使其持续开展;素养是要求员工建立自律精神,养成自觉进行 5S 活动的良好习惯。

思　考　题

1. 简述现代安全管理的特征。

2. 从管理的职能出发,安全管理的方法有哪些?

3. 简述安全目标管理对企业安全管理的作用。

4. 什么是安全文化?安全文化与安全管理的关系如何?

第4章　系统安全管理

本章学习目标

1. 掌握系统安全的基本概念和特点。

2. 掌握系统安全管理的基本概念和特点。

3. 了解系统安全管理的实施手段及其全寿命周期内安全管理的内容。

严格的规章制度、高素质的人员队伍是保证安全的前提，但是，无论安全管理的规章制度多么严格，无论人的安全素质多么高，都不可避免地存在人失误的可能性。随着系统的复杂化和大型化，这个问题将会变得越来越严峻。同时，通过严格的管理制度来束缚人的行为，不是现代安全管理追求的目标。系统安全管理通过在系统设计阶段对系统的安全问题进行系统、全面、深入的分析和研究，并合理采取相应措施，在提高系统安全性的同时，降低了对人的行为的约束和限制，用较低的代价取得很好的安全效果。

4.1　系统安全

4.1.1　系统安全概念

1. 系统安全的定义

系统安全是指在系统的全寿命周期的所有阶段，以使用效能、时间、成本为约束条件，应用工程和管理的原理、准则、技术，使系统获得最佳的安全性。

该定义包含了以下3个含义。

(1)提高系统的安全性，并非不计代价。如何在有限的安全投入条件下，实现最大的安全效果，这是系统安全研究的一个重要问题。只有在保证成本的条件下提高系统的安全性，企业才能获得最大的收益，得到更大的发展。

(2)追求系统的安全性，必须考虑其全寿命周期各个阶段的安全性。系统在论证、设计、研制、试验、生产、投入使用直至报废的各个阶段，都存在潜在的危险，可能导致事故的发生，只有保证系统全寿命周期内各个阶段的安全性，才能保证系统总体的安全性。

(3)实现系统的最佳安全性能，不仅要尽可能地提高各个子系统的安全性，更重要的是要保证各个子系统之间的最佳配合。单一元件或子系统的最佳安全并不一定能够保证整个系统达到最佳的安全性，只有从系统和子系统各因素之间的相互关系来研究安全问题，实现所有元件或子系统的最佳耦合，才能实现整个系统的最佳安全性。

2. 系统安全的特点

系统安全是在传统的安全技术工作基础上发展起来的，是从系统科学的原理出发，在系统全寿命周期范围内全面分析其安全问题，从根本上保证系统的安全性，因此，与传统的技术安全相比，在实施方法和取得的安全效果方面，具有传统安全技术所无法比拟的优势。具体表现在以下几个方面。

(1)系统安全区别于其他安全方法的一个方面是系统安全的重点是在早期进行危险的识别和分类，在其设计方案的选择和构思阶段就能够及早地发现问题，从而及时制定出解决问题的方案和改进措施，通过设计保证安全性，将隐患消除在萌芽阶段。因此，系统安全与传统的技术安全相比，具有早(及早发现问题)、快(采取解决措施快)、省(节省时间和成本)、好(提高系统本质安全，安全效果好)等特点。

(2)所有的子系统之间既有分工，又有合作，相互结合在一起，使整个系统达到最佳安全性。因此，系统内的接口(也称界面)是实现系统安全的关键。

(3)技术安全的工作范围是在生产和使用场所，目的是保证操作人员和设备不致受到伤害和损坏，但不直接涉及产品或系统的设计。安全系统是研究产品全寿命过程，保证方案论证、设计、试验、制造、使用直至报废处理的各方面安全问题，将安全工作的重点放在设计、研制阶段。

(4)传统的技术安全工作大多数凭经验和直觉来处理安全问题，较少由表及里地深入研究，难以彻底改善安全状态。系统安全利用系统工程的方法，从系统、子系统和环境影响以及它们之间的相互关系来研究安全问题，能比较深入全面地找到潜在危险，预防事故的发生。

(5)传统的技术安全多从定性方面进行研究，只提出安全或不安全的概念，没有定量描述，难以做出准确判断和评价，不便于控制和管理。系统安全利用危险严重性、可能性等参数和指标来定量评价安全的程度，使预防事故的措施有度量，安全控制程度更明确。

(6)传统的技术安全是从局部或处于被动状态来解决安全问题，即哪里不安全、有隐患就解决哪里，不能从根本上提高系统的安全水平。系统安全从产品论证、设计开始进行系统的安全分析，考虑系统中所有可能的危险、子系统之间的接口，使得安全主动而全面地得以实现。

(7)传统的技术安全目标不明确、不具体，工作盲目性大。系统安全通过安全分析、评价、优化技术，找出最佳的能预防、控制危险的措施，使各子系统之间达到最佳配合，以最少投资获得最好的安全效果，最大程度地提高产品的安全水平。

4.1.2 系统安全形成和发展

事故给人类带来了无数灾难，严重地影响人类的正常生活和经济发展。正是因为一次次事故血的教训，使得人们从被动地面对事故发展成为积极地应对事故，从而使得社会技术不断发展和进化。在人类对事故预防和控制的认识与实践过程中，各种安全对策和安全技术应运而生。例如，人类为了避免洪涝灾害，兴建了水坝、改造了河道；人类为了避免旱灾，修建了水渠；大工业生产、新机器的使用，曾经使无数工人致残，造成事故，但是人们并没有放弃对机器的使用，而是激发了人们研究事故，利用“事故资源”改造机器，制定了一系列的安全措施。从事后型的“亡羊补牢”到预防型的安全技术，工业生产中传统安全技术的发展经历了一百多年的历史。

现代大多数产品融合了多学科发展的成果，传统、单一的安全防护和对策难以解决产品的安全问题。尤其是大型产品或大型复杂工业设备的开发和使用，仅仅依靠传统的安全技术已无法保证安全性。美国在开发井下弹道导弹发射系统时，曾有过惨痛的事故教训。

1957 年，苏联发射了第一颗人造地球卫星，取得了太空研究的巨大进步。美国人为了保持其超级大国的势力和地位，与苏联抗衡，不甘示弱地研究导弹系统。20世纪50年代末至60年代初，美国采取了构思、设计、制造和使用齐头并进的方针，安全问题仅依靠各专业技术人员单独研究，忽视了发射系统各自系统间接口的安全问题。在短短的一年半时间里，美国连续发生了4起重大事故，造成惨重的损失，不得不将产品报废并重新设计。这次事故迫使美国空军开始以系统工程的基本原理和管理方法来研究导弹系统的安全性和可靠性，这也是人们采用系统工程的理论，从系统整体的角度认识安全问题的起始点。

1962年4月，美国军方首次公开发表《空军弹道导弹安全系统工程大纲》(即BJD第62-41文件)，作为美国研制民兵式导弹实现系统安全性的依据。1962年9月，美国将系统安全列为独立工程项目，制定并发布了《武器系统安全标准WS133B》，为发展多弹头火箭创造了条件。1963年，美国空军制定了"系统和有关子系统以及设备的安全工程通用要求"，作为系统和设备的设计指导。1966年6月，美国国防部对空军的标准进行了修改，颁布了美军标MIL-STD-3813作为美军所有军事装备必须遵守的标准。此后，美国国防部再次修改了该标准，于1969年7月颁布MIL-STD-882《系统、有关子系统与设备的系统安全大纲》。这一标准的产生标志着安全管理进入了系统工程的概念，建立了较为完整的系统安全的概念和安全分析、设计、评价的基本原则，是安全系统管理发展的一个里程碑。

该标准分别于1977年、1984年、1987年、1993年和2000年进行了5次修订，系统安全工作的要求在产品全寿命周期内得到全面明确的规定，成为许多国家引用的比较成熟的系统安全标准，使得系统安全的理念和管理方法得以推广。

除了颁布军用标准外，20世纪70年代中期，美国国防部颁发和修订了一系列指令和指示，对武器采办中的系统安全工作提出了高层次的规定：将系统安全性列为与装备作战效能同等重要的作战适应性内容之一，并从训练经费和保障等方面给予支持，明确指出各军种要结合各自装备的特点制定系统安全目标和管理职能。1991年重新发布的《国防部采办政策与规划》的第6部分中从政策上再次明确要求将系统安全、健康危险和环境影响综合到装备设计研制的系统工程中。规定在设计和研制过程中应采用科学方法，减少与装备使用和保障有关的危险，其目的是为了设计出符合任务要求且尽可能安全的系统。规划同时规定，系统安全工程要和其他工程专业，如可靠性、可维修性、人员和培训、软件质量保证等相互协调，系统安全性应按照国家环境法规条例和行政指令所推荐的系统潜在环境影响进行分析，建立高风险批准权限等。这些指令和指示从行政法规上为有效开展系统安全管理工作奠定了良好的基础。

围绕着满足MIL-STD-882提出的系统安全要求，针对大型复杂的系统，许多企业纷纷设立相应的机构，编制系统安全目标和管理计划，如波音飞机公司设立了系统安全工作部，对产品的构思和设计进行全面的分析和评价，在系统全寿命周期的早期阶段进行事故的预防与控制，取得了良好的安全效果。

我国自新中国成立以来，安全工作取得了巨大的进步。特别是20世纪70年代末以来，引进了许多系统安全的理论和方法，在实际应用中获得了一系列的成果。目前我国的国防企业产品都有其相应的标准和评价体系考核其安全性和可靠性，都设置了专门从事系统安全工作的部门和人员。但是，需要指出的是，受我国企业传统产品设计体制的影响，许多企业系统安全的理论和方法大多只应用于生产过程，产品或系统的全寿命周期安全性分析、研究和应用的研究进展不大，通常只是参照国外的模式颁布有关的系统安全标准和手册，缺乏深入的研究。

系统安全管理是安全管理体系中前沿的研究和发展领域，将系统安全管理的思路、理论和方法贯穿到系统的规划、设计、研制和使用的各个阶段，是我国产品走向世界、提高世界竞争力的必由之路，也是安全管理科学发展的大势所趋。

4.2　系统安全管理

4.2.1　系统安全管理概念

任何管理工作都是由计划、组织、协调、控制等 4 部分工作组成，系统安全管理就是对产品全寿命周期内安全问题的计划、组织、协调与控制活动，也就是说，通过管理的手段，合理选择危险控制方法，合理分配危险风险多的产品全寿命周期的各个阶段，使产品在满足性能、成本、时间等约束条件的前提下，取得最佳的安全性。

系统安全管理是产品或系统全寿命周期工作管理的组成部分，其主要任务是在全寿命周期内规划、组织、协调和控制应进行的全部系统安全工作，系统安全管理的核心是建立并实施系统安全大纲。

系统安全管理是系统安全的重要组成部分。一般来说，系统安全由系统安全管理和系统安全工程两部分组成。系统安全管理是确定系统安全大纲要求，保证系统安全工作项目和活动的计划、实施与完成与整个项目的要求相一致的一门管理学科。系统安全工程是应用科学和工程的原理、准则和技术，识别和消除危险，以减少有关风险所需的专门业务知识和技能的一门工程学科。

从安全系统工程和安全系统管理的定义中可以看出，两者一个是工程学科，一个是管理学科。前者为后者提供各类危险分析、风险评价的理论方法及消除或减少风险的专门知识和技能。后者为前者选择合适的危险分析与风险评价的方法，确定分析的对象和分析深入的程度，并根据安全系统工程的分析评价结果做出决策，对危险进行相应的消除和控制。因此，要使系统达到全寿命周期最佳的安全性，二者缺一不可，应有机地结合在一起。

4.2.2　系统安全管理特点

传统安全管理方法基本上是纵向分科，事后追查处理，侧重操作者责任安全。其特点是依靠方针、政策、法规和制度，凭经验，搞人治，以“事后”为主。这种管理方法虽然能总结事故教训，防止同类事故重复发生，促进安全生产，但是具有局限性、事后性和表面性等缺陷。

系统安全管理方法是把系统科学和系统工程理论引入安全工作领域，从性能、费用、时间等整体出发，针对系统全寿命周期的所有阶段，实施综合性安全分析、评价和预测，通过采取措施，获得最佳的安全性。其主要特点是注重系列化、整体化、横向综合化，运用现代科技和系统工程原理和方法进行安全管理工作，以“事前”为主。系统安全管理从风险识别入手，通过对系统风险的分析、预测和评价去认识问题，从而采取相应措施，消除控制危险因素，使系统优化，达到最佳安全程度。

与传统的安全管理方法相比较，系统安全管理具有以下特点。

(1)系统安全管理特别强调“安全指导生产，安全第一”，它要求一切经济部门必须高度重视安全，把“安全第一”作为一切工作的指导思想和每个人的行为准则，并要求将安全贯穿于生产全过程。

(2)系统安全管理是事先预测-安全评价型管理方法，以系统工程的观点分析安全问题，查找影响因素，并通过风险评价、分析，制定消除或控制风险的管理措施。

(3)系统安全管理追求“本质安全化-主动的条件管理-治本之道”，通过实施全员、全方位、全过程的风险预控管理，形成有机协调、自我控制、自我完善的安全管理运行模式，有效控制危险源，消除人的不安全行为、物和环境的不安全状态，以保证系统的安全运行。

(4)系统安全管理的工作重点是在早期对风险因素进行分析、评价、预测，并采取预防措施，杜绝事故的发生或尽可能把事故损失降到最低程度。

(5)系统安全管理的任务是在系统全寿命周期内，组织、协调和控制全部系统的安全工作。

(6)系统安全管理的核心是建立并实施系统安全大纲。

4.3 系统安全管理的实施

系统安全管理的实施过程，就是通过管理的手段，将系统安全要求结合到系统全寿命周期的过程。系统安全要求一般分为两类，一类是一般要求，即产品设计应满足的基本系统安全要求；另一类是详细要求，即产品的承制方和订购方经过讨论协商认为有必要满足的条件或要求。详细要求随产品的复杂性、危险性、成本、使用环境等多种因素的变化而变化，是可选择的要求。在承制方和订购方协商达成一致，并形成系统安全要求后，两类要求同样都必须得到满足，这样才有可能保证产品的安全性达到订购方期望的水平。

4.3.1 系统安全一般要求

1. 系统安全大纲

为了保证及时、有效地达到系统安全的目标，产品承制方必须建立和实施一个系统安全大纲，大纲的内容主要包括管理系统和关键的系统安全人员两个部分。

(1)管理系统。产品承制方应建立一个系统安全管理系统，旨在保证产品的安全性能符合有关要求。在该管理系统中，由承制方负责建立、控制、结合、指导和实施系统安全大纲，并应保证将事故风险消除或控制在已建立的可接受风险范围内。此外，该系统中还应设有事故及与安全有关的事件，包括尚未发生事故或与安全相关事件的潜在危险条件的报告、调查和处理程序。

(2)关键的系统安全人员。为保证所建立的系统安全大纲达到要求，在管理系统中应选择合适的人负责系统安全大纲的建立及实施管理过程，并在产品安全性方面直接对承制方主要负责人负责。这类人员应该是对系统安全工作有管理职责和技术认可权的人员，并根据产品和系统复杂性的不同，对其资质的要求有所差异。表 4-1 给出了关键系统安全人员的最低资格要求。

表 4-1　关键系统安全人员的最低资格要求

项目复杂性	教育程度	经历	证书
高	工程、自然科学或其他学科理工类学士	系统安全或相关学科 4 年以上	要求 CSP* 或专业工程师
中	学士，系统安全训练	系统安全或相关学科 2 年以上	最好 CSP 或专业工程师
低	高中毕业，系统安全训练	系统安全或相关学科 1 年以上	无

注：* 指通过美国全国性的专业资格认证的安全专业人员。

2. 系统安全大纲的要求和目标

(1)及时、经济地将符合任务要求的安全性设计到系统中。

(2)在系统整个全寿命周期内识别、跟踪、评价和消除系统中的危险,或将相应的风险减小到管理部门可接受的水平。

(3)考虑并应用以往的安全资料,包括其他系统的经验和教训。

(4)在采纳和使用新工艺、新材料、新设计和新的生产、试验和操作技术时,寻求最小风险。

(5)将消除危险或将风险减少到管理部门可接受水平所采取的措施记录成文。

(6)在系统的研究、研制和订购中及时地考虑安全特性,以尽量减少为改善安全性而进行的改装。

(7)在设计、建造中或任务要求发生更改时,所采用的方法应使风险保持在管理部门可接受的水平。

(8)在全寿命周期内尽早考虑与系统有关的任何有害材料的安全性,并使之易于报废和退役处理。应采取措施尽可能少地使用有害材料,使与使用有害材料有关的风险和全寿命周期费用减到最小。

(9)把重要的安全数据作为经验记录下来,并记入数据库,或用做更改设计手册和说明书的建议。

3. 系统安全设计要求

为实现系统安全大纲目标,产品承制方必须在设计过程中满足系统安全设计要求,即满足核心目标需要的一般设计要求。这类要求是在具备了系统设计所采用的有关标准、规范、条例、设计手册、安全设计检查表和其他设计指南等资料后确定的。产品承制方应依据所有可使用的资料,包括初步危险分析、建立安全设计准则,并以该准则作为编制系统规范中安全要求的基础,同时在其后的研制阶段、研制规范中继续扩充该准则和要求。一般的系统安全设计要求包括以下 11 个方面的内容。

(1)通过设计,包括原材料的选择和代用,消除已识别的危险或减少相关的风险。若必须使用有潜在危险的原材料,应选择那些在系统全寿命周期内风险最小的原材料。

(2)将有害物质、零部件和操作与其他活动、区域、人员及不相容的原材料相隔离。

(3)设备的位置安排应使工作人员在使用、保养、维护、修理和调整过程中较少地暴露于危险环境中,如危险的化学药品、高压电、电磁辐射、切削刃口或尖锐部位等。

(4)将因为恶劣的环境条件所导致的风险最小化,如温度、压力、噪声、毒性、加速度和振动等。

(5)系统设计应使在系统使用和保障中由于人的差错所导致的风险最小。

(6)考虑采取补偿措施,把不能消除的危险所导致的风险降到最低程度。这类措施包括连锁、冗余、故障安全设计、系统防护、灭火设备和防护服装、设备、装置和规程等。

(7)用物理隔离、屏蔽等方法,保护冗余子系统的电源、控制装置和关键零部件。

(8)当各种补偿设计措施都不能消除危险时,应提供安全和报警装置,并在装配、使用、维护和维修说明书中给出适当的警告和注意事项,在危险零部件、原材料、设备和设施上标出醒目标记,以确保人员和设备得到保护。对于已有的标准尚未顾及的问题,通常应按照为生产方和订购方所共同接受的方式或按照管理部门要求的条件予以标准化,并应向管理部门提供全部警告、注意和提示标志的复印件,供检查、评审使用。

(9)使意外事故中人员伤害或设备损坏的严重程度最小。

(10)设计软件控制或监测的功能,使危险事件或事故的发生率降到最小。

(11)评审设计准则中对安全不足或过分限制的要求。根据研究、分析或试验数据推荐新的设计准则。

4.系统安全优先次序

系统安全大纲的最终目标是让设计的系统不包含能导致不可接受的事故风险水平的危险。由于大多数系统的复杂性,将其设计成完全没有危险是不可能的或不切实际的。通过进行危险风险分析,就可以确定需要控制的危险。系统安全优先次序指出了满足系统安全要求和减少风险所要遵循的采取措施的选择顺序。

(1)最小风险设计。首先在设计上消除危险,若不能消除已识别的危险,应通过设计方案的选择将其风险减小到管理部门规定的可接受水平。

(2)应用安全装置。若不能消除已识别的危险或不能通过设计方案的选择充分地降低相应的风险,则应通过使用固定的、自动的或其他安全防护设计或装置,使风险减小到管理部门可接受的水平。可能时,应规定对安全装置做定期的功能检查。

(3)提供报警装置。若设计和安全装置都不能有效地消除已识别的危险或充分地降低相关的风险,则应采用报警装置检测危险状况,并向有关人员发出适当的报警信号。报警信号及其使用应设计成使人对信号做出错误反应的可能性最小,并在同类系统中标准化。

(4)制定专用规程和进行培训。若通过设计方案的选择不能消除危险,或采用安全装置和报警装置也不能充分地降低有关风险,则应制定规程和进行培训。除非管理部门放弃要求,对于Ⅰ级和Ⅱ级危险决不能仅仅使用报警、注意事项或其他形式的书面提醒作为唯一的减少风险的方法。

当然,在遵循系统安全优先次序的过程中,在选择某类方法后仍不能降低危险风险到可接受水平的情况下,也可以采用同时选择两类以上方法以尽可能地减少危险的风险,但前提是必须遵循优先次序的基本原则。

由于危险识别、分类和纠正措施是在整个研制阶段中的设计、研制和试验中实施的,因而必须结合风险评价以确定必须采用的纠正措施。但是无论采用何种水平的纠正措施,都应在各类情况下加以全面验证。

5.风险评价

风险是指在特定客观情况下,在特定的时期内,某一事件其预期结果与实际结果间的变动程度,变动程度越大,风险越大,反之,则越小。

风险评价是指在风险识别和风险评测的基础上,把损失频率、损失的程度和其他指标综合起来考虑,分析该风险的影响,寻求风险对策并分析对策的影响,为风险决策提供依据。在风险评价方法中,应用较为广泛的是风险评价指数法、控制程度指数法和总风险暴露指数法。

(1)风险评价指数(RAC)法。风险评价指数(Risk Assessment Code,RAC)法,又称RAC法,采用危险的可能性和严重性来表征危险的特性,并建立其相应的评价矩阵。

危险可能性是指危险事件发生的概率,可用单位时间事件、人数、项目或活动中可能产生危险的次数来表示。危险的严重性是描述某种危险可能引起事故的损失程度,危险严重性等级是由人的失误、环境条件、设计缺陷、规程缺陷或系统、子系统或部件故障或失效引起的最严重事故的定性度量。

RAC 方法将危险严重性和危险可能性按其特点划分为相对的等级。不同的行业和部门可能有不同的划分方法，一般说来，危险严重性分为 4 级，可能性分为 5 级。具体分级情况分别如表 4－2 和表 4－3 所示。

表 4－2　危险严重性分级表

等级	等级说明	定　义
Ⅰ	灾难性	死亡，系统报废，严重环境破坏
Ⅱ	严重性	严重伤害，严重职业病，系统或环境的较严重破坏
Ⅲ	轻度性	轻度伤害，轻度职业病，系统或环境的轻度破坏
Ⅳ	可忽略性	轻于轻度伤害及轻度职业病，轻于系统或环境的轻度破坏

表 4－3　危险可能性等级表

等级	等级说明	单个项目	总体发生情况
A	频繁	可能经常发生	连续发生
B	很可能	在全寿命周期内出现若干次	频繁发生
C	偶然	在全寿命周期内可能有时发生	发生若干次
D	很少	在全寿命周期内不易发生，但可能发生	不易发生，但有理由可能预期发生
E	不可能	不易发生，可认为不会发生	不易发生，但可能发生

将可能性和严重性两个因素建立一个二维的矩阵，矩阵的每一个元素都对应一个可能性和严重性等级，并用一个数值或代码表示，称为“风险评价指数”，用以表示风险的大小。最常见的风险评价矩阵有两种表示方式。表 4－4 给出了第一种表示方式。

表 4－4　风险评价矩阵示例一

危险等级	Ⅰ/灾难性的	Ⅱ/严重性的	Ⅲ/轻度的	Ⅳ/可忽略的
(A)频繁($x>10^{-1}$)	1A	2A	3A	4A
(B)很可能($10^{-1}>x>10^{-2}$)	1B	2B	3B	4B
(C)偶然($10^{-2}>x>10^{-3}$)	1C	2C	3C	4C
(D)很少($10^{-3}>x>10^{-6}$)	1D	2D	3D	4D
(E)不可能($10^{-6}>x$)	1E	2E	3E	4E

注：x 指风险的可能性。

在表 4－4 中，将风险评价指数按风险的大小分为 4 类，并建议采取如表 4－5 所示的风险接受准则。

表 4－5　危险风险指数及其风险接受准则一

危险风险指数	风险接受准则
1A,1B,1C,2A,2B,3A	不可接受风险
1D,2C,2D,3B,3C	不希望有的风险,需由订购方评审和决策
1E,2E,3D,3E,4A,4B	有控制可接受风险,需由订购方评审后方可接受
4C,4D,4E	不需评审即可接受风险

第二种方式是给两种等级的每种组合方式赋以一个定性的加权指数,形成一个评估指数矩阵。通常将最高风险即“A”和“Ⅰ”的组合情况所对应的指数定为1,最低风险指数定为20。表4－6给出了最常用的评价指数矩阵。

表 4－6　风险评价矩阵示例二

危险类别	灾难性的	严重性的	轻度的	可忽略的
频繁	1	3	7	13
很可能	2	5	9	16
偶然	4	6	11	18
很少	8	10	14	19
不可能	12	15	17	20

在评价过程中,可能性和严重性的等级数都可以根据实际情况加以变动,例如可以把可能性指数改成4,严重性指数改成3,从而评估指数矩阵也变成了4×3阶矩阵。风险评估指数的划分也有一定的随意性,但是必须保证其划分能区别各种风险的档次,以利于风险的决策,因此需要根据具体对象制定。不同的指数对应不同水平的风险,不同的风险对应不同的决策结果,对风险类别的划分方式也称为风险接受准则。表4－7给出了危险风险指数及其相应的风险接受准则。

表 4－7　危险风险指数及其风险接受准则二

危险风险指数	风险接受准则
1～5	不可接受风险
6～9	不希望有的风险,需由订购方评审和决策
10～17	有控制可接受,需由订购方评审后方可接受
18～20	不需评审即可接受风险

评价完成后应按指数的大小进行风险排序，形成风险报告。风险大的危险应采取控制措施以使其风险减小到可以接受的程度。

(2)控制程度指数法(CRC)。为了评价所选择的危险控制措施，可采用控制程度指数(Control Rating Code,CRC)法，又称CRC法。该方法按能量控制优先顺序构成一个6×4阶的二维矩阵，如表4-8所示。

表4-8 CRC矩阵

	设计Ⅰ	被动安全设施Ⅱ	主动安全设施Ⅲ	警告设施Ⅳ
A消除能量源	1	1	2	3
B限制能量源	1	1	2	3
C防止逸散	1	2	2	3
D提供屏障	2	2	3	4
E改变逸散方式	2	3	4	4
F使伤害最小化	3	3	4	4

在进行产品或系统的风险评价时，可将RAC与CRC结合在一起使用。RAC采用的形式如表4-9所示。

表4-9 系统危险风险评价矩阵示例

危险类别 / 控制类型	灾难性的	严重性的	轻度的	可忽略的
Ⅰ	1	1	3	5
Ⅱ	1	2	4	5
Ⅲ	2	3	5	5
Ⅳ	2	4	5	5

其风险接受准则如表4-10所示。

表4-10 危险风险指数及其风险接受准则三

危险风险指数	风险接受准则
1	高度风险——重点分析和测试
2	中度风险——需进行设计及进一步测试
3～4	适度风险——需通过订购方认可的可接受的高层次分析与测试
5	低度风险——可接受

采用 RAC 和 CRC 结合在一起进行风险评价时，应遵循以下规则。

1)CRC 值≤RAC 值。

2)单点故障的严重性不允许达到Ⅰ级或Ⅱ级。

3)RAC=1 或 2 的危险不能只采用“注意”“报警”或个体防护设备来进行控制。

采用 RAC 和 CRC 进行危险风险评价的过程如图 4-1 所示。

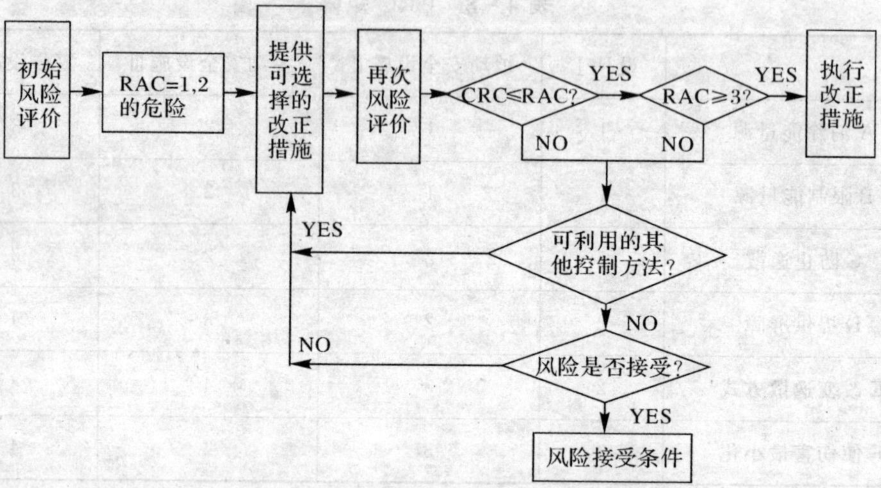

图 4-1 CRC 和 RAC 评价过程

(3)总风险暴露指数(TREC)。RAC 的缺陷是评价指数的制定主观性太强，对指数的划分过于粗略，有时也没有反映结果损失的严重程度。总风险暴露指数(Total Risk Exposure Code，TREC)法，又称 TREC 法，是 RAC 法的一种改进形式，将 RAC 法进行了一定程度的定量化，指数划分更为细致。该方法将严重性等级扩充为 10 级，用指数 1～10 表示，给出了每级对应的损失费用，并用暴露指数代替了危险的可能性等级。这里危险的暴露是指系统全寿命周期中暴露了该危险的总时数内导致相应严重性指数所表示的可能次数。表 4-11 和表 4-12 分别给出了严重性指数和暴露指数。

表 4-11 严重性指数

严重性指数	范围/美元	平均值/美元	严重性指数	范围/美元	平均值/美元
10	$>10^{10}$	5×10^{10}	5	$10^5\sim10^6$	5×10^5
9	$10^9\sim10^{10}$	5×10^9	4	$10^4\sim10^5$	5×10^4
8	$10^8\sim10^9$	5×10^8	3	$10^3\sim10^4$	5×10^3
7	$10^7\sim10^8$	5×10^7	2	$10^2\sim10^3$	5×10^2
6	$10^6\sim10^7$	5×10^6	1	$<10^2$	5×10^1

表 4-12　暴露指数

暴露指数	范围/次	平均值/次	暴露指数	范围/次	平均值/次
10	$>10^3$	5×10^3	5	$10^{-2}\sim10^{-1}$	5×10^{-2}
9	$10^2\sim10^3$	5×10^2	4	$10^{-3}\sim10^{-2}$	5×10^{-3}
8	$10^1\sim10^2$	5×10^1	3	$10^{-4}\sim10^{-3}$	5×10^{-4}
7	$1\sim10^1$	5×10^0	2	$10^{-5}\sim10^{-4}$	5×10^{-5}
6	$10^{-1}\sim1$	5×10^{-1}	1	$<10^{-5}$	5×10^{-6}

暴露指数的大小是用单一危险事件的概率(通常用每 10^5 暴露小时所发生的事件数表示)乘以寿命周期内总暴露小时的估计值和该系统生产的总量。暴露指数划分为 10 个等级,指数 1 表示在寿命期内危险事件导致一定程度事故发生的可能性估计值低于 10^{-5},即 10^5 次中发生次数少于 1;指数 10 则表示在装备寿命期内危险事件导致一定程度事故发生的可能性的估计值大于 10^3。

得到严重性指数和暴露指数以后,二者相加即得到总风险暴露指数 TREC。如当严重性指数为 4、暴露指数为 8 时,则 TREC 值为 12。总风险暴露指数可用于表示装备寿命期内与其有关的货币损失。由 TREC 可以得到以下几个信息:总风险暴露 TRE(Total Risk Exposure,TRE)、年风险暴露 ARE(Annual Risk Exposure,ARE)、单位风险暴露 URE(Unit Risk Exposure,URE)、风险暴露率 RER(Risk Exposure Rate,RER),其计算方法如下:

$$TRE = 5\times10(TREC^{-5})$$

ARE = TRE/产品设计寿命

URE = TRE/产品数

RER = TRE/总投资

以上参数直观地给出了风险值与产品数、产品寿命、产品投资等指标的关系,使决策人员对风险的大小有了更明晰的概念。

TREC 已经对定性风险评价作了一定程度的定量化,它的准确程度依赖于输入的数据,如故障率、暴露率、设计寿命、系统中该产品的数量等的原始估计值。

6. 已识别危险的处理

对已识别的危险,应采取措施将其消除或把相应的风险减小到可接受的水平。对灾难性、严重性风险以及产品订购方指定的风险,不能仅依靠警告、提示和规程、培训等手段。如果难以实现上述目标,则应向主管部门推荐替代的方法。

在采取了上述措施后,仍存在一些危险,称之为剩余风险,包括无合适控制措施的危险、不打算采取控制措施的危险和控制措施尚不完善的危险。产品承制方应将每个剩余风险的现状和解决方法不完善的原因及时告知产品订购方或有关主管部门。如果剩余风险仍不能满足订购方的要求,则承制方必须选择是进一步采取措施,还是放弃对该产品或系统的投标或承制。

4.3.2　系统安全详细要求

系统安全详细要求是由产品订购方和承制方经协商选择所确定的系统安全要求,它是由双方在考虑了资金、进度及技术水平限制等因素的基础上确定的，与一般要求具有同样的约束力。

系统安全详细要求可分为4类，分别为大纲的管理与控制、设计和综合、设计评估、符合与验证。4类的主要内容如表4-13所示。

表4-13 系统安全详细要求明细表

项目	主要内容
大纲的管理与控制	①系统安全大纲；②系统安全大纲计划；③对转承制方、供应方和建筑工程单位协调和管理；④系统安全大纲评审；⑤对系统安全工作组的保障；⑥危险跟踪和风险处理；⑦系统安全进展报告
设计和综合	①初步危险表；②初步危险分析；③安全要求/准则分析；④子系统危险分析；⑤系统危险分析；⑥使用和保障危险分析；⑦健康危害分析
设计评估	①安全评价；②试验和评估安全；③工程更改、规范更改、软件问题和偏离/废弃申请的安全审查
符合与验证	①安全验证；②安全符合评价；③爆炸物危险分类和特性资料

系统安全详细要求的选择，取决于被研制的产品或系统的复杂程度、资金投入和产品或系统所处的研制阶段。系统项目的应用矩阵和设施采办应用矩阵是通用的详细要求选择指南，其主要内容分别如表4-14和表4-15所示。通过对表4-14和表4-15内容的选择，可以初步确定在某一特定的阶段，系统安全大纲应包括的典型内容。在使用该表时，可根据该详细要求的描述，确定是否将该详细要求列入大纲之中。

表4-14 制定系统项目的应用矩阵

工作项目	题　目	类型	项目阶段				
			0	Ⅰ	Ⅱ	Ⅲ	Ⅳ
101	系统安全大纲	MGT	G	G	G	G	G
102	系统安全大纲计划	MGT	G	G	G	G	G
103	辅承包商、子承包商及建筑和工程单位的协调/管理	MGT	S	S	S	S	S
104	系统安全评审/审查	MGT	S	S	S	S	S
105	系统安全组/系统安全工作组织的保障	MGT	G	G	G	G	G
106	危险跟踪和风险清除	MGT	S	G	G	G	G
107	系统安全进展报告	MGT	S	G	G	G	G

续表

工作项目	题　目	类型	项目阶段				
			0	Ⅰ	Ⅱ	Ⅲ	Ⅳ
201	初步危险表	ENG	G	S	S	S	N/A
202	初步危险分析	ENG	G	G	G	G	G
203	安全要求/准则分析	ENG	G	S	S	S	G
204	子系统危险分析	ENG	N/A	GC	GC	GC	GC
205	系统危险分析	ENG	N/A	GC	GC	GC	GC
206	使用与保障危险分析	ENG	S	GC	GC	GC	GC
207	健康危险分析	ENG	G	GC	GC	GC	GC
301	安全评价	ENG	S	GC	GC	GC	GC
302	测试和评估安全	ENG	G	G	G	G	G
303	工程更改建议，规范修改通知，软件问题报告和偏离/废弃申请的安全审查	ENG	N/A	G	G	G	G
401	安全验证	ENG	S	G	G	S	S
402	安全符合评价	ENG	S	G	G	S	S
403	爆炸物危险分类和特性数据	MGT	S	S	S	S	S
404	爆炸性武器处理的原始数据	MGT	S	S	S	S	S

注：工作项目类型：ENG—系统安全工程；MGT—系统安全管理。

项目阶段：0—方案探索；Ⅰ—论证和批准；Ⅱ—工程/研制；Ⅲ—生产/部署；Ⅳ—使用/保障。

适用性代码：S—可选用；G——般适用；GC——般仅适用于设计更改；N/A—不适用。

表 4-15　设施采办应用矩阵

工作项目	题目	类型	项目阶段			
			Ⅰ	Ⅱ	Ⅲ	Ⅳ
101	系统安全大纲	MGT	G	G	G	G
102	系统安全大纲计划	MGT	S	G	G	S
103	辅承包商、子承包商及建筑和工程单位的协调/管理	MGT	S	S	S	S

续表

工作项目	题目	类型	项目阶段			
			Ⅰ	Ⅱ	Ⅲ	Ⅳ
104	系统安全评审/审查	MGT	G	G	G	G
105	系统安全组/系统安全工作组织的保障	MGT	G	G	G	G
106	危险跟踪和风险清除	MGT	G	G	G	G
107	系统安全进展报告	MGT	S	S	S	S
201	初步危险表	MGT	G	N/A	N/A	S
202	初步危险分析	ENG	G	S	N/A	S
203	安全要求/准则分析	ENG	G	S	S	GC
204	子系统危险分析	ENG	N/A	S	G	GC
205	系统危险分析	ENG	N/A	G	S	GC
206	使用与保障危险分析	ENG	S	G	G	GC
207	健康危险分析	ENG	G	S	N/A	N/A
301	安全评价	ENG	N/A	S	G	S
302	测试和评估安全	ENG	G	G	G	G
303	工程更改建议,规范修改通知,软件问题报告和偏离/废弃申请的安全审查	ENG	S	S	S	S
401	安全验证	ENG	N/A	S	S	S
402	安全符合评价	ENG	N/A	S	S	S
403	爆炸物危险分类和特性数据	MGT	N/A	S	S	S
404	爆炸性武器处理的原始数据	MGT	N/A	S	S	S

注:工作项目类型:ENG—系统安全工程;MGT—系统安全管理。

项目阶段:Ⅰ—制定计划和要求;Ⅱ—初步设计;Ⅲ—最终设计;Ⅳ—建造。

适用性代码:S—可选用;G—一般适用;GC—一般仅适用于设计更改;N/A—不适用。

在详细要求选择中,要考虑资金的限制,根据规模和资金选择系统安全详细要求的典型模式如表4-16所示。

表 4-16　基于资金或风险程度的典型项目的工作项目选择示例

低资金或低风险项目		中等资金或中等风险项目		高资金或高风险项目	
工作项目	题目	工作项目	题目	工作项目	题目
101	系统安全大纲	101	系统安全大纲	101	系统安全大纲
102	系统安全大纲计划	102	系统安全大纲计划	102	系统安全大纲计划
201	初步危险表	104	评审/审查	103	承包商综合管理
202	初步危险分析	105	系统安全组/系统工作组	104	系统安全评审/审查
205	系统危险分析	106	危险跟踪	105	系统安全组/系统工作组
301	安全评价	201	初步危险表	106	危险跟踪
		202	初步危险分析	107	系统安全进展报告
		204	子系统危险分析	202	初步危险分析
		205	系统危险分析	203	安全要求/准则分析
		206	使用与保障危险分析	204	子系统危险分析
		207	健康危险分析	205	系统危险分析
		402	安全符合评价	206	使用与保障危险分析
				207	健康危险分析
				301	安全评价
				302	测试和评估安全
				303	工程更改建议
				401	安全验证
				403	爆炸物危险分类

4.3.3　系统安全大纲计划

在实施系统安全大纲的过程中，重要的工作是制订和完成工作计划、提出执行工作计划的合格人选、赋予各级管理人员应有的权力以及合理地分配人力和物力资源。其中，系统安全大纲计划的制订尤为重要，它直接关系到整个系统全寿命周期内识别、评价及消除或控制危险，或将相应的风险减小到管理部门可以接受的水平以及系统安全管理和系统安全工程各部门应进行的工作，为产品订购方与承制方之间在怎样执行系统安全大纲以满足各项系统安全要求方面，提供了相互理解沟通的基础。

系统安全大纲计划包括11个方面的内容，具体内容如表4－17所示。

表4－17　系统安全大纲计划内容

项目	内　容
大纲的范围和目标	(1)整个大纲及相关的系统大纲的范围 (2)系统安全管理和系统安全工程的工作内容 (3)所有合同中要求的工作和责任
系统安全组织	(1)阐明在整个系统组织机构中的系统安全组织及其职能 (2)阐明系统安全人员、其他涉及系统安全工作的部门及系统安全部门的责任和权力 (3)阐明系统安全机构的人员构成，包括人力分配、资源控制及主要负责人 (4)阐明产品承制方综合和协调系统安全工作的过程 (5)阐明产品承制方制定管理决策的过程 (6)阐明有关主管部门采取与系统安全相关的决策和措施的详情
系统安全大纲关键点	(1)确定系统安全大纲的关键点，并将它们与整个项目的关键点相联系 (2)提供整个系统安全工作的日程安排 (3)为避免重复性工作，确定在其他产品研究和开发工作中进行的各项与系统安全大纲执行的相关工作 (4)提出完成各项系统安全工作的人力需求
一般系统安全要求和准则	(1)阐明对安全的一般工程要求和设计准则 (2)阐明对保障设备的安全要求和系统全寿命周期各阶段，包括报废阶段的安全要求 (3)列出应服从的安全标准和含有安全要求的系统规范 (4)描述风险评价过程，确定危险严重性和可能性水平及为满足产品的安全要求所应遵循的系统安全优先次序 (5)阐述在风险评价中应用的定性或定量评价方法及可接受的安全水平 (6)阐述采取措施解决已确定的不可接受风险的过程
危险分析	(1)阐明为确定危险及其原因与后果、危险消除方法或危险降低措施而进行的定性或定量分析中所采用的分析技术 (2)阐明每项分析技术在分析应用中的深度和广度 (3)阐明转承制方所作的危险分析与整个系统危险分析的结合 (4)阐明识别和控制与在系统全寿命周期内使用的材料相关的危险的工作
系统安全资料	(1)阐明应收集和处理的与以往有关的危险、事故的资料和已有的安全方面的经验教训等 (2)确定资料的交付方式 (3)确定资料的获取方式及保存方法

续表

项目	内 容
安全验证	(1)阐明通过试验、分析、检查等手段进行安全验证的要求,以保证所有安全问题都经过适当的验证 (2)确定对软件、安全装置或其他特殊的安全性能(如应急处理过程)的鉴定要求 (3)阐明保证将与安全相关的验证信息发送到有关部门以供评审和分析所用的规程 (4)阐明保证所有试验安全进行的规程
大纲审查	阐明产品承制方采用的方法和程序以保证能达到系统安全大纲的目标和要求
培训	阐明对工程、技术、维修人员应进行的安全培训
事故报告	阐明事故和事故征兆的通知和调查、报告过程
系统安全接口	(1)系统安全与所有其他应用安全学科之间的接口,包括电气安全、核安全、爆炸物安全、化学和生物安全等安全学科 (2)系统安全与系统工程及其支持学科,如可靠性、质量控制、可维修性、软件开发、人机工程、医疗保障等之间的接口 (3)系统安全与所有其他系统综合及试验学科之间的接口

4.4 全寿命周期各阶段的系统安全工作

无论是产品还是工程项目,全寿命周期总的系统安全目标都是一致的,但是在全寿命周期的各个阶段,其具体的系统安全工作各不相同。下面详细介绍各个阶段系统安全的主要工作内容。

4.4.1 技术指标论证阶段

技术指标论证阶段的主要工作集中在设计方案的评价方面。在该阶段,系统安全工作有两个主要作用,一是确定各个备选方案的安全状态和安全要求,以此作为选择设计方案的基础;二是制订本阶段的系统安全工作计划。具体的工作内容包括以下10个方面。

(1)制订系统安全大纲计划,以阐明本阶段要进行的系统安全工作。

(2)对考虑采用的且在全寿命周期内会影响系统安全性的材料、设计特性、维修、保养、使用方案和环境进行评价。对在整个系统、部件或专用保障设备的最终处理时因其含有有害材料和物质而可能遇到的危险进行评价。

(3)运用预先危险因素列表(Preliminary Hazard List,PHL)或预先危险性分析法(Preliminary Hazard Analysis,PHA)确定各个备选方案相关的危险。

(4)确定可能的安全接口问题,包括与软件控制的系统功能相关的问题。

(5)强调特殊的安全问题,如系统限制条件、风险和人员等级要求等。

(6)考察与备选方案类似的在安全方面获得成功的系统。

(7)根据类似系统的经验确定系统安全要求。

(8)确定所有对安全设计的分析、测试、论证与批准的要求。

(9)将有希望的备选方案的系统安全分析及其结果和建议记录成文。

(10)制定下一阶段的系统安全大纲,包括合同文件中的详细要求。

4.4.2 方案论证及初步设计阶段

在方案论证及初步设计阶段,工作的重点转向初始的硬件设计。本阶段系统安全工作的目标是论证并确认系统的设计方案能达到并维持在满意的安全水平,系统安全工作主要包括危险分析和危险控制措施的选取,具体如下所述。

(1)制订或修改系统安全大纲计划,阐明本阶段要进行的系统安全工作。

(2)参与与系统安全要求和风险影响有关的综合权衡研究,根据研究结果提出系统设计改进意见,以确定获得符合性能和系统要求的最佳安全水平。

(3)采用或修改 PHL(或 PHA)报告评价要被测试的系统结构,根据计划的测试环境和测试方法进行结构测试的系统危险分析。

(4)建立系统设计的系统安全要求及验证的原则,并确定这些要求已被纳入相应的规范之中。

(5)对设计进行详细的危险分析,以评价在系统硬件和软件试验中的风险,获取在系统论证试验中要采用的其他承制方提供的设备以及所有接口和辅助设备的风险评价结果,确定论证、评价安全性所需的特殊试验要求。

(6)确定可能影响安全性的关键零件、组件、生产技术、组装程序、设施、试验和检查要求,确保在生产线的规划和布局设计中已包括了适当的安全保障措施,以建立在生产过程和使用过程中系统的安全控制方法。确保在所生产的设备实施质量控制所作的检查、测试、规程和检查表中包括充分的安全保障措施,以使设计中的安全考虑在生产中得以保证。确保生产技术手册或制造规程中包含了所需的警告、提示以及专门的安全规程。确保尽早地运用试验和评价手段检测和矫正安全方面的缺陷。确保在采用新设计、新材料和新的生产和试验技术中,涉及的风险最小化。

(7)确定对订购方或其他承制方提供的设备的分析、检查与试验要求,以确认在使用前系统已经满足相关的系统安全要求。

(8)对每项试验进行使用和保障危险分析,并评审所有的试验计划和规程。在试验系统的装配、调试、使用出现可预见的紧急情况或拆卸、拆除时,评估试验系统与人员、保障设备、专用试验设备、试验设施及测试环境之间的接口,确保通过分析和测试识别出的危险被消除或使相关的风险最低,确定论证和评估试验功能安全性所需的特殊试验。

(9)评审培训大纲和培训计划以确保充分考虑了安全性问题。

(10)评审系统在使用和维护方面的规程、规范是否充分考虑了安全问题,并确保其符合职业安全卫生方面的法规要求。

(11)评审后勤保障方面的规程、规范,以确保其符合国家有关环保、职业安全卫生方面的要求。

(12)评估在本阶段所作的安全测试、故障分析和事故调查的结果,并提出设计更改或其他矫正措施。

(13)确保已将系统安全要求纳入基于最新的系统安全研究、分析及试验的系统规范与设计文件之中。

(14)编写在本阶段所进行的系统安全工作的总结报告，以保障决策过程。

(15)继续完善系统安全大纲，并制订和修订下一阶段的系统安全大纲计划。

(16)进行初步的使用和保障危险分析，以识别所有与环境、人员、规程及设备相关的主要风险。

(17)确定系统全寿命周期中可能需要废弃或偏离的安全要求。

4.4.3　工程研制阶段

工程研制阶段的工作重点是保证使用和维修的安全性，具体的系统安全工作包括以下 18 项工作。

(1)制订或修订本阶段系统安全工作计划，在设施的最后设计阶段继续及时、有效地实施系统安全大纲计划。

(2)评审初步工程设计，以确保充分考虑了安全设计要求，并且前两个阶段识别出的危险已被消除或降低到了可接受水平。

(3)修改系统规范及设计文件中的系统安全要求。

(4)应用或修改系统危险分析、子系统危险分析、使用和保障危险分析及与设计、试验工作同时进行的安全研究，以确定设计和使用与保障危险，并提出必要的设计更改和控制措施。

(5)进行每项试验的使用和保障危险分析并评审所有的试验计划和规程。在试验系统结构的装配、调试、运行出现可预见的紧急状况及拆卸和拆除过程中，评估试验系统与人员、保障设备、专用试验设备、试验设施及测试环境之间的接口，确保消除经过分析和试验识别出的危险或控制其相关的风险。确定论证或评估系统安全功能所需的专门试验。确定对其他承制方或订购方提供的设备的分析、检查和试验要求，确保在使用前这类设备已满足了相应的安全要求。

(6)参与技术设计和项目评审，并提交子系统危险分析、系统危险分析、使用和保障危险分析的结果。

(7)确定和评估储存、包装、运输、装卸、试验、使用和维护等各项工作对系统及其部件安全性的影响。

(8)评估安全性试验、其他系统试验、失效分析和事故调查的结果，并提出设计更改方案或其他矫正措施。

(9)确定、评估并提出对安全性的考虑或权衡研究。

(10)评审有关工程文件，如工程设计图、规范等，确保其充分考虑了安全问题。

(11)确定系统全寿命周期内可能需要废弃或偏离的安全要求。

(12)评审后勤保障方面的规程、规范，确保其充分考虑了安全性问题，并保证它们符合国家有关环境保护、职业安全卫生方面的要求。

(13)验证安全和报警装置、生命保障设备和人员防护设备是否完备。

(14)确定安全培训需求，并且为培训提供安全资料。

(15)为使生产和全面投产规划提供系统安全监督和保障，确定可能影响安全的关键零部件、生产技术、装配规程、设施、试验及检查的要求，确保在生产线的规划和布局中充分考虑了安全要求，以确认在生产过程或运行中实施了安全控制。确保对制造中的设备进行质量控制的检查、试验、规程及检查表中充分考虑了安全要求，使在生产过程中充分实现了设计中对安全性的考虑。确保生产和制造过程控制的手册和规范中含有所需的告警、提示及专门的安全规程。确保尽早地采用试验和评估方法检测和矫正安全缺陷。确保在采用新设计、新材料和新的生产和试验技术时应使风险最小。

(16)确保为系统试验、维修、使用和保养制定的规程中考虑了对有害材料的安全处理方法。在计划的使用、拆除或维修工作中，或在有理由预见到的由操作引起的意外事件中，充分考虑人员可能接近的所有含有有害物质的材料或部件的安全处理方法。在子系统危险分析、系统危险分析和职业健康危险分析，以及在安全评价报告中汇总安全资料的过程中，必须考虑到系统或其部件在最终退役或消除时可能涉及的所有危险。

(17)编写在本阶段实施的系统安全工作的总结报告。

(18)完善系统安全大纲，制定或修订下一阶段的系统安全大纲要求。

4.4.4 生产阶段

1. 产品或系统的生产阶段

生产阶段系统安全工作的主要目的是确保按批准的规范和设计进行产品或系统的生产，本阶段的系统安全工作包括以下内容。

(1)制订或修改系统安全大纲计划，以反映对本阶段系统安全大纲的要求。

(2)确定可能影响安全性的关键部件、生产技术、装配规程、设施、试验和检查要求，确保在生产线的规划和布局中采取了合适的安全措施，建立了对在生产和使用中的系统的安全控制。确保在对所生产的设备实施质量控制而进行的检查、试验、规程及检查表中充分考虑了安全问题，使设计中的安全得以实现。确保生产技术手册和制造规范中包括了必要的告警、提示及专门的安全规程。确保在采用新设计、新材料和新的生产和试验技术时涉及的风险最小。

(3)保证在生产初期完成相关的试验和评价工作，以尽早检测和矫正安全方面的缺陷。

(4)对各次试验进行操作和保障危险分析，并评审所有的试验计划和规程。评估在试验系统的装配、调试、运行、可能发生的紧急状况及拆卸和拆除过程中，试验系统与人员、保障设备、专用试验设备、试验设施及测试环境之间的接口，确保经过分析和试验识别出的危险被消除或将相应风险降低到可接受水平。

(5)评审在操作与保障危险分析中为保证安全地操作、维护、服务、储存、包装、装卸、运输和处理所采用的技术资料，主要有告警、注意事项和特殊规程等3个方面的内容。

(6)实施安装过程的操作与保障危险分析，评审安装方案和规程。在运输、储存、装卸、装配、安装、调试以及演示/试验运行期间，评估正在安装的系统与人员、保障设备、包装材料、设施和安装环境之间的接口，确保经分析识别出的危险已被消除或将相应风险降低到可接受的水平。

(7)评审各项规范并监控现场定期检查和测试的结果，以确保其达到安全的可接受水平，并确定关键的安全部件随时间、环境条件或其他因素而降低的主要或关键特性。

(8)实施或修改危险分析，确定所有可能由设计更改引起的新的危险，并确保在所有的状态控制措施中考虑了更改对安全性的影响。

(9)评价失效分析和事故调查的结果，提出矫正措施。

(10)对系统进行监测以确定设计的适用性及使用、维护和应急措施。对已有的安全资料进行分析评估,并向主管部门推荐更改或矫正措施。

(11)对新提出的操作、维修规程或更改措施进行安全评审,确保这些规程、告警和注意事项适当,并不降低原有的安全水平,同时,应将评审结果记录成文,作为操作和保障危险分析的补充和修改。

(12)记录系统的危险状况和安全缺陷,并据此确定对新系统或改型系统的安全要求。

(13)对诸如设计手册、标准和规范等安全文件予以适当修订,以及时反映安全方面的经验教训。

(14)评价安全与报警装置、生产保障设备和人员防护设备的完备程度。

2. 工程项目或设施建设的施工阶段

上述内容适用于产品的生产阶段,但对于工程项目或设施建设的施工阶段,系统安全工作则包括如下内容。

(1)确保符合所有相关的建筑安全法规的要求以及与设施有关的其他安全要求。

(2)进行危险分析以确定对设施和计划安装的系统之间的所有接口的安全要求。

(3)评审设备安装、使用及维护方案,确保其满足所有设计和规程的安全要求。

(4)继续改进从设计阶段就开始的危险矫正、跟踪工作。

(5)评估事故及其损失,以确定它们是否是因安全缺陷或疏忽造成的。

(6)修改危险分析,以识别所有有更改订单而导致的新危险。

4.4.5 使用和保障阶段

使用和保障阶段的系统安全工作主要是保证系统的安全使用并收集处理使用中存在的危险和事故信息。本阶段的工作包括以下方面的内容。

(1)评估失效分析和事故调查的结果,并提出改进措施。

(2)根据对系统或设施的实际经验,修改危险分析以反映风险评价中的变化及识别所有新的危险,确保在所有系统状态控制措施中都考虑了变化对安全性的影响。

(3)对诸如设计手册、标准和规则等安全文件进行修改,以反映安全方面新的经验教训。

(4)评审有关规程,并监测定期的现场检查或试验的结果,以确保系统保持在可接受的安全水平。确定安全关键的部件随时间、环境条件或其他因素降低的关键特征。

(5)在全寿命周期内监测该系统,以确定设计、使用、维护及应急等措施的适合程度。

(6)记录系统的危险状况和安全缺陷,并据此确定对新系统或改型系统应遵循的安全要求。

(7)评审和修改报废处理方案及分析结论。

4.4.6 报废或退役处理阶段

报废或退役处理是系统全寿命周期的最后一个阶段,重点考虑安全和环境污染的问题,如含有爆炸物、毒性或腐蚀性化学物质或放射性物质等的系统在处理时会产生特殊的安全和环境问题,带有强力弹簧、液压装置、高压容器、封闭容器的系统在处理时也会产生危险。本阶段的主要工作包括以下内容。

(1)确定子系统、部件或组件的危险及其相关风险。

(2)确定需制定的针对上述设备危险部分报废和退役处理的专用规程。

(3)确定危险部分的特性和数量。

(4)确定在处理中应采取的安全措施。

(5)确定在处理时可能产生的社会影响。

(6)确定是否有危险部分的处理场所。

4.5 航空系统安全管理

随着航空飞行器设计的日益复杂和精密,对飞行器的安全性提出了更高的要求,通过实施设计规范来实现的飞行器安全性,已不能满足现代航空飞行器的安全性目标。波音 DCAC/MRM 项目在 1994 的调查结果表明,波音在其飞机研制过程中,由多团队、多领域、多单位共同参与开发,共涉及了八百多个子系统。因此,在航空系统的研究过程中,实现全寿命周期的系统安全管理是势在必行的。

4.5.1 各寿命阶段的安全管理工作

飞机研制一般划分为论证阶段、方案阶段、工程研制阶段、设计定型阶段、试生产(生产定型)阶段 5 个阶段。

1. 论证阶段

论证阶段根据飞机的功能需求和技术、设计要求,进行指标、总体技术方案的论证及研制经费、保障条件、研制周期的预测。该阶段不仅需要对项目的技术标准和投资额度进行分析,还需要考虑科研周期和国外发展趋势的影响,通过对技术、时间和资源的综合评价,根据理论计算、风洞试验等手段对不同方案进行选择和取舍,通过优化组合选择最优的方案。

论证阶段的重点是确定飞机整体研制的条件和飞机的性能标准,概括性地确定项目需要的投资规模、时间和相关研制项目的类型。各航空科研单位根据本身技术力量与使用单位进行指标要求协调,明确哪些指标可以实现,哪些需要调整才能实现,哪些暂时还不具备实现的条件,哪些指标有预期实现的可能。将经过论证阶段确定后的科研方案上报主管和使用部门,由上级单位组织方案论证会或采取投标竞争等方式,最终确定技术方案的标准和需要保证的技术参数和性能标准。

2. 方案阶段

方案阶段工作的主要任务是根据已批准的《研制立项综合论证报告》要求,对飞机的形式、气动布局、性能指标、动力装置、结构工艺等进行论证,初步确定飞机的主要参数、机载、工业设计,初步绘制飞机草图和效果图,考虑总体布局方案。同时,依据不同专业科研系统的反馈意见和数据标准,确定飞机科研项目的总体设计规范、新材料和新工艺的项目和类型,排列出飞机研制所需要的成品科研和基础试验的项目与周期。

设计单位在对方案进行具体设计和试验,并确定飞机气动布局和结构设计标准后,依据设计结果和机载设备、成品的构成与配套方式,制造/改造项目专用的飞行模拟试验设备,按照设计图纸制造直观的电子模型和全比例金属样机。

将方案阶段形成的初步飞机设计方案交由专家组进行评审和论证,选定最合理的方案,经主管部门批准后，进入下一阶段的工作。

3. 工程研制阶段

工程研制阶段是按照图纸设计、基础试验和样机制造的成果，对方案进行完善后进入详细设计、制造和工艺装备的过程，将经过验证的设计转换成实践检验产品的阶段。该阶段需要制造多架结构和技术状态相同的原型机，其中包括静力试验机。静力试验机要在原型机首飞前完成静强度试验，证明飞机结构设计标准达到技术要求后再进行首飞。原型机普遍是按照先易后难的设定方案和系统的方式推动的，原型机需要按照试验需要分为几个阶段，验证气动、结构及飞行控制的效果。工厂研制阶段成果的代表就是原型机首飞。

原型机在试飞过程中更重视对飞机基本性能和科目的试验，主要试验飞机的飞行性能、操稳性能、控制面的工作和结构。

4. 设计定型阶段

设计定型阶段主要是组织进行基地试验，对飞机性能进行全面考核，国家定型机构严格按照产品设计定型标准，进行全面的审查鉴定，以确认其基本达到《研制总要求》和研制合同的要求。

该阶段的定型试飞主要是全面地验证产品是否达到设计标准的要求，样机将按照试飞大纲的指标和规划的试验步骤，按照标准分阶段验证飞机、发动机、机载成品和电子设备的性能，评价飞机气动、动力和机载设备的配套性和兼容性，并将试验飞行取得的数据与计划书和技术指标规划进行比对。

全状态飞机的鉴定试飞是设计定型阶段的代表性标志，这个状态的飞机意味着型号结构和气动设计已经满足要求，全状态样机也是为生产型飞机的生产进行基础性准备工作。全状态样机的试验工作不仅仅是对飞机本身的技术和战术性能进行试验，同时也将根据使用保障的需要调整飞机随机系统的设计，完善配套的地面维护保障、测试系统和随机工具的适用性，并根据飞机试验中的初步经验给出故障间隔和备件储备的基本数据。

全状态样机在完成试飞规划中的科目试飞和试验项目后，当试飞、试验结果和数据符合项目任务书的指标要求时，可以提出设计定型的审核要求。

5. 试生产（生产定型）阶段

生产定型阶段主要是由研制单位进行生产试制和鉴定，并运送基地试验，对产品批量生产条件进行考核。定型机构严格按照规定的产品生产定型标准，进行全面的审查鉴定，以确认其符合批量生产的标准，稳定质量，提高可靠性。该阶段结束的标志是批准飞机生产定型。

全状态样机在完成试验项目后进入小批量试生产阶段，原型机和全状态样机由试飞单位使用和掌握，小批量试生产飞机将交付最终用户使用。使用用户将根据需求标准对试生产型进行全面的考核鉴定，编制飞行训练的相关标准与手册。试生产型主要为用户提供熟悉飞机和培训维护保障体系的条件，根据使用中存在的问题向科研系统提供反馈意见，由科研单位进行补充修改。

试生产阶段的飞机在使用部门实践验证过程中暴露出问题后，设计和生产单位在解决问题并完成技术调整后，完成生产准备和生产工艺的技术冻结，完善飞机和机载设备与成品的生产线建设，完成飞机部件和整体的结构寿命试验工作，建立可以保证飞机批量稳定生产和装备的生产体系，该机型就可以向上级提出进行生产定型的鉴定审核要求。

4.5.2 航空安全管理的实施

安全管理的过程应该包括建立并组织实施一个有效的系统安全性大纲。良好的项目管理和工程技术是实现系统安全的核心，而一个切实可行的系统安全大纲正是指导安全性管理和工程技术的综合。

我国 1990 年发布并实施的 GJB900—90《系统安全性通用大纲》，就是一个通用的大纲标准。要实现各阶段的安全性管理，就必须对其进行适当的剪裁和填充，针对飞机全寿命周期的某个具体的阶段建立具体的大纲，选择有针对性的部分进行实施。因此在飞机的设计阶段正式实施安全性管理之前，研究单位应该组织系统设计和系统安全专家按照研制计划来制订满足有关部门及相关规定标准要求的安全性大纲计划。

具体的安全性大纲计划是执行安全性大纲的关键部分，它将对总体的安全大纲进行剪裁，减少在大纲中包括的飞机设计阶段不需要的部分，在各个研究室具体的大纲计划中也要根据自己设计过程的需要对大纲进行适当的剪裁，以避免执行过程的浪费。同时，在大纲计划中要详细地描述如何进行安全性管理以及在飞机型号设计过程或合同中要求的具体任务。

在我国 1990 年发布的 GJB900—90《系统安全性通用大纲》中详细列出了大纲计划中应该考虑的任务。GJB900—90 中任务列表是在 MIL - STD - 882B 中的任务列表的基础上结合我国技术装备发展过程设计的，内容略有不同，但实质的内容并没有改变。相比较而言，GJB900—90 在各个任务的说明上还不够具体，在实际的大纲计划设计中，还应参考 MIL - STD - 882C 对各个任务的描述，这样将更有助于安全大纲计划的实施。表 4 - 18 给出了按项目的大小及预期的风险水平进行的项目剪裁。

表 4 - 18　按项目的大小及预期的风险水平进行的项目剪裁

小型或低风险项目	中型或中风险项目	大型或高风险项目
1. 安全性大纲	1. 安全性大纲	1. 安全性大纲
2. 安全性大纲计划	2. 安全性大纲计划	2. 安全性大纲计划
3. 初步危险列表	3. 安全性大纲评审	3. 对转承方、供应方、建筑工程单位的安全性综合管理
4. 初步危险分析	4. 系统安全工作小组	4. 安全性大纲评审
5. 系统危险分析	5. 危险限踪	5. 系统安全工作小组
6. 安全性评价	6. 初步危险列表	6. 危险跟踪
	7. 初步危险分析	7. 系统安全进展报告
	8. 子系统危险分析	8. 初步危险列表
	9. 系统危险分析	9. 初步危险分析
	10. 使用和保障危险分析	10. 子系统危险分析

续表

小型或低风险项目	中型或中风险项目	大型或高风险项目
	11. 健康危险评估	11. 系统危险分析
	12. 安全性符合规定评估	12. 使用和保障危险分析
		13. 健康危险评估
		14. 安全性评价
		15. 测试与评估的安全性
		16. 工程更改建议、详细更改通告、软件问题报告和要求偏离或放弃的安全性评审
		17. 安全性验证
		18. 爆炸物质危险类别及特征数据

在飞机研究阶段，系统安全管理人员应该组织系统设计和系统安全专家建立整个型号设计的安全性设计详细要求。安全性设计详细要求的目标就是在系统设计中系统地应用有关标准规定或工程设计手册使系统的事故风险达到可接受的水平。

安全性指标要求是安全性设计详细要求的重要内容。在设计阶段的安全性管理中，系统安全人员与系统设计人员应确定系统的各种安全性指标。安全性指标要求可以结合系统安全设计要求与系统可接受的风险水平来确定。这些指标可以指定为：

(1)定量要求，如"该系统事故发生率不得超过 10^{-x}"。这样的指标要求是建立在充分的事故统计的基础上的，也是目前的技术指标中经常采用的安全性要求方式。

(2)事故风险要求，如"该子系统中不得存在可能导致灾难性事故后果的危险"。这种要求方式适用于飞机型号设计的各个子系统。

(3)标准化要求，这类指标通常融合在部件或子系统的技术参数中。

上述 3 种指标要求可以单独对系统或子系统进行安全性设计要求，也可以同时存在于系统或子系统的安全性设计要求中。在实施飞机的安全性管理过程中，也应该进行安全性指标的分配。对以上指标要求进行分配时，可以首先确定系统安全性指标，然后参考子系统或部件的安全性关键度对指标进行分配，将子系统或部件的安全性关键度与具体的指标要求合成来满足系统或子系统整体的安全性指标要求。

为实现安全性管理的目标，必须在设计过程中满足安全性设计要求，这些要求的确定，主要是依据系统设计所采用的有关标准、规范、条例、设计手册、安全性设计检查表和其他设计指南类材料。通常采用的安全性设计要求包括：

(1)尽量减少或避免使用危险物质。如果不可避免，则应通过材料选择或替代等设计手段来降低事故风险，在材料选择的过程中应当考虑到系统全寿命周期内的事故风险。

(2)危险物质或部件及相关操作与使用应当与从事其他工作的人员、工作区域及不相容的材料相互隔离。

(3)确定设备位置并表明设备的潜在危害，以保证设备操作、维修或其他服务人员尽量减少出现在危险区域内。这些设备主要包括操作或使用危险物质、高压容器、电磁辐射、切割设备等。

(4)通过物理分离或防护或者其他可接受的方法来保护冗余子系统的动力、控制设施及关键部件。

(5)为降低不可消除的危险带来的事故风险，在设计过程中应考虑采用安全装置(例如连锁、冗余、失效安全设计，系统防护、灭火措施以及其他防护方法如防护服、防护装置或设备、保护程序等)，并在设计阶段验证其有效性，以及在使用阶段定期对各种安全装置进行功能检查。

(6)在飞机的型号设计中应考虑系统报废或退役的安全性问题。

(7)为减少人员对信号的错误反应，在系统设计中考虑设计与系统类型相似的标准化的报警信号。

(8)如果设计中存在无法消除的危险，在装配、操作及维修说明中标明警告和提示信息，并且在危险部件、设备、设施上提供标准的限制性标志来保证人员和设备安全。对于灾难性和严重性事故严重类级别的事故风险不能仅仅采用警告、注意事项或其他的书面说明形式的降低风险措施。

(9)安全性关键任务需要精通专业的人员来完成，研制单位应该自己组织或参加有关专业资质的培训来保证任务的完成。

(10)尽量降低可能导致严重事故后果的系统危险。

(11)在系统设计说明中不应含有不充足或者过度的安全限制要求。

(12)在项目的设计或测试中使用新材料、新设计、新技术的风险必须达到可接受的水平。设计、结构布局或任务要求的变化必须对操作环境发生变化的系统进行分析，以辨识和减少变化或危险导致的事故风险，使系统保持事故风险的可接受水平。

同时，在设计过程中满足以下要求的安全关键性设计应被视为不可接受的条件。

(1)可能导致灾难性严重性种类事故的单个部件失效、功能失效、人失误或者设计缺陷。

(2)可能导致灾难性严重性级别事故的两个相互独立的部件失效、人失误或者安全关键命令或控制功能中一个部件失效和人失误同时发生。

(3)在人员和敏感子系统无保护措施的情况下，产生有害的辐射或能量。

(4)在包装或搬运程序中，可能导致事故且没有保护人员及敏感设备的控制措施。

(5)《研制合同总要求》和研制合同中具体要求的其他特殊要求的不可接受条件。

在设计过程中纠正不可接受条件后满足以下要求的应被视为可接受的条件，并且一旦采取措施并验证后，不再需要做进一步的分析。

(1)对于非安全关键命令或控制功能：系统设计需要 2 个或 2 个以上相互独立的人失误、部件失效，或者两个或两个以上的相互独立的部件失效和人失误同时发生。

(2)对于安全关键命令或控制功能：系统设计需要至少 3 个相互独立的人失误、部件失效，或者至少 3 个相互独立的部件失效和人失误同时发生。

(3)系统能有效地预防装配、安装、连接中可能导致事故的错误。

(4)系统能有效地防止损坏从一个部件向另一个部件扩散，或者防止可能造成事故的大量的能量传递。

(5)在系统设计中阻止事故发生的操作、接口或者顺序限制。

(6)采用有效的安全系数或规定的设计容差，能把结构故障的可能性或足以造成事故的能量释放限制在可接受的水平。

(7)控制可能造成事故的能量聚集(如采用保险、电气防爆装置或安全阀等)。

(8)系统可容许暂时出现部件故障(由于系统具有剩余强度或备用工作通道),而系统仍能连续工作,只是安全裕度降低到可接受的水平。

(9)系统能对危险状态有效地向操作人员发出警告,使操作人员有能力对危险状态作出反应。

(10)在系统设计中限制或控制危险材料的使用。

在飞机安全性管理的理论与实践过程中还可能遇到很多问题。但是可以相信,随着国内系统安全研究的深入和系统安全工程实践的不断开展,我国飞机系统的安全性水平必然会产生质的飞跃。

4.6　实施系统安全管理的要点

系统安全管理是实现系统安全的必要手段,系统安全管理的成功与否取决于以下几个方面。

(1)建立健全的系统安全组织机构。系统安全组织机构的健全与否决定了能否有效地实施系统安全管理。安全问题是产品或系统设计、生产过程中必须关注的问题。因此,需要赋予系统安全组织机构以适当的职权。

(2)强调系统安全设计的重要性。安全性是一种设计特性,必须在设计中充分地考虑全寿命周期的安全问题,这样才能获得安全的系统。产品或系统的安全性不应该在事故发生后或危险已经十分明显时才去研究、分析,也不应该在生产和使用中才考虑采取安全措施,这样不仅损失十分巨大,而且可能无法解决。所以,在产品或系统研制的早期阶段就进行系统安全分析,充分考虑安全问题,确定出系统中存在的危险,采取适当的矫正措施控制危险,是最有效、最经济的解决安全问题的方法。

(3)危险分析是系统安全大纲的核心。进行系统安全设计,首先要确定系统中存在的危险。只有这样,才能找出事故发生的原因并采取有效的矫正措施,这就要依赖于各类危险分析的方法和手段。危险分析是系统安全工程的重要工具,将危险分析得出的结论,即产品或系统中存在的安全问题及解决方法提供给设计师,就能获得符合安全要求的设计方案。此外,危险分析还可以作为验证设计更改后的系统安全效果的一种方法。

(4)系统安全大纲计划是实施大纲的关键。有效的系统安全大纲的实施,必须依靠良好的大纲计划予以保障。系统安全大纲计划是系统安全工作中最重要的文件,它决定了系统安全工作的广度和深度,周密的大纲计划能协调好系统安全与其他工程领域的关系,及时地获取有效的信息,经济有效地实现系统安全目标。

(5)信息是系统安全工作的基础。从系统安全要求的提出到实现这个目标的整个过程中,安全信息是必不可少的。只有拥有了相似系统的信息,才有可能准确地提出安全要求。没有信息,危险分析工作就无法进行。安全准则的确定同样也需要足够的信息,可以说,没有信息,系统安全工作就无法进行。所需的安全信息,可以从以往相似系统的历史资料和经验教训中获得,也要从系统的研制和生产中获得。因此,必须建立安全信息管理系统,收集、处理故障、事故、职业卫生、危险源、应急措施等方面的信息,并与其他专业工程有信息交换的渠道,否则,系统安全工作难以做到深入细化。

思 考 题

1. 系统安全管理与安全管理有何异同？

2. 试述系统安全管理与系统安全工程之间的相互关系。

3. 遵循系统安全优先次序的主要目的是什么？

4. 航空系统安全管理的要求和计划有哪些？

第5章　安全法规与安全管理制度

本章学习目标

1. 学习法和安全法规的概念、特点、作用等基本知识。
2. 了解我国现阶段安全生产的法律、法规及其体系。
3. 掌握我国安全管理体制和安全生产责任制的主要内容。
4. 掌握职业安全健康管理体系的内容和发展。

安全生产是一个系统工程，需要各种法规体系和管理体制的支持和保障，完善的安全生产法规、有效的安全生产管理体制是预防意外事故、保障安全生产的基本前提，是从不同的角度、不同的层次、不同的方面来推动“安全第一，预防为主，综合治理”安全生产方针的贯彻和执行，协调一致搞好安全生产的必要条件。建国六十多年来，我国制定并颁布了一系列的安全生产法律、法令、条例、规则、章程，不断地修订和完善安全生产法律法规体系、安全管理制度和安全管理体系，协调人与人之间、人与自然之间的关系，为劳动者提供了安全、健康的劳动条件和工作环境，为生产经营者提供了可行的、安全可靠的生产技术和条件，促进了国家现代化建设的顺利进行。本章将通过安全法规、安全管理制度和安全管理体系的内容和建设方面的学习，全面掌握我国的安全生产法规和安全管理体系。

5.1　安全法规

5.1.1　法

法是统治阶级整体意志和根本利益的集中表现，是通过一定的国家机关认可、制定的具有一定文字形式，以国家强制力保证实施的行为规则（或规范）的总和。法是建立在一定的经济基础之上、为一定的经济基础服务的，是促进社会生产力发展、维护社会秩序和社会关系的行为准则。法一般分为以下5类。

(1)国内法和国际法。国内法是由特定国家制定并适用于本国主权所及范围内的法律，法律关系主体一般是个人或组织。国际法是由参与国际关系的国家通过协议制定或公认的，适用于国家间的法律，法律关系主体是国家。

(2)根本法和普通法。根本法是指宪法，它在一个国家的法律中具有最高法律效力和地位，其内容包括国家的基本制度、公民的基本权利和义务、主要国家机关的组成和职权等根本问题。普通法是指宪法之外的其他法律，法律效力和地位低于宪法，其内容一般是某一方面或某些方面的社会关系。普通法必须符合宪法。

(3)一般法和特别法。一般法是对一般人、一般事在全国均有效的法律。特别法是对特定部分人、特定事、特定地域、特定时间有效的法律。

(4)实体法和程序法。实体法是指规定主要权利和义务的法律。程序法是指保证权利和义务得以实施的程序的法律。

(5)成文法和不成文法。成文法是指由国家机关制定和颁布,以成文形式出现的法律,又称制定法。不成文法是指由国家认可有法律效力的法律,又称习惯法。成文法的形式有规范性文件和准规范性文件两类。规范性文件通常称为“法规”,其要件包括:由依法有权制定规范性文件的国家机关制定,制定过程符合法定立法程序,具备法律规范的各项构成要素并表现为条文形式,其空间效力在一定范围内具有普遍性,其时间效力在一定时期内具有反复适用性。

法的作用包括规范作用和社会作用。

1.法的规范作用

法是一种社会规范,是调整人们行为的规范。法由法律概念、法律原则、法律技术性规定及法律规范等4个要素组成,其中法律规范是法的主体。每一个法律规范包括行为模式和法律后果两部分。行为模式是从大量实际行为中概括的道德行为的理论抽象、基本框架或标准,行为模式不同,法律规范的性质也不同,可分为3类:①可以这样行为——授权性规范;②应该这样行为——命令性规范;③不应该这样行为——禁止性规范。

法律后果包括肯定性法律后果和否定性法律后果两类:①法律承认这种行为合法、有效并加以保护甚至奖励的为肯定性法律后果;②法律不承认这种行为,加以撤销甚至制裁的为否定性法律后果。

2.法的社会作用

法的社会作用是指维护有利于一定阶级的社会关系和社会秩序,体现在维护统治阶级统治和执行社会公共事务。执行社会公共事务的法律主要有以下4种。

(1)维护人类社会基本生活条件的法律,如关于自然资源、医疗卫生、环境保护、交通通信及基本社会秩序的法律。

(2)关于生产力和科学技术组织的法律。

(3)关于技术规范的法律。

(4)关于一般文化事务的法律。

5.1.2 安全法规

1.安全法规的概念

安全法规是国家法律体系的重要组成部分。

安全法规是指调整在生产过程中产生的同劳动者或生产人员的安全和健康以及与生产资料和社会财富安全保障有关的各种社会关系的法律规范的总和。安全法规的主要作用是调整社会生产过程中和商品流通过程中人与人之间、人与自然之间的关系,维护社会主义劳动法律关系中的权利与义务、生产与安全的辩证关系,以保障职工在生产过程中的安全和健康。

安全法规有广义和狭义两种解释。广义的安全法规是指保护劳动者、生产者和保障生产资料及财产安全的全部法律、法令、条例、规则、章程等。这些法律规范都是为了保护国家、社会利益和劳动者、生产者的利益而制定的,例如,关于安全生产技术、安全工程、工业卫生工程、生产合同、工伤保险、职业技术培训、工会组织和民主管理等方面的法规。

狭义的安全法规是指国家为了改善劳动条件，保护劳动者在生产过程中的安全和健康，以及保障生产安全所采取各种措施的法律、法令、条例、规则、章程等。例如，劳动安全卫生规程，对女工和未成年工劳动保护的特别规定，关于工作时间、休息时间和休假制度的规定，关于劳动保护的组织和管理制度的规定等。

安全法规规定了人们在生产过程中的行为准则，如什么是合法的，可以去做；什么是非法的，禁止去做；在什么情况下必须怎样做，不应该怎样做等。安全法规中还要规定违反了法规应该承担的责任，惩罚条例中对失职人员的处罚，从行政处分到经济处罚，直至追究刑事责任等条款。因此，安全法规具有法的指引作用、评价作用、教育作用、预测作用和强制作用。

2.安全法规的特征

安全法规是国家法规体系的一部分，具有法的一般特性。

(1)安全法规保护的对象是人的生命和财产。安全法规以法律、法规文件来规范生产经营单位与政府之间、人员与生产经营单位之间、人员与人员之间、生产过程与自然界之间的关系，把国家保护人员的生命安全与健康、生产经营单位的生产利益与效益以及保障社会资源和财产的需要、方针、政策具体化、条文化。通过制定法律、法规，建立起一套完整的、具有普遍约束力的安全生产法律规范，以使企业的生产经营行为及过程有法可依、有章可循。

(2)安全法规具有强制性的特征。法制包括制定法律和制度以及对法律和制度的执行与遵守两个方面。两者密切联系，互为条件。法制健全与否的标志，不仅取决于是否具有完备的法律和制度，而且取决于法律和制度在现实生活和生产中是否真正地被遵守和执行。多年来的安全生产实践表明，切实维护人员安全与健康的合法权益，紧紧依靠思想政治教育和行政管理是不行的，还要制定保证安全生产的措施，强调人人都遵守规章，尊重自然规律、经济规律和生产规律，同时要尊重群众，保证人员得到符合安全与健康要求的权利。

(3)安全法规涉及自然科学领域和社会科学领域，既具有政策性特点，又具有科学技术性特点。安全法规中包括大量的技术规范，这类技术规范可以说是调整在生产经营活动中同安全生产有关的人和自然关系的一种规范。它是人们为了有效、安全地从事生产经营活动，依据自然规律、科学技术研究成果而制定的，规定在生产经营活动中人的行为和物的状态(包括环境因素)的一种规范。违反这些规范就有可能造成不堪设想的后果，不仅会危及劳动者的人身安全，而且会造成经济损失，甚至还会给周围生活环境、社会环境造成危害。因此，为了维护生产秩序和社会秩序，国家就有必要通过立法，把有关人员遵守的技术规范规定为必须履行的法律义务。

3.安全法规的起源和发展

人类的安全法规从无到有，从单一的只适用于特定范围(行业、地区、工人)的法规到综合的、全面的、适用范围更广泛的基本法，经历了漫长的发展过程，逐渐形成了比较完整的安全法规体系。

当人类从畜牧农耕业生产开始向使用机械工具和设备的工业生产转移时，就开始发生人为的生产事故。随着工业社会的不断发展，生产技术规模和速度不断扩大，这种人为工业生产事故发生的频率更高，造成的危害更为严重。在工业社会初期，安全技术比较落后，工业生产技术的发展和工人运动的推动，促使人们从立法的角度来控制日益严重的工业事故。

人类最早的安全生产立法可追溯到13世纪德国政府颁布的《矿业保护法》。

18世纪中叶，英国成为最大的资本主义殖民国家，国外市场不断扩大，工场手工业已不能满足日益增长的需求，于是，以纺织工业为先行，揭开了工业技术革命的帷幕。这场技术革命，促使大量蒸汽动力和机器的使用，工人集中劳动，形成了大工业生产规模。

19世纪前期，国家的法律只能保护雇员签订合同的自由，而不能保证雇员的劳动环境和待遇，工人的健康和生命根本没有保障。1802年，英国政府通过了一项限制纺织厂童工工作时间的《保护学徒的身心健康法》，这是英国也是世界上第一个安全生产法规，明确规定了学徒的劳动时间，工厂的室温、照明、通风换气等工业卫生标准。1833年，英国颁布了世界上第一个《工厂法》，对工人的劳动安全、卫生和福利做出了规定。

19世纪中叶，随着资本主义经济的继续发展和各国工人运动的普遍高涨，安全生产立法也逐步发展起来。1877年，美国马萨诸塞州颁布了美国第一个《工厂检查法》，同年，日本制定了《制造厂管理规程》，1897年，日本政府草拟了《职工法》，后改名为《工厂法》。

20世纪初至20世纪70年代，资本主义发展到了垄断阶段，这一时期的工业生产已经形成了现代工业，科学技术的发展使得生产面貌日新月异，但也带来了许多新的风险。为了适应生产的发展和需求，各国都在不断地制定和修改安全生产法规。

1919年，第一届国际劳工大会制定了有关工时、妇女、儿童劳动保护的一系列国际公约，标志着世界范围的安全生产立法的开始。英国分别于1937年、1948年、1959年和1961年，先后4次修改《工厂法》，日本于1923年修订《工厂法》。

第二次世界大战结束后，随着经济、生产的不断发展和高新技术的应用，一些国家越来越感到只制定单一的、零星的安全法规不能适应工业发展的需要，必须把安全生产作为一个极为重要的问题，制定综合全面的安全生产基本法。

1972年，日本劳动省在中央劳动基准审议会的建议下，提出了单独的《劳动安全卫生法》（草案），经国会通过后生效，并于1972年6月8日颁布实施。

英国在1970年有不少社会组织和机构，特别是工会对国内已有的有关安全健康的法规是否足以保障所有劳动者的安全健康提出疑问，于1974年10月1日、1975年1月1日和4月1日，分3批颁布了《劳动安全卫生法》的全部条款。这是当时最全面、最严谨的安全法规，称为法中有法，措施有力，规定详细，成为不少国家借鉴的“蓝本”。

1974年12月1日，联邦德国颁布了《职业安全法》；1978年，加拿大颁布了《职业健康与安全法》；1979年，芬兰颁布了《职业健康法》；1978年和1979年，玻利维亚和委内瑞拉先后颁布了《安全卫生法》。这一时期可以称之为安全健康立法时期。

20世界70年代以后是各项职业安全健康法的不断修订和修改的阶段。随着全球经济的发展、科学技术的进步和安全生产法规的不断完善，安全法规的制定一定会有新的发展。

我国最早的安全法规是1922年5月1日，在广州召开的第一次劳动大会提出的《劳动法大纲》，其主要内容是要求资本家合理地规定工资、工时及劳动保护等。新中国成立后，安全生产立法工作与国家的命运紧密结合在一起，经历了曲折的发展过程。改革开放以来，我国的经济进入了高速发展时期，安全立法工作发展迅速，取得了很大的进展，已形成了完整的安全生产法律、法规体系。纵观建国以来我国安全法规的发展历程，可分为如表5－1所示的几个阶段。

表 5-1　我国安全法规的发展历程

安全法规的发展时期	安全法规的发展进程	该时期安全法规发展的特点
初建阶段(1949—1957 年)	(1)建国后第一部《宪法》对改善劳动条件和建立工时休假制度作出明确规定 (2)1956 年国务院颁布“三大规程”，即《工厂安全卫生规程》《建筑安装工程安全技术规程》和《工人职员伤亡事故报告规程》 (3)发布《关于进一步加强安全技术教育的决定》《关于编制安全技术安全生产措施计划的通知》《工业企业设计暂行卫生标准》等法规和规章	废除旧社会的安全劳动法，建立新的、真正符合劳动人民利益的安全生产法规，保证劳动者的安全和健康
调整阶段(1958—1966 年)	(1)加强安全检查工作，建立专业性和季节性安全检查制度 (2)发布《工业企业设计卫生标准》《关于加强企业生产中安全工作的几项规定》《国营企业职工个人防护用品发放标准》等法规和规章	安全生产向经常化和制度化方向发展，机械防护、防尘防毒、防暑降温、女工保护等劳动保护工作卓有成效
动乱阶段(1966—1978 年)	(1)安全生产工作被认为是“活命哲学”受到批判，安全管理工作出现倒退 (2)出现了新中国成立以来的安全生产事故高峰期	生产秩序混乱，劳动纪律涣散，伤亡事故率急剧上升
恢复发展阶段(1978—1990 年)	(1)下发《中共中央关于认真做好劳动保护工作的通知》《国务院批准国家劳动总局、卫生部关于加强厂矿企业防尘防毒工作的报告》等 (2)1979 年，重申“三大规程”的贯彻和执行 (3)1979 年颁布《中华人民共和国刑法》，明确对交通、运输、工矿、林场和建筑等企事业单位因违反规章制度和强令工人违章作业造成的重大事故的量刑标准 (4)1982 年新修订的《中华人民共和国宪法》第 42 条规定“加强劳动保护，改善劳动条件” (5)1982—1987 年，先后颁布和发布《矿山安全条例》《矿山安全监察条例》《锅炉压力容器安全监察条例》《关于加强安全生产和劳动安全监察工作的报告》《关于加强防尘防毒工作的规定》和《职业病范围和职业病患者处理办法的规定》	初步建立职业安全生产法规体系、安全监察体系和检测检验体系，安全责任制逐步落实，职业安全健康的科研、教育工作得到长足发展

续表

安全法规的发展时期	安全法规的发展进程	该时期安全法规发展的特点
逐步完善阶段(1991年至今)	(1)1991年,国务院发布《企业职工伤亡事故报告和处理规程》 (2)1992年颁布并实施《中华人民共和国工会法》《中华人民共和国妇女权益保障法》和《中华人民共和国矿山安全法》 (3)1994年第八届全国人大通过《中华人民共和国劳动法》,标志着我国劳动保护法制建设进入一个新阶段 (4)2002年第九届全国人大通过《中华人民共和国安全生产法》 (5)2004年先后颁布并实施《关于进一步加强安全生产工作的决定》《安全生产许可证条例》《中华人民共和国煤炭法》《中华人民共和国乡镇企业法》《中华人民共和国消防法》《中华人民共和国职业病防治法》《中华人民共和国危险化学品安全管理条例》《中华人民共和国特种设备安全监察条例》《中华人民共和国工伤保险条例》和《国务院关于进一步加强安全生产工作的决定》等	安全生产法律和法规体系得到进一步发展和完善,安全生产工作向着“有法必依、执法必严、违法必究”方向发展

进入21世纪以来,我国安全生产立法的目标更加明确,不仅包含防止生产过程中的人员伤亡,而且包括避免生产过程中的危害(职业病)以及生产资料的安全保障和社会财产损失的控制等,安全法规的任务更加突出预防性和本质化安全的特点,立法的层次体系更为全面、完善和合理,为劳动者提供了安全、健康的劳动条件和工作环境,为生产经营者提供了可行、安全可靠的生产技术和条件,促进了国家现代化建设的进程。

5.1.3 我国安全生产的法律法规渊源体系

安全生产是一个系统工程,需要建立在各种制度体系的基础之上,而安全生产的法规体系尤为重要。根据我国立法体系的特点和有关法律的规定,我国的主要法律法规渊源体系由宪法、法律、行政法规、地方性法规、行政规章和已批准的国际劳工安全公约等若干层次构成。图5-1给出了法律法规渊源体系层次构成的示意图。

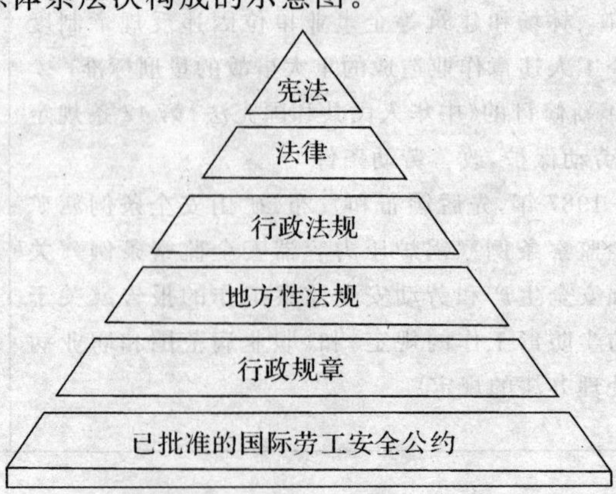

图5-1 我国安全法律法规渊源体系层次构成示意图

1. 宪法

宪法是国家的根本法，是国家的总章程，具有最高的法律地位和法律效力。宪法规定国家的根本制度、国家生活的基本准则，是制定普通法的依据。普通法的内容必须符合宪法的规定，与宪法相抵触的法律是无效的。但是宪法只规定立法原则，并不直接规定具体的行为规范，所以它不能代替普通法律。《宪法》第 42 条关于"加强劳动保护，改善劳动条件"的规定，是我国有关安全生产方面最高法律效力的规定。

2. 法律

法律是依据宪法的原则和规定制定的，其地位低于宪法，但高于其他的法律渊源。按照法律制定的机关及调整的对象和范围不同，法律可分为基本法律和一般法律。其中，基本法律是由全国人民代表大会制定和修改的，规定或调整国家和社会生活中，在某一方面具有根本性和全面性关系的法律，包括关于刑事、民事、国家机构的和其他的基本法律。一般法律是由全国人民代表大会常务委员会制定或修改的，规定和调整除由基本法律调整以外的，涉及国家和社会生活某一方面的关系的法律。

在安全生产方面的法律主要有《中华人民共和国安全生产法》(2002 年 6 月 29 日)、《中华人民共和国矿山安全法》(1992 年 11 月 7 日)、《中华人民共和国职业病防治法》(2001 年 10 月 27 日)、《中华人民共和国劳动法》(1994 年 7 月 5 日)、《中华人民共和国工会法》(2001 年 10 月 27 日)、《中华人民共和国道路交通安全法》(2003 年 10 月 28 日)、《中华人民共和国消防法》(1998 年 4 月 29 日)、《中华人民共和国海上交通安全法》(1983 年 9 月 2 日)、《中华人民共和国矿产资源法》(1996 年 8 月 29 日)、《中华人民共和国煤炭法》(1996 年 8 月 29 日)、《中华人民共和国电力法》(1995 年 12 月 28 日)、《中华人民共和国建筑法》(1997 年 11 月 1 日)、《中华人民共和国民用航空法》(1995 年 10 月 30 日)、《中华人民共和国铁路法》(1990 年 9 月 7 日)、《中华人民共和国防洪法》(1997 年 8 月 29 日)、《中华人民共和国国家赔偿法》(1994 年 5 月 12 日)、《中华人民共和国行政处罚法》(1996 年 3 月 17 日)、《中华人民共和国行政监察法》(1997 年 5 月 9 日)、《中华人民共和国行政复议法》(1999 年 4 月 29 日)、《中华人民共和国行政许可法》(2003 年 8 月 27 日)、《中华人民共和国刑法》(节录)(1997 年 3 月 14 日)等。

3. 行政法规

行政法规是国家行政机关指定的规范性文件的总称，其法律地位和法律效力次于宪法和法律。行政法规有广狭二义。其中，广义的行政法规泛指包括国家权力机关根据宪法制定的关于国家行政管理的各种法律、法令，也包括国家行政机关根据宪法、法律、法令，在其职权范围内制定的关于国家行政管理的各种法规；狭义的行政法规专指最高国家行政机关即国务院制定的规范性文件。行政法规的名称通常为条例、规定、办法和决定等，例如，《煤矿安全监察条例》(2000 年 11 月 7 日)、《国务院关于特大安全事故行政责任追究的规定》(2001 年 4 月 21 日)、《石油天然气管道保护条例》(2001 年 8 月 2 日)、《行政执法机关移送涉嫌犯罪案件的规定》(2001 年 7 月 9 日)、《危险化学品安全管理条例》(2002 年 1 月 26 日)、《使用有毒物品作业场所劳动保护条例》(2002 年 5 月 12 日)、《中华人民共和国内河交通安全管理条例》(2002 年 6 月 28 日)、《特种设备安全监察条例》(2003 年 3 月 11 日)、《工伤保险条例》(2003 年 4 月 27 日)、《建设工程安全生产管理条例》(2003 年 11 月 24 日)、《安全生产许可证条例》(2004 年 1 月 13 日)、《中华人民共和国矿山安全法实施条例》(1996 年 10 月 30 日)、《煤炭生产许可证管理办法》(1994 年 12 月 20 日)、《乡镇煤矿管理条例》(1994 年 12 月 20 日)、《企业职工伤亡事故报告和处理规定》(1991 年 2 月 22 日)、《特别重大事故调查程序暂行规定》(1989 年 3 月 29 日)、《中华人民共和国道路交通安全法实施条例》(2004 年 4 月 30 日)、《铁路运输安全保护条例》(2004 年 12 月 27 日)、《禁止使用童工规定》(2002 年 10 月 1 日)、《娱乐场所管理条例》(1999 年 3 月 26 日)、《中华人民共和国民用爆炸物品管理条例》(1984 年 1 月 6 日)、《水库大坝安全管理条例》(1991 年 3 月 22 日)、《罚款决定与罚款收缴分离实施办法》(1997 年 11 月 19 日)、《国家赔偿费用管理办法》(1995 年 1 月 25 日)、《国务院关于进一步加强安全生产工作的决定》(2004 年 1 月 9 日)等。

4. 地方性法规

地方性法规是指地方国家权力机关依照法定职权和程序制定和颁布的、施行于本行政区域的规范性文件。地方性法规是对国家安全生产法律、法规的补充和完善，以解决本地区某一特定的安全生产问题为目标，具有较强的针对性和可操作性。例如目前我国有 27 个省、自治区和直辖市人大制定了《劳动保护条例》或《劳动安全卫生条例》，有 26 个省、自治区和直辖市人大制定了实施《矿山安全法》的办法。

5. 行政规章

行政规章是指国家行政机关依照行政职权所制定、发布的针对某一类事件、行为或者某一类人员的行政管理的规范性文件。行政规章分为部门规章和地方政府规章两种。其中，部门规章是指国务院的部、委员会和直属机构依照法律、行政法规或者国务院的授权指定的在全国范围内实施行政管理的规范性文件。地方政府规章是指有地方性法规制定权的地方的人民政府依照法律行政法规、地方性法规或者本级人民代表大会或其常务委员会授权指定的在本行政区实施行政管理的规范性文件。

行政规章内容涉及煤炭工业、交通运输业、化学工业、石油工业、机械工业、电子工业、冶金工业、电力工业、建筑业、建材工业、航空航天业、船舶工业、轻纺工业、地质勘探业、农村和乡镇工业、技术装备与统计工作、安全评价与竣工验收、劳动保护用品、培训教材、事故调查与处理、职业危害、特种设备、防火防爆等众多部门，例如，《安全生产违法行为行政处罚办法》(2003 年 5 月 19 日)、《安全生产行政复议暂行办法》(2003 年 2 月 18 日)、《安全生产监督罚款管理暂行办法》(2004 年 11 月 3 日)、《煤矿安全生产基本条件规定》(2003 年 7 月 4 日)、《煤矿建设项目安全设施监察规定》(2003 年 7 月 4 日)、《煤矿矿用安全产品检验管理办法》(2002 年 10 月 8 日)、《煤矿矿用产品安全标志管理暂行办法》(2001 年 11 月 26 日)、《国有煤矿瓦斯治理安全监察规定》(2005 年 1 月 6 日)、《国有煤矿瓦斯治理规定》(2005 年 1 月 6 日)、《煤矿安全监察行政处罚办法》(2003 年 7 月 2 日)、《煤矿安全监察行政复议规定》(2003 年 6 月 20 日)、《煤矿安全监察罚款管理办法》(2003 年 7 月 14 日)、《煤矿安全监察员管理办法》(2003 年 6 月 13 日)、《安全生产培训管理办法》(2004 年 12 月 28 日)、《煤矿安全监察员培训考核办法》(2002 年 4 月 26 日)、《注册安全工程师注册管理办法》(2004 年 5 月 21 日)、《安全评价机构管理规定》(2004 年 10 月 26 日)、《安全生产行业标准管理规定》(2004 年 11 月 1 日)、《煤炭生产安全费用提取和使用管理办法》(2004 年 5 月 21 日)、《非煤矿矿山建设项目安全设施设计审查与竣工验收办法》(2004 年 12 月 28 日)、《小型露天采石场安全生产暂行规定》(2004 年 12 月 28 日)、《危险化学品登记管理办法》(2002 年 10 月 8 日)、《危险化学品经营许可证管理办法》(2002 年 10 月 8 日)、《危险化学品包装物、容器定点生产管理办法》(2002 年 10 月

8 日）、《危险化学品生产储存建设项目安全审查办法》(2003 年 12 月 14 日）、《煤矿企业安全生产许可证实施办法》(2004 年 5 月 17 日）、《非煤矿矿山企业安全生产许可证实施办法》(2004 年 5 月 17 日）、《危险化学品生产企业安全生产许可证实施办法》(2004 年 5 月 17 日）、《烟花爆竹生产企业安全生产许可证实施办法》(2004 年 5 月 17 日）、《建设施工企业安全生产许可证管理规定》(2004 年 7 月 5 日）、《民用爆破器材安全生产许可证实施办法》(2004 年 8 月 25 日）、《煤矿安全评价导则》(2003 年 11 月 19 日）、《非煤矿山安全评价导则》(2003 年 6 月 24 日）、《锅炉压力容器使用登记管理办法》(2003 年 7 月 14 日）、《特种设备注册登记与使用管理规则》(2001 年 4 月 9 日）、《特种作业人员安全技术培训考核管理办法》(1999 年 7 月 12 日）、《气瓶安全监察规定》(2003 年 4 月 24 日）、《游乐园管理规定》(2001 年 2 月 23 日）、《公共娱乐场所消防安全管理规定》(1999 年 5 月 25 日）、《机关、团体、企业、事业单位消防安全管理规定》(2001 年 11 月 14 日）、《消防监督检查规定》(2004 年 6 月 9 日）、《安全验收评价导则》(2003 年 5 月 23 日）、《安全评价机构管理规定》(2004 年 10 月 20 日）、《安全生产培训管理办法》(2004 年 12 月 28 日)等。

6. 已批准的国际劳工安全公约

国际公约是两个或者两个以上国家之间规定相互之间权利和义务的各种协定。它是我国法的一种形式，对所有国家机关、社会组织和公民都具有法律效力。自 1919 年创立国际劳工组织以来，通过了 185 个国际公约和为数较多的建议书，这些公约和建议书统称为国际劳动标准。其中 70％的公约和建议书涉及职业安全卫生问题。我国政府为国际性安全生产工作而签订了国际性公约，当我国安全生产法律与国际公约的规定不同时，应优先采用国际公约的规定(除我国保留条件的条款外)。目前，我国政府批准的公约有 23 个，其中 4 个是与职业安全卫生相关的，例如《职业安全健康管理体系导则》《预防重大工业事故公约》《作业场所安全使用化学品公约》和《建筑业安全卫生公约》等。

5.1.4　我国与安全生产相关的重要法规简介

1.《中华人民共和国宪法》中与安全生产相关条款

1982 年公布施行的《中华人民共和国宪法》(以下简称《宪法》)与安全生产相关的条款主要包括以下几条。

(1)《宪法》总纲第 1 条指出：“中华人民共和国是工人阶级领导的，以工农联盟为基础的人民民主专政的社会主义国家。”这一规定决定了我国的社会主义制度是保护以工人、农民为主体的劳动者的。

(2)《宪法》第 42 条规定：“中华人民共和国公民有劳动的权利和义务。”

首先，国家通过各种途径，创造劳动就业条件，加强劳动保护，改善劳动条件，并在发展生产的基础上，提高劳动报酬和福利待遇。

第二，劳动是一切有劳动能力的公民的光荣职责。国营企业和城乡集体经济组织的劳动者都应当以国家主人翁的态度对待自己的劳动。国家提倡社会主义劳动竞赛，奖励劳动模范和先进工作者。国家提倡公民从事义务劳动。

第三，国家对就业的公民进行必要的劳动就业训练。

(3)《宪法》第 43 条规定：“中华人民共和国劳动者有休息的权利。国家发展劳动者休息和休养的设施，规定职工的工作时间和休假制度。”

(4)《宪法》第 48 条规定:"……国家保护妇女的权利和利益……"

宪法的这些条款是我国安全生产工作的原则性规定。

2.《中华人民共和国刑法》中与安全生产相关条款

1997 年 3 月 14 日修订的《中华人民共和国刑法》(以下简称《刑法》)对安全生产作出如下规定。

(1)在危害公共安全方面,《刑法》第 131～146 条列出了危害公共安全罪的处罚条款,其中包括航空人员违反规章制度、铁路职工违反规章制度;违反交通运输管理法规;交通运输肇事后逃逸或者有其他特别恶劣的行为;工厂、矿山、林场、建筑企业或者其他企业、事业单位的职工,不服管理违反规章制度或者强令工人违章冒险作业;工厂、矿山、林场、建筑企业或者其他企业、事业单位的劳动安全卫生设施不符合国家规定;违反爆炸性、易燃性、放射性、毒害性、腐蚀性物品的管理规定;建设单位、设计单位、施工单位、工程监理单位违反国家规定;明知校舍或者教育教学设施有危险,而不采取措施或者不及时报告;违反消防管理法规,经消防监督机构通知采取改正措施而拒绝执行;生产不符合保障人身、财产安全的国家标准、行业标准的电器、压力容器、易燃易爆产品或者其他不符合保障人身、财产安全的国家标准、行业标准的产品,或者销售明知是以上不符合保障人身、财产安全的国家标准、行业标准的产品的处罚规定。

(2)在渎职罪方面,《刑法》第 397 条规定,国家机关工作人员滥用职权或者玩忽职守,致使公共财产、国家和人民利益遭受重大损失的,处 3 年以下有期徒刑;情节特别严重的,处 3 年以上 7 年以下有期徒刑。国家机关工作人员徇私舞弊,犯前款罪的,处 5 年以下有期徒刑或者拘役;情节特别严重的处 5 年以上 10 年以下有期徒刑。

(3) 2006 年 6 月 29 日,第十届全国人大常委会第二十二次会议通过了《刑法修正案(六)》,对有关内容进行了修改。

将《刑法》第 134 条修改为:在生产、作业中违反有关安全管理的规定,因而发生重大伤亡事故或者造成其他严重后果的,处 3 年以下有期徒刑或者拘役;情节特别恶劣的,处 3 年以上 7 年以下有期徒刑。强令他人违章冒险作业,因而发生重大伤亡事故或者造成其他严重后果的,处 5 年以下有期徒刑或者拘役;情节特别恶劣的,处 5 年以上有期徒刑。

将《刑法》第 135 条修改为:安全生产设施或者安全生产条件不符合国家规定,因而发生重大伤亡事故或者造成其他严重后果的,对直接负责的主管人员和其他直接负责人员,处 3 年以下有期徒刑或者拘役;情节特别恶劣的,处 3 年以上 7 年以下有期徒刑。

《刑法修正案(六)》增加了对大型群众性活动的安全责任方面的规定。在《刑法》第 135 条后增加一条,作为第 135 条之一:举办大型群众性活动违反安全管理规定,因而发生重大伤亡事故或者造成其他严重后果的,对直接负责的主管人员和其他直接负责人员,处 3 年以下有期徒刑或者拘役;情节特别恶劣的,处 3 年以上 7 年以下有期徒刑。在《刑法》第 139 条后增加一条,作为第 139 条之一:在安全事故发生后,负有报告职责的人员不报或者谎报事故情况,贻误事故抢救,情节严重的,处 3 年以下有期徒刑或者拘役;情节特别严重的,处 3 年以上 7 年以下有期徒刑。

3.《中华人民共和国安全生产法》

2002 年 6 月 29 日,第九届全国人民代表大会常务委员会第二十八次会议通过《中华人民共和国安全生产法》,同日以中华人民共和国第 70 号主席令公布,自 2002 年 11 月 1 日起实施。《中华人民共和国安全生产法》是我国关于安全生产的专门法律,也是有关安全生产的基本法律，或者综合性法律。其内容特点体现在 16 个字，即重在治理、突出核心、强化监督、责任追究。该法适用于指定它的机关所管辖的全部区域，但不适用于我国已恢复行使主权的香港特别行政区和澳门特别行政区。香港和澳门的安全生产立法，应由这两个特别行政区的立法机关自行制定。

《中华人民共和国安全生产法》共 7 章 97 条，其基本框架如下：

(1)第一章总则，共 15 条，主要说明安全生产法制定的目的、适用范围、矿山企业必备条件，规定了生产经营单位、政府部门、中介机构相应的法律责任，重申了安全生产“安全第一，预防为主”的方针。

(2)第二章生产经营单位的安全生产保障，共 28 条，主要规定生产经营单位的安全设施和设计必须符合矿山安全规程和行业技术规范，规定每个生产经营单位的主要负责人和安全生产管理人员必须承担的职责，从业人员、特种作业人员的培训选拔办法，生产经营单位的安全管理措施，还规定了对矿山工程设计、施工的审批和竣工的验收制度。

(3)第三章从业人员的权利和义务，共 9 条，规定了生产经营单位与从业人员之间的劳动合同中的安全保障，工会在安全生产中的权利，从业人员在安全生产中的责任等。

(4)第四章安全生产的监督管理，共 15 条，主要对矿山安全生产的监督管理作出了各项规定，如安全生产的监督管理部门和人员的职责，安全机构的资质条件，居民委员会、村民委员会对安全生产违法行为的报告责任，县级以上人民政府及其有关部门对报告重大事故隐患或者举报安全生产违法行为的有功人员的奖励措施，新闻、出版、广播、电影、电视等单位的安全生产宣传教育的义务，以及对违反安全生产法律、法规的行为进行舆论监督的权利等。

(5)第五章生产安全事故的应急救援与调查处理，共 9 条，规定了县级以上人民政府对建立生产安全事故的应急救援体系的责任，危险物品的生产经营及救援措施，县级以上人民政府及其有关部门对事故调查处理的责任等。

(6)第六章法律责任，共 19 条，对本法的各种行政处罚、行政处分和刑事处理作出了详细的规定，如罚款、责令改正、责令停产、吊销有关证照直至追究刑事责任，对县级以上人民政府及其相关部门和生产经营单位的安全法律责任作出了明确的规定。

(7)第七章附则，共 2 条，对危险物品、重大危险源的定义作出规定，规定本法自 2002 年 11 月 1 日起实施。

4.《中华人民共和国突发事件应对法》

《中华人民共和国突发事件应对法》(以下简称《突发事件应对法》)于 2007 年 8 月 30 日由中华人民共和国第十届全国人民代表大会常务委员会第二十九次会议通过，2007 年 11 月 1 日起施行。这部法律的立法目的是为了预防和减少突发事件的发生，控制、减轻和消除突发事件引起的严重社会危害，规范突发事件应对活动，保护人民生命财产安全，维护国家安全、公共安全、环境安全和社会秩序。

《突发事件应对法》分总则、预防与应急准备、监测与预警、应急处置与救援、事后恢复与重建、法律责任和附则共 7 章。

5.《中华人民共和国劳动法》

《中华人民共和国劳动法》(以下简称《劳动法》)于 1994 年 7 月 5 日由第八届全国人民代表大会第八次会议审议通过，1995 年 5 月 1 日起施行。《劳动法》是调整劳动关系以及与劳动关系密切联系的其他关系的法律规范。

(1)在劳动安全卫生制度方面,《劳动法》第 52 条规定:用人单位必须建立、健全劳动安全卫生制度,严格执行国家劳动安全卫生规程的标准,对劳动者进行劳动安全卫生教育,防止劳动过程中的事故,减少职业危害。

(2)在劳动安全卫生设施方面,《劳动法》第 53 条规定:劳动安全卫生设施必须符合国家规定的标准。新建、改建、扩建工程的劳动安全卫生设施必须与主体工程同时设计、同时施工、同时投入生产和使用。

(3)在劳动安全卫生条件及劳动防护用品方面,《劳动法》第 54 条规定:用人单位必须为劳动者提供符合国家规定的劳动安全卫生条件和必要的劳动防护用品,对从事有职业危害作业的劳动者应当定期进行健康检查。

(4)在伤亡事故和职业病统计报告和处理制度方面,《劳动法》第 57 条规定:国家建立伤亡事故和职业病统计报告和处理制度;县级以上各级人民政府和劳动行政部门、有关部门和用人单位应当依法对劳动者在劳动过程中发生的伤亡事故和劳动者的职业病状况,进行统计、报告和处理。

(5)在劳动者的职业培训方面,《劳动法》第 55 条规定:从事特种作业的劳动者必须经过专业培训并取得特种作业资格。

(6)在劳动安全卫生的权利和义务方面,《劳动法》第 56 条规定:劳动者在劳动过程中必须严格遵守安全操作规程。劳动者对用人单位管理人员违章指挥、强令冒险作业,有权拒绝执行;对危害生命安全和身体健康的行为,有权提出批评、检举和控告。

6.《中华人民共和国消防法》

《中华人民共和国消防法》(以下简称《消防法》)于 1998 年 4 月 29 日第九届全国人民代表大会常务委员会第二次会议审议通过,1998 年 9 月 1 日起施行。《消防法》对涉及火灾的法律规法作出了严格规定,包括总则、火灾预防、消防组织、灭火救援、法律责任和附则共 6 章 54 条。

(1)在消防安全的义务方面,《消防法》第一章第 5 条规定:任何单位、个人都有维护消防安全、保护消防设施的义务;任何单位、成年公民都有参加有组织的灭火工作的义务。

(2)在火灾预防方面,《消防法》第 9 条规定:生产、储存和装卸易燃易爆危险物品的工厂、仓库和专用车站、码头,必须设置在城市的边缘或者相对独立的安全地带。易燃易爆气体和液体的充装站、供应站、调压站,应当设置在合理的位置,并符合防火防爆要求。

原有的生产、储存和装卸易燃易爆危险物品的工厂、仓库和专用车站、码头,易燃易爆气体和液体的充装站、供应站、调压站,不符合前款规定的,有关单位应当采取措施,限期加以解决。

《消防法》第 17 条规定:生产、储存、运输、销售或者使用、销毁易燃易爆危险物品的单位、个人,必须执行国家有关消防安全的规定。

生产易燃易爆危险物品的单位,对产品应当附有燃点、闪点、爆炸极限等数据的说明书,并且注明防火防爆注意事项。对独立包装的易燃易爆危险物品应当贴附危险品标签。

进入生产、储存易燃易爆危险物品的场所,必须执行国家有关消防安全的规定。禁止携带火种进入生产、储存易燃易爆危险物品的场所。禁止非法携带易燃易爆危险物品进入公共场所或者乘坐公共交通工具。

储存可燃物资仓库的管理,必须执行国家有关消防安全的规定。

《消防法》第 18 条规定:禁止具有火灾、爆炸危险的场所使用明火;因特殊情况需要使用明火作业的，应当按照规定事先办理审批手续。作业人员应当遵守消防安全规定，并采取相应的消防安全措施。

《消防法》第 21 条规定：任何单位、个人不得损坏或者擅自挪用、拆除、停用消防设施、器材，不得埋压、圈占消火栓，不得占用防火间距，不得堵塞消防通道。

(3)在灭火救援方面，《消防法》第 32 条规定：任何人发现火灾时，都应当立即报警。任何人都应当无偿为报警提供便利，不得阻拦报警，严禁谎报。

发生火灾的单位必须立即组织力量扑救火灾。邻近单位应当给予支援。消防队接到火警后，必须立即赶赴火场，救助遇险人员，排除险情，扑灭火灾。

(4)在法律责任方面，《消防法》第 42 条规定：违反本法的规定，擅自降低消防技术标准施工、使用防火性能不符合国家标准或行业标准的建筑构件和建筑材料或者不合格的装修、装饰材料施工的，责令限期改正；逾期不改正的，责令停止施工，可以并处罚款。

单位有前款行为的，依照前款的规定处罚，并对其直接负责的主管人员和其他直接责任人员处警告或者罚款。

《消防法》第 43 条规定：机关、团体、企业、事业单位违反本法的规定，未履行消防安全职责的，责令限期改正；逾期不改正的，对其直接负责的主管人员和其他直接负责人员依法给予行政处分或者处警告。

营业性场所有下列行为之一的，责令限期改正；逾期不改正的，责令停产停业，可以并处罚款，并对其直接负责的主管人员和其他直接负责人员处罚款：

1)对火灾隐患不及时消除的。

2)不按照国家有关规定，配置消防设施和器材的。

3)不能保障疏散通道、安全出口畅通的。

在设有车间或者仓库的建筑物内设置员工集体宿舍的，依照本条第 2 款的规定处罚。

《消防法》第 50 条规定：火灾扑灭后，为隐瞒、掩饰起火原因或推卸责任，故意破坏现场或者伪造现场，尚不构成犯罪的，处警告、罚款或者 15 日以下拘留。

单位有前款行为的，处警告或者罚款，并对其直接负责的主管人员和其他直接责任人依照前款的规定处罚。

7.《中华人民共和国职业病防治法》

2001 年 10 月 27 日第九届全国人民代表大会常务委员会第二十四次会议审议通过《中华人民共和国职业病防治法》(以下简称《职业病防治法》)，自 2002 年 5 月 1 日起施行。《职业病防治法》共分总则、前期预防、劳动过程中的防护与管理、职业病诊断与职业病病人保障、监督检查、法律责任和附则等 7 章 79 条，分别从法律适用范围、职业病的预防与防治、监督、处罚等级各方面做了详细的阐述。这部法律的立法目的是为了预防、控制和消除职业病危害，防治职业病，保护劳动者健康及其相关权益，促进经济发展。

在劳动过程中的防护与管理部分，其主要条款如下：

《职业病防治法》第 19 条规定：用人单位应当采取下列职业病防治管理措施。

(1)设置或者指定职业卫生管理机构或者组织，配备专职或者兼职的职业卫生专业人员，负责本单位的职业病防治工作。

(2)制订职业病防治计划和实施方案。

(3)建立、健全职业卫生管理制度和操作规程。

(4)建立、健全职业卫生档案和劳动者健康监护档案。

(5)建立、健全工作场所职业病危害因素监测及评价制度。

(6)建立、健全职业病危害事故应急救援预案。

《职业病防治法》第20条规定:用人单位必须采用有效的职业病防护设施,并为劳动者提供个人使用的职业病防护用品。用人单位为劳动者个人提供的职业病防护用品必须符合防治职业病的要求;不符合要求的,不得使用。

《职业病防治法》第21条规定:用人单位应当优先采用有利于防治职业病和保护劳动者健康的新技术、新工艺、新材料,逐步替代职业病危害严重的技术、工艺和材料。

《职业病防治法》第22条规定:产生职业病危害的用人单位,应当在醒目位置设置公告栏,公布有关职业病防治的规章制度、操作规程、职业病危害事故应急救援措施和工作场所职业病危害因素检测结果。对产生严重职业病危害的作业岗位,应当在其醒目位置,设置警示标示和中文警示说明。警示说明应当阐明产生职业病危害的种类、后果、预防以及应急救治措施等内容。

《职业病防治法》第23条规定:对可能发生急性职业损伤的有毒、有害工作场所,用人单位应当设置报警装置,配置现场急救用品、冲洗设备、应急撤离通道和必要的泄险区。

对放射工作场所和放射性同位素的运输、贮存,用人单位必须配置防护设备和报警装置,保证接触放射线的工作人员佩戴个人剂量计。

对职业病防护设备、应急救援设施和个人使用的职业病防护用品,用人单位应当进行经常性的维护、检修,定期检测其性能和效果,确保其处于正常状态,不得擅自拆除或者停止使用。

8.《中华人民共和国道路交通安全法》

《中华人民共和国道路交通安全法》(以下简称《交通安全法》)于2003年10月28日由中华人民共和国第十届全国人民代表大会常务委员会第五次会议通过,自2004年5月1日起施行。2007年12月29日,全国人民代表大会常务委员会《关于修改〈中华人民共和国道路交通安全法〉的决定》由中华人民共和国第十届全国人民代表大会常务委员会第三十一次会议通过,自2008年5月1日起施行。这部法律的立法目的是为了维护道路交通秩序,预防和减少交通事故,保护人身安全,保护公民、法人和其他组织的财产安全及其他合法权益,提供通行效率。

《交通安全法》分为总则、车辆和驾驶人、道路通行条件、道路通行规定、交通事故处理、执法监督、法律责任和附则共9章。

9.《中华人民共和国工会法》

1992年4月3日第七届全国人民代表大会第五次会议审议通过了《中华人民共和国工会法》。该法对工会组织在劳动安全卫生方面的群众监督作出了明确规定,包括工会的权利和义务及工会的各级组织的作用,如工会有权参加伤亡事故和其他严重危害职工健康问题的调查,向有关部门提出处理意见,并有权要求追究直接负责的行政领导人和有关责任人员的责任等。

全国总工会在总结群众劳动安全卫生工作经验的基础上,根据宪法和国家法规的有关规定,还颁发了《工会劳动保护监督检查员工作条例》《基层工会劳动保护监督检查委员会工作条例》和《工会小组劳动保护检查员工作条例》等。

10.《中华人民共和国标准化法》

《中华人民共和国标准化法》(以下简称《标准化法》)于1988年12月29日由第七届全国

人民代表大会常务委员会第五次会议审议通过，1989 年 4 月 1 日起施行。《标准化法》对石化行业包括成品油经营管理的安全生产中应执行的行业标准作出了严格规定，涉及条款有以下 3 条。

(1)《标准化法》第 2 条规定：对下列需要统一的技术要求，应当制定标准。

1)工业产品的品种、规格、质量、等级或者安全、卫生要求。

2)工业产品的设计、生产、检验、包装、储存、运输、使用的方法或者生产、储存、运输过程中的安全、卫生要求。

3)有关环境保护的各项技术要求和检验方法。

4)建设工程的设计、施工方法和安全要求。

5)有关工业生产、工程建设和环境保护的技术术语、符号、代号和制图方法。

重要农产品和其他制定标准的项目，由国务院规定。

(2)《标准化法》第 6 条规定：对需要在全国范围内统一的技术要求，应当制定国家标准。国家标准由国务院标准化行政主管部门制定。对没有国家标准而又需要在全国某个行业范围内统一的技术要求，可以制定行业标准。行业标准由国务院有关行政主管部门制定，并报国务院标准化行政主管部门备案，在公布国家标准之后，该项行业标准即行废止。对没有国家标准和行业标准而又需要在省、自治区、直辖市范围内统一的工业产品的安全、卫生要求，可以制定地方标准。地方标准由省、自治区、直辖市标准化行政主管部门制定，并报国务院标准化行政主管部门和国务院有关行政主管部门备案，在公布国家标准或者行业标准之后，该项地方标准即行废止。

企业生产的产品没有国家标准和行业标准的，应当制定企业标准，作为组织生产的依据。企业的产品标准须报当地政府标准化行政主管部门和有关行政主管部门备案。已有的国家标准或者行业标准，国家鼓励企业制定严于国家标准或者行业标准的企业标准，在企业内部适用。

法律对标准的制定另有规定的，依照法律的规定执行。

(3)《标准化法》第 7 条规定：国家标准、行业标准分为强制性标准和推荐性标准。保障人体健康，人身、财产安全的标准和法律、行政法规规定强制执行的标准是强制性标准，其他标准是推荐性标准。

省、自治区、直辖市标准化行政主管部门制定的工业产品的安全卫生要求的地方标准，在本行政区域内是强制性标准。

11.《中华人民共和国产品质量法》

《中华人民共和国产品质量法》(以下简称《质量法》)于 1993 年 2 月 22 日第七届全国人民代表大会常务委员会第三十次会议审议通过，根据 2000 年 7 月 8 日第九届全国人民代表大会常务委员会第十六次会议《关于修改〈中华人民共和国产品质量法〉的决定》修正。《质量法》对石化行业包括成品油经营管理中涉及产品质量执行的安全标准作出了规定，涉及条款共 4 条，具体规定如下：

(1)《质量法》第 13 条规定：可能危及人体健康和人身、财产安全的工业产品，必须符合保障人体健康和人身、财产安全的国家标准、行业标准；未制定国家标准和行业标准的，必须符合保障人体健康和人身、财产安全的要求。

禁止生产、销售不符合保障人体健康和人身、财产安全的标准和要求的工业产品。具体管理办法由国务院规定。

(2)《质量法》第 22 条规定:消费者有权就产品质量问题,向产品的生产者、销售者查询;向产品质量监督部门、工商行政管理部门及有关部门申诉,接受申诉的部门应当负责处理。

(3)《质量法》第 49 条规定:生产、销售不符合保障人体健康和人身、财产安全的国家标准、行业标准的产品的,责令停止生产、销售,没收违法生产、销售的产品,并处违法生产、销售产品(包括已售出和未售出的产品,下同)货值金额等值以上 3 倍以下的罚款;有违法所得的,并处没收违法所得;情节严重的,吊销营业执照;构成犯罪的,依法追究刑事责任。

(4)《质量法》第 51 条规定:生产国家明令淘汰的产品的,销售国家明令淘汰并停止销售的产品的,责令停止生产、销售,没收违法生产、销售的产品,并处违法生产、销售产品货值金额等值以下的罚款;有违法所得的,并处没收违法所得;情节严重的,吊销营业执照。

12.《中华人民共和国矿山安全法》

《中华人民共和国矿山安全法》(以下简称《矿山安全法》)于 1992 年第七届全国人民代表大会常务委员会第二十八次会议通过,1993 年 5 月 1 日起施行,相关的《矿山安全法实施条例》于 1996 年 10 月 30 日由原劳动部发布施行。

《矿山安全法》分为总则、矿山建设的安全保障、矿山开采的安全保障、矿山企业的安全管理、矿山安全的监督和管理、矿山事故处理、法律责任和附则,共 8 章 50 条。《矿山安全法》是保障矿山生产安全、防止矿山事故、保护矿山职工人身安全、促进采矿业的发展的重要专业安全生产法律,也是我国在矿业生产领域最高层次的安全生产专业法律。

13.《安全生产许可证条例》

《安全生产许可证条例》(以下简称《许可证条例》)于 2004 年 1 月 7 日国务院第三十四次常务会议通过,2004 年 1 月 13 日中华人民共和国国务院令第 397 号公布,自公布之日起实施。其主要内容包括立法目的及适用范围、企业取得安全生产许可证应当具备的安全生产条件、安全生产许可证的监督管理、对监督机关的管理和法律责任等部分。

《许可证条例》的立法目的是为了严格规范安全生产条件,进一步加强安全生产监督管理,防止和减少生产事故。其内容涉及对矿山企业、建筑施工企业和危险化学品、烟花爆竹、民用爆破器材生产企业实行安全生产许可制度,未取得安全生产许可证的相关企业,不得从事生产活动。同时,对安全生产许可证的颁发管理机关也作了规定,危险化学品安全生产由国家安全生产监督管理局监督管理。

14.《危险化学品安全管理条例》

《危险化学品安全管理条例》于 2002 年 1 月 9 日由国务院第五十二次常务委员会会议通过,由朱镕基总理以国务院令第 344 号发布,条例于 2002 年 3 月 15 日施行。

《危险化学品安全管理条例》的基本宗旨和目的是为了加强对危险化学品的安全管理,保障人民生命、财产安全,保护环境。其适用范围是在我国境内生产、经营、储存、运输、使用危险化学品和处置废弃危险化学品的各个环节和过程。

15.《工伤保险条例》

《工伤保险条例》于 2003 年 5 月 7 日经国务院第五次常务会议讨论通过,于 2004 年 1 月 1 日起施行。该条例分为总则、工伤保险基金、工伤认定、劳动能力鉴定、工伤保险待遇、监督管理、法律责任和附则,共 9 章 64 条。

实施《工伤保险条例》的目的是为了保障因工作遭受事故伤害或者患职业病的职工获得医

疗救治和经济补偿，促进工伤预防和职业康复，分散用人单位的工伤风险。

条例规定，中华人民共和国境内的各类企业、有雇工的个体工商户，应当依照本条例规定参加工伤保险，为本单位全部职工或者雇工缴纳工伤保险费。中华人民共和国境内的各类企业的职工和个体工商户的雇工，均有依照本条例的规定享受工伤保险待遇的权利。有雇工的个体工商户参加工伤保险的具体步骤和实施办法，由省、自治区、直辖市人民政府规定。

条例规定，国务院劳动保障行政部门负责全国的工伤保险工作。县级以上地方各级人民政府劳动保障行政部门负责本行政区域内的工伤保险工作。劳动保障行政部门按照国务院有关规定设立的社会保险经办机构具体承办工伤保险事务。

条例还规定，劳动保障行政部门等部门制定的工伤保险政策、标准，应当征求工会组织、用人单位代表的意见。

16. 相关的安全生产技术国家标准

我国的安全生产技术标准化工作，是在改革开放的20世纪80年代初期起步的，到2000年国家标准局已公布了400余个标准，这些标准大致可以分为以下几类。

(1)设计、管理类标准。这类标准主要指一些为提高安全生产设计、监察和综合管理需要的标准，如常用的标准有:《工业企业设计卫生标准》《体力劳动强度分级》《职业性接触毒物危害度分级》《生产性粉尘危害程度分级》《企业职工伤亡事故分类》《企业职工伤亡事故调查分析规程》《企业职工伤亡事故经济损失统计标准》《火灾事故分类》《职工工伤与职业病伤致残鉴定》《事故伤害损失工作日标准》《爆破作业人员安全技术考核标准》《特种作业人员安全技术考核规则》等。

(2)安全生产设备、工具类标准。这类标准主要是为了保证生产设备、工具的设计、制造、使用符合安全卫生要求的标准，如《生产设备安全卫生设计总则》《起重机械安全规程》《冲压车间安全生产通则》《压力机械安全装置技术要求》等。

(3)生产工艺安全卫生标准。这类标准主要是对一些经常发生工伤事故和容易产生职业病的生产工艺，规定最基本的安全卫生要求，如《工业企业厂内运输安全规程》《粉尘防爆安全规程》《生产过程安全卫生要求》等。

(4)防护用品类标准。这类标准是为了控制防护用品质量，使其达到劳动安全卫生要求的标准，如《安全帽一般技术条件》《过滤式防毒面具》《防噪声耳塞》《防静电鞋》《浮体救生衣》《焊接防目镜和面罩》等。

5.1.5　国际劳动公约

国际劳工标准是以公约和建议书的形式由劳工大会通过的，国际职业安全卫生标准是国际劳工标准中涉及职业安全卫生方面的标准。

国际劳工标准是国际劳工组织在各国工作的基石，其首先起源于理事会对普通需求的回应，然后散发给三方成员进行讨论。有关建议连续交由两届国际劳工大会讨论，并同时在两届大会之间由国际劳工局将建议再提交给各国政府、工人组织和雇主组织，征求修改意见和建议后，起草公约草案。公约和建议书须由参加大会的2/3绝大多数代表表决赞成才能通过。截至目前，国际劳工组织共通过了184个公约，其中8个被确认为“核心公约”。

国际劳工组织将职业安全卫生标准(公约和建议书)分为以下5类。

(1)一般规定标准。一般规定标准是用来指导成员国为了达到安全卫生的工作环境，保证工人的福利与尊严而制定的方针和措施，一般指政策指导性的标准。如《职业卫生设施公约》（第161号公约）、《职业卫生设施建议书》（第171号建议书）、《职业安全和卫生及工作环境公约》（第155号公约）、《职业安全和卫生及工作环境建议书》（第164号建议书）等。

（2）特殊行业的预防标准。特殊行业的预防标准是针对某些行业，如建筑业、矿业、农业、商业和办公室及码头等制定的预防标准。如《矿山安全与卫生公约》（第176号公约）、《矿山安全与卫生建议书》（第183号建议书）、《建筑业安全和卫生公约》（第167号公约）、《建筑业安全和卫生建议书》（第175号建议书）、《码头作业职业安全和卫生公约》（第152号公约）、《码头作业职业安全和卫生建议书》（第160号建议书）、《商业和办事处所卫生公约》（第120号公约）等。

（3）特殊危害的预防标准。特殊危害的预防标准是针对特殊物质（白铅、辐射、苯、石棉和化学品）或工作环境中的特殊危害而制定的预防标准。如《预防重大工业事故公约》（第174号公约）、《预防重大工业事故建议书》（第181号建议书）、《作业场所安全使用化学品公约》（第170号公约）、《作业场所安全使用化学品建议书》（第177号建议书）、《工作环境（空气污染、噪声和振动）公约》（第148号公约）、《苯公约》（第136号公约）、《辐射防护公约》（第115号公约）等。

（4）劳动监察标准。劳动监察标准内容涉及劳动监察工作，如《（农业）劳动监察公约》（第129号公约）、《（农业）劳动监察建议书》（第133号建议书）、《（采矿和运输业）劳动监察建议书》（第82号建议书）等。

（5）保护措施标准。保护措施标准针对未成年人体格检查、生育保护、搬运最大负重量而制定的保护措施，如《保护生育公约》（第183号公约）、《夜间工作公约》（第171号公约）、《夜间工作建议书》（第178号建议书）、《最低年龄公约》（第138号公约）、《最大负重量公约》（第127号公约）、《最大负重量建议书》（第128号建议书）、《未成年人（井下作业）体格检查公约》（第124号公约）等。

5.2 我国的安全管理体制

强有力的监督管理是保障安全生产的重要措施之一，是国家安全生产法制得以落实的基本手段。随着20世纪80年代改革开放的不断深入，安全生产越来越受到国家和政府的重视。为了加强安全生产的监督管理力度，需要站在战略的高度，建立一个衔接有序、运作有效、保障有力的安全生产管理体制，这就是安全生产的管理体制。

所谓体制，就是关于一个社会组织系统的结构组成、管理权限划分、事务运作机制等方面的综合概念。为了理顺各层次安全管理体制的关系，有必要根据我国的实际情况，制定一个有关安全生产管理的总体制。目前，我国的安全管理体制为“国家监察，行业管理，企业负责，群众监督，劳动者遵章守纪”。这5个方面有一个共同的目标，就是从不同角度、不同层次、不同方面来推动“安全第一，预防为主”方针的贯彻，协调一致搞好安全生产。

5.2.1 我国安全管理体制的形成和发展

我国的安全管理体制经历了曲折的发展变化过程，逐步走向完善。

1949年新中国成立后，中央人民政府设立了劳动部，在劳动部下设置劳动保护司，地方各级政府劳动部门相应设立了劳动保护处、科、股，在政府产业部门内也相继设立了专管劳动保护和安全生产工作的机构。1956年，国务院发布了“三大规程”（即《工厂安全卫生规程》《建筑安装工程安全技术规程》和《工人职员伤亡事故报告规程》）。这一时期，国家的安全生产监督管理体制尚处于初创阶段，安全管理工作呈现出良好的发展态势。但是，在随后的“大跃进”和“文化大革命”中，安全监察工作受到严重挫折，劳动部门机构被精简合并。1970年，国家计委成立劳动局，恢复了劳动保护工作。1975年，在邓小平同志主持下，治理整顿工作走上轨道，国务院设立了国家劳动总局，全国恢复了劳动安全卫生管理和监督检查工作。

党的十一届三中全会以后，劳动保护工作得到进一步加强。国家劳动总局分设了劳动保护局和锅炉压力容器安全监察局。1981年，为了加强对矿山的安全卫生监督检查工作，又成立了矿山安全卫生监察局。安全管理和监察工作开始步入正轨并快速得到了发展。

1983年5月，国务院发出《批转劳动人事部、国家经委、全国总工会关于加强安全生产和劳动安全监察工作的报告的通知》，明确规定，要在“安全第一，预防为主”的方针指导下搞好安全生产；经济管理、生产管理部门和企业领导必须坚决贯彻“管生产的必须管安全的原则”，特别是在经济体制改革中要加强安全生产工作，讲效益必须讲安全；劳动部门要尽快健全劳动安全监察制度，加强安全监察机构，充实安全监察干部，监督检查生产部门和企业对各项安全法规的执行情况，认真履行职责，充分发挥应有的监察作用；工会组织要加强群众监督，对于企业行政领导忽视安全生产，工会要提出批评和建议，督促有关方面及时改进。此通知确定了我国在安全生产工作中实行国家劳动安全监察、行政管理和群众（工会）监督相结合的工作体制。通常将这个工作体制称为安全管理的“三结合”体制。

20世纪90年代，随着企业管理制度的改革和安全管理实践的不断深入，人们逐渐认识到“三结合”的安全管理工作体制并不完善，其中主要是“行政管理”的提法欠妥。从我国20世纪90年代以前的经济运行机制来看，企业要受到行业主管部门和经济管理部门的管理，包括企业领导人事安排，经营计划的制订，原材料的供应，利润的分配等。因此，企业与行业主管部门之间具有行政上的隶属关系，行业主管部门是连接政府与企业的主要环节，企业的安全管理工作也要受到行业主管部门的领导和控制。在安全管理体制中，“行政管理”应该包含行业管理和企业自我管理两个层次，这两个层次的安全管理机制、对象和职责等并不相同。

为了使安全管理体制更加符合实际，1993年，国务院50号文件《关于加强安全生产工作的通知》中正式提出：实行“国家监察、行业管理、企业负责、群众监督、劳动者遵章守纪”的安全生产管理体制。这一体制将原来的“三结合”体制中的“行政管理”分为“企业负责”和“行业管理”两部分，形成“四结合”体制。

1998年以后，随着机构改革的进行和国家机构职能的转变，一些行业主管部门被撤销，这些行业的安全管理和监察工作，转由国家安全生产监督管理局承担，安全生产监管工作进一步与国际接轨，形成了现在的“政府统一领导，部门依法监管，企业全面负责，社会监督支持”的安全生产工作格局，构成了安全生产管理的宏观体制。

5.2.2　安全管理体制的内容

1. 国家监察

国家监察即国家劳动安全监察，是由国家授权某行政部门对各类具有独立法人资格的企事业单位执行安全法规的情况进行监督和检查，用法律的强制力量推动安全生产方针、政策的正确实施。国家监察也可以称为国家监督。

国家监察具有法律的权威性和特殊的行政法律地位。行使国家监察的政府部门是由法律授权的特定行政执法机构，该机构的地位、设置原则、职责权限以及该机构监察人员的任免条件和程序，审查发布强制性措施，对违反安全法规的行为提出行政处分建议和经济制裁等，都是由法律规定或授权的。因此，国家监察是由法定的监察机构，以国家的名义，运用国家赋予的权力，从国家整体利益出发，对国民经济各部门及企业的事故预防工作实行法制性监督，纠正和惩戒违反安全生产法规的行为，保证安全生产方针、政策和法规的贯彻实施。

安全监察的基本内容包括以下几个方面。

(1)对新建工程的监察。

(2)对新制造设备、产品的监察。

(3)对在用特种设备(包括锅炉、压力容器、起重机、冲压机械、机动车辆等)的监察。

(4)对有职业危害作业场所(包括危险程度很高、尘毒、噪声等)的监察。

(5)对特殊人员的监察。

安全监察的基本职能有两个，一是实行监察，二是反馈信息。

第一，安全监察是依据安全监察法规授予的权限，对各部门和企事业单位贯彻安全生产方针和遵守安全法规的情况进行监督检查；揭露事故预防工作中存在的问题，分析产生的原因，督促、指导这些部门和单位改正违反法规行为，消除隐患；对违反法规而拒不改正的实行干预，强制其改正；在处理事故或其他有关安全事项中，对有关各方的争议进行仲裁。因此，安全监察在客观上对于调整劳动关系、改善企业管理、提高经济效益、改进生产技术也能起到一定的作用。

第二，监察机关和监察人员在实行安全监察的过程中，通过调查研究、监察活动、统计分析、沟通情报等各种渠道能广泛收集到各类信息。对这些信息进行分类、比较、分析、综合，去伪存真、去粗取精，提出有价值的意见和对策，或者反映给领导机关，供决策参考，或者提供给部门或单位，帮助他们改进工作。

实行监察和反馈信息，这两个方面的职能是相互依存、相互促进的。监察职能是强调依法行事；而信息职能则是强调实行的效果，检查、判断既定目标的得失，总结经验教训，及时调整对策，不断把事故预防工作提到新的高度。

2.行业管理

行业管理是由行业主管部门，根据国家的安全生产方针、政策、法规，在实施本行业宏观管理中，帮助、指导和监督本行业企业的安全生产工作，以提高整个行业的安全管理和技术装备水平，控制和防止伤亡事故的发生，保障职工安全健康和生产任务顺利进行。

行业安全管理也存在与国家监察在形式上类似的监督活动。但是，这种监督活动仅限于行业内部，而且是一种自上而下的行业内部的自我控制活动，一旦需要超越行业自身利益来处理问题时，它就不能发挥作用了。因此，行业安全管理与国家监察的性质不同，它不被授予代表政府处理违法行为的权力，行业主管部门也不设立具有政府监督性质的监察机构。

行业管理的职责主要有以下几个方面。

(1)贯彻执行国家安全生产方针、政策、法规和标准，制订本行业的具体规章制度和安全规范，并组织实施。

(2)实行安全目标管理，制订本行业安全生产(包括安全、防尘、防毒等)的长期规划和年度计划,确定方针、目标、具体措施和实施办法,并严格执行。

(3)在重大经济、技术决策中提出有关安全生产的要求和内容,组织和指导企业制订和落实安全措施计划,督促企业改善劳动条件。

(4)在新建、改建、扩建工程和技术引进、技术改造中贯彻执行主体工程与安全健康设施同时设计、同时施工、同时投产的“三同时”规定;在组织开发新材料、新产品、新技术、新工艺中,执行有关劳动保护规定。

(5)参与组织对本行业的职工进行安全教育和培训工作。

(6)对本行业所属企业安全生产工作进行督促检查,解决存在的问题和隐患,组织或参与伤亡事故的调查处理,并协助国家监察部门查处违章失职行为。

(7)组织本行业的安全检查、评比和考核,表彰先进,总结和交流安全生产经验。

行业安全管理包含着监督检查的职能。

值得注意的是,在行业安全管理中,有些行业设置了事故预防的工作机构,具体负责本行业的安全管理和安全检查工作。这种行业安全检查的性质是属于按行业归口或者行政隶属关系自上而下地进行的自我监督和业务监督,与国家安全监察在性质、地位和职权上都有所不同。

3. 企业负责

企业是国民经济的基本单位,是从事生产和经营活动的实体。随着社会主义市场经济的建立和企业运行机制的转变,企业已经成为独立的法人,应该负担起事故预防与控制工作的责任。

企业负责是指企业在生产经营过程中,承担着严格执行国家安全生产的法律、法规和标准,建立健全安全生产规章制度,落实安全技术措施,开展安全教育和培训,确保安全生产的责任和义务。企业法人代表或者最高管理者是企业安全生产的第一负责人,在此基础上,企业必须层层落实安全生产责任制,建立内部安全调控与监督检查的机制。企业要接受国家安全监察机构的监督检查和行业主管部门的管理。

企业的安全责任包括企业内部的安全责任和对企业外部的安全责任两个部分。对企业内部的安全责任主要是保护员工在生产过程中的生命健康和避免财产损失。对企业外部的安全责任包括企业生产的产品应该有很好的安全性能,防止用户在使用产品的过程中发生事故而导致人员伤亡、财产损失,以及企业在生产过程中发生的事故不殃及公众。

企业的主要安全生产责任可以概括为以下 7 个方面。

(1)贯彻执行国家安全生产方针、政策、法律法规和标准,建立健全安全生产规章制度,采取各种管理和技术措施防止生产过程中事故和职业危害的发生,保障员工的生命安全和健康,实现安全生产和文明生产。

(2)建立健全企业安全管理组织机构,配备齐全安全管理专兼职人员。

(3)为员工提供符合国家标准规定的劳动安全卫生条件和作业场所,配备必要的个体防护用品,对从事有职业危害作业的员工实施定期健康检查。

(4)按照国家规定配备消防设施和器材,并定期组织检验、维修,确保消防设施和器材完好、有效。设置符合国家规定的消防安全疏散标志,保障疏散通道、安全出口畅通。

(5)做好员工的安全知识和安全技能的教育培训工作,采取各种形式提高员工遵章守纪和安全生产的意识。

(6)组织开展安全生产检查,对事故隐患及时研究出整改措施并限期解决,将隐患消灭在萌芽状态。

(7)在发生伤亡事故后,积极采取抢救措施,依法妥善处理善后事宜,并向有关部门报告。

企业对企业中违反安全生产法律法规的行为,对发生的事故应当承担法律责任。企业若违反国家有关安全生产法律法规和标准,忽视安全生产工作,导致发生伤亡事故,根据情节轻重将受到不同程度的惩处。

4. 群众监督

群众监督是广大职工群众通过工会或者职工代表大会等自己的组织,监督和协助企业各级领导贯彻执行安全生产方针、政策和法规,不断改善劳动条件和环境,切实保障职工享有生命与健康的合法权益。群众监督属于社会监督,一般通过建议、揭发、控告或协商等方式解决问题,而不可能采取像国家监察那样以国家强制力来保证的手段,因此,群众监督不具有法律的权威性。

工会作为劳动关系中的一方,工人群众的代表,具有广泛的群众性。工会组织可以在监督领导执行安全生产方针、政策、法规和标准方面,充分行使自己的权利。对于领导的严重官僚主义、忽视安全生产等问题,工会有权提出批评和建议,并督促有关方面及时改进。

由于工会组织和劳动部门一样,不直接参与企业的经营和管理工作,在安全监督,尤其是对伤亡事故调查处理、对生产性建设工程项目"三同时"监督等方面,能够比较客观公正地履行责任,发挥重要的作用。

在各级工会组织中,一般都设有劳动保护的工作机构或专(兼)职人员来监督事故预防工作,对企业,特别是对基层班组的事故预防工作起着重要的补充作用。各级工会组织根据中华全国总工会、国家经委《工业企业班组安全建设意见纲要》开展的安全班组建设活动,可以在协助领导加强安全管理工作,保障劳动者的安全与健康方面发挥重要作用。

5. 劳动者遵章守纪

在生产过程中,人是最活跃的生产力要素,人的行为直接影响生产效率和生产安全。在事故致因中,人的不安全行为占有十分重要的位置。因此,除了不断地改善生产条件,消除和控制生产过程中各种物的不安全因素外,预防和控制事故最有效的措施就是劳动者自觉地遵守安全生产方面的法规、制度、规范、标准和纪律。

为了使劳动者能够自觉遵章守纪,必须加强安全生产思想教育,牢固树立安全第一的思想。在安全管理工作中,要采取有效的教育措施,并建立相应的激励机制,激励职工的安全生产积极性和自觉性,变"要我安全"为"我要安全"。要采取强制措施,建立相应的约束机制,规范、约束人们的行为。

5.2.3 "四结合"体制之间的关系

企业负责、行业管理、国家监察、群众监督这 4 个方面,具有不同的性质和地位,在安全生产中所起的作用也不相同。

在这 4 个方面中,企业是安全生产工作的主体和具体实行者,它应该独立承担搞好安全生产的责任和义务,建立安全管理的自我约束机制。它所要解决的主要是遵章守法、有法必依的问题,是安全管理的核心。行业管理是行业主管部门在本行业内开展帮助、指导和监督等宏观管理工作,行业管理主要通过指令、规划、监督、服务等手段为企业提供搞好安全生产工作的外部环境并促使企业实现自我约束机制。国家监察是代表国家，以国家赋予的强制力量推动行业主管部门和企业搞好安全生产工作，它要解决的是有法可依、执法必严和违法必究的问题，因此，国家监察是加强安全生产的必要条件。群众监督一方面要代表职工利益按国家法律法规的要求监督企业搞好安全生产，另一方面也要支持配合企业做好安全管理工作（如对职工进行遵章守纪和安全知识的教育，反映事故隐患情况，提出整改建议等），这是做好安全工作的有力保证。

5.3　安全生产责任制度

为了全面贯彻"安全第一，预防为主"的安全生产方针，必须坚持生产与安全统一的原则，即：①"谁主管，谁负责"原则；②"管生产必须管安全"原则；③"搞技术必须搞安全"原则。其具体表现在安全生产人人有责，在我国推行全员安全管理的同时，实行安全生产责任制度。

5.3.1　安全生产责任制的概念

安全生产责任制是指从制度上对企业所有人员和所有部门，在其各自的职责范围内对安全工作应负的责任作出明确的规定，并遵照执行。安全生产责任制是企业岗位责任制的组成部分，是企业最基本的一项安全制度，是所有安全规章制度的核心。

安全生产责任制是根据"预防为主"原理和"管生产的必须管安全"的原则，明确地规定企业各级领导、职能部门、各类技术人员和生产工人在生产劳动中应该担负的安全责任，是安全生产过程中责、权、利的体现。

安全生产责任制的实质是"安全生产，人人有责"。在企业安全生产责任制中，按照岗位划分，主要有企业领导（法人代表、各副厂长）的安全职责、各总师（总工程师、总会计师、总经济师）的安全职责、车间主任的安全职责、班组长的安全职责、生产工人的安全职责等。按照部门划分，主要有各职能部门（生产部、计划部、技术部、设备部、供应部、人事部、劳资部、保卫部、卫生联防部以及其他部门）的安全职责、安全专（兼）职机构（厂级、车间级、班组级）的安全职责等。通过安全生产责任制，将安全管理组织体系协调统一起来，使得安全生产工作事事有人管、层层有责任。

5.3.2　安全生产责任制的作用

安全生产责任制的作用体现在以下3个方面。

(1)实行安全生产责任制，可以使企业各系统各类人员在生产中分担安全责任，确保职责明确、分工协作，共同努力做好安全工作。同时防止和克服安全工作中出现混乱、相互推诿、无人负责的现象，把安全与生产工作从组织领导层面上协调统一起来。

(2)实行安全生产责任制，可以更好地发挥安全专职机构的监督保障作用，明确其工作内容，使其真正成为企业领导在安全工作上的助手和企业安全管理的组织者。

(3)实行安全生产责任制，有利于伤亡事故的调查、分析和处理，容易分清责任，吸取教训，对进一步改进安全生产工作产生积极的作用。

5.3.3 安全生产责任制的实施

安全生产责任制通过层层明确安全职责，严格履行安全责任来实施。

1. 企业各级领导的责任

企业领导在管理生产的同时，必须负责管理事故预防工作。在计划、布置、检查、总结、评比生产的时候，同时计划、布置、检查、总结和评比事故预防工作（简称“五同时”）。事故预防工作必须行政第一把手负责，厂、车间、班、工段、小组的各级第一把手都负第一位责任。各级的副职根据各自分管业务工作范围承担相应的责任。具体包括以下7个层次的内容。

（1）厂长的安全生产职责。作为本单位的安全生产的第一负责人，应认真贯彻执行安全生产方针、政策、法规和标准，组织审定和颁发本单位的安全生产管理制度和年度安全技术措施计划，提出本单位安全生产目标并组织实施，定期或不定期地召开会议，研究和部署安全生产工作。审查本单位安全卫生设施、劳动保护和劳动条件，及时解决重大隐患。有责任对本单位的伤亡事故进行调查、分析和处理，组织有关部门对职工进行安全技术培训、考核和安全生产宣传活动。有权拒绝和停止执行上级违反安全生产法规、政策的指令，并及时提出不能执行的理由和意见。

（2）分管生产、事故预防工作的副厂长的安全生产职责。协助厂长做好本单位事故预防工作，对分管范围内的事故预防工作负直接领导责任。支持安全技术部门开展工作，组织学习安全生产法规、标准及有关文件。结合本单位安全生产情况，制定保证安全生产的具体方案，并组织实施。协助厂长召开安全生产例会，对例会决定的事项负责组织贯彻落实。主持编制、审查年度安全技术措施计划，并组织实施。组织开展各项安全检查，对重大隐患，组织有关人员到现场确定并解决，或按规定向上级有关部门提出报告。主持制定安全生产管理制度和安全技术操作规程，并组织实施。发生伤亡事故后，迅速察看现场，及时准确向上级汇报，主持事故调查，确定事故责任，提出处理意见。

（3）分管其他工作的副厂长的安全生产职责。督促所管辖部门的负责人落实安全生产职责，主持分管部门会议，确定和解决安全生产方面存在的问题，参加分管部门伤亡事故的调查和处理。

（4）总工程师的安全生产职责。负责监督本单位贯彻落实安全生产方针、政策、法令和规章制度的情况，负责组织制定本单位安全技术规程并贯彻执行。定期分析本单位的安全形势，及时解决生产过程中出现的安全技术问题。定期布置和检查安全技术部门的工作，对检查中发现的重大隐患，负责制订整改计划和措施，组织有关部门实施。参加伤亡事故调查，并作出技术鉴定。负责开展各项活动，对职工进行安全技术教育。有权拒绝执行上级安排的严重危及安全生产的指令和意见。

（5）车间主任的安全生产职责。对本车间工人在安全生产中的安全健康负全面的责任。在分管厂长的领导下，贯彻执行安全生产方针、政策、法令和本单位的规章制度。在总工程师的领导下，制定各工种安全操作规程，检查安全规章制度的执行情况。负责本车间的安全检查，及时发现隐患并组织排除。组织本车间人员开展安全生产的宣传、培训和教育工作。发生伤亡事故，及时报告厂长，组织抢救，保护现场，参加事故调查。

（6）工段长的安全生产职责。全面负责本工段的安全生产。把事故预防工作贯彻落实到生产的每个具体环节中，组织工人学习安全操作规程和开展安全活动。发生伤亡事故，立即上报，保护现场，积极抢救，参加事故调查，提出防范措施。

(7)班组长的安全生产职责。对本班组工人在生产中的安全和健康负全面责任。认真组织本班组人员学习安全生产的方针、政策和法规，学习安全生产规程和操作规程。对岗位工人进行培训和安全意识教育。每日进行安全检查，发现问题及时解决，对不能根除的隐患，及时采取防护和控制措施，并及时上报。发生伤亡事故后，立即上报，保护现场，详细记录，并组织班组认真分析，吸取教训，提出防范措施。

2.各业务部门的职责

企业单位中的生产、技术、设计、供销、运输、教育、卫生、基建、机动、情报、科研、质量检查、劳动工资、环保、人事组织、宣传、外办、企业管理、财务等有关专职机构，都应在各自的工作业务范围内，对实现安全生产的要求负责。

(1)安全部门的安全生产职责。检查和督促本单位贯彻执行安全生产方针、政策、法规和制度以及事故预防工作的情况，制订本单位安全生产目标管理计划和安全生产目标值。了解现场安全情况，定期进行安全检查，提出整改意见，督促和检查各个部门和各级人员对安全技术规程和安全管理制度的熟悉及执行情况。组织开展劳动竞赛和职工安全教育、培训、考核。负责伤亡事故的统计、分析，参加事故调查，提出处理意见。

(2)生产计划部门的安全生产职责。组织生产调度人员学习和贯彻安全生产法规和安全生产管理制度，在编制生产计划的同时，编制安全技术措施计划。在安排生产任务时，考虑生产设备的承受能力和工人的劳动强度，做好领导交办的安全生产工作。

(3)技术部门的安全生产职责。负责安全技术措施的设计，在推广新技术、新材料、新工艺和正式投产前，负责安全技术鉴定和审查工作。负责编制、审查安全技术规程、作业规程和操作规程，并督促检查实施情况。承担安全科研任务，提供安全技术信息、资料，协同有关部门加强对职工的技术教育和考核。参加伤亡事故的调查分析，从技术方面找出事故原因和防范措施。

(4)设备动力部门的安全生产职责。负责本单位各种机械、起重、压力容器、锅炉、电气和动力等设备的管理，加强设备检查和定期保养。制定设备维修、保养的安全管理制度和操作规程，负责安全技术措施项目所需的设备制造和安装。参加伤亡事故的调查、分析，做出因设备缺陷或故障造成事故的鉴定报告。

(5)劳动工资部门的安全生产职责。将安全技术作为对职工考核的内容之一，列入职工上岗、转正、定级、评奖、晋升的考核条件，做好特种作业人员的选拔和调动工作。参与伤亡事故的调查和鉴定工作。

3.生产操作工人的安全生产职责

(1)遵守劳动纪律，执行安全规章制度和安全操作规程，听从指挥，和一切违章作业的现象作斗争。

(2)保证本岗位工作地点和设备、工具的安全、整洁，不随便拆除安全防护装置，不使用自己不该使用的机械和设备，正确使用保护用品。

(3)学习安全知识，提高操作技术水平，积极开展技术革新，提合理化建议，改善作业环境和劳动条件。

(4)及时反映、处理不安全问题，积极参加事故抢救工作。

(5)有权拒绝接受违章指挥，并对上级单位和领导人忽视工人安全健康的错误决定和行为提出批评或控告。

5.4 安全技术措施计划

安全技术措施计划是企业计划的重要组成部分，是有计划地改善劳动条件的重要手段，是做好预防工作、防止工伤事故和职业病的重要措施。通过编制和实施安全技术措施计划可以把改善劳动条件工作纳入国家和企业的生产建设计划中，有计划、有步骤地解决企业中一些重大安全技术问题，使企业劳动条件的改善逐步走向计划化和制度化，也可以合理使用资金，使国家在改善劳动条件方面的投资发挥最大的作用。

5.4.1 编制安全技术措施计划的依据

编制安全技术措施计划，主要是根据国家颁布的安全法规。具体体现在以下5个方面。

(1)国家公布的安全生产法令、法规和各企业部门公布的有关安全生产的各项政策、指示等。

(2)安全检查中发现的隐患。

(3)职工提出的有关安全、工业卫生方面的合理化建议。

(4)针对伤亡事故、职业病发生的主要原因所采取的措施。

(5)采用新技术、新工艺、新设备等应采取的安全措施。

5.4.2 编制安全技术措施计划的原则

(1)当前的科学技术水平是否能够做到。

(2)结合单位生产技术、设备以及发展远景考虑。

(3)本单位人力、物力、财力是否允许。

(4)安全技术措施产生的安全效益和经济效益。

根据国家规定，企业安全生产技术措施费用是从企业更新改造资金中划拨出来的。企业更新改造资金主要包括：

(1)固定资产的折旧费，其计算公式为

$$折旧费 = 固定资产原值(万元) \times 折旧率$$

(2)企业报废的与有偿调出的固定资产的变价收入。

(3)出租固定资产的租金收入。

(4)矿业、林业等企业按产品量提取的更改资金。

(5)留给企业的治理“三废”产品的净利润。

(6)固定资产遭受意外损失后收到的保险赔款。

安全技术措施费用在财务上单独立账，专款专用，不得挪用。

5.4.3 安全技术措施计划的范围

(1)安全技术措施：以防止事故为目的的各种技术措施，如防护、保险、信号等装置或设施。

(2)工业卫生技术措施:以改善作业环境和劳动条件,防止职业中毒和职业病为目的的各种技术措施,如防尘、防毒、防噪声及通风、降温、防寒等。

(3)辅助房屋及设备:确保生产过程中职工安全卫生方面所必须的房屋及一切设施,如淋浴室、更衣室、消毒室、妇女卫生室、休息室等。但集体福利设施,如公共食堂、浴室、托儿所、疗养所等不在其内。

(4)宣传教育:购买和印刷安全教材、书报、录像、电影、仪器,举办安全技术训练班、安全技术展览会、安全教育室所需的费用。

(5)安全科学研究与试验设备仪器。

(6)减轻劳动强度等其他技术措施。

5.4.4　安全技术措施计划的编制方法和实施步骤

企业一般在每年的第三季度开始着手编制下一年度的生产、技术、财务计划的同时,编制安全技术措施计划。

编制时应根据本厂情况分别向各生产车间提出具体要求,进行布置。各车间负责人同有关人员和工会制订出车间的具体安全计划。由厂安全部门审查汇总,生产计划部门负责综合平衡,在厂长召集有关部门领导、车间主任、工会主席或安全生产委员会参加的会议上,确定项目,明确设计、施工负责人,规定完成期限,经厂长批准正式下达计划。

对于重大的安全技术措施项目,还应提请厂职工代表大会审议讨论通过,然后报请上级主管部门核定批准后与生产计划同时下达到有关部门。

5.5　职业安全健康管理体系

职业安全健康管理体系(Occupational Safety and Health Management System,OSHMS)是20世纪80年代后期在国际上兴起的现代安全生产管理模式,它与ISO9000(质量管理体系)和ISO14000(环境管理体系)等标准体系一并被称为“后工业化时代的管理方法”。作为目前国际上先进的安全生产管理模式,OSHMS是一套系统化、程序化和具有高度自我约束、自我完善的科学管理体系。其核心是企业通过采用现代化的管理模式,使包括安全生产管理在内的所有生产经营活动科学、规范和有效,逐步建立健全安全生产的自我约束机制,不断改善安全生产管理状况,降低职业安全健康风险,从而预防事故发生和控制职业危害。OSHMS所倡导的“预防为主、持续改进”的现代管理理念,已被越来越多的国家和企业所接受。

在我国实施OSHMS,不仅可以强化企业的安全管理,完善企业安全生产的自我约束机制和激励机制,达到保护职工安全与健康的目的,也有利于增强企业的凝聚力和竞争力,破除国际贸易壁垒和改善我国在职业安全健康领域的国际形象。

5.5.1　OSHMS起源和发展

随着社会进步和人民劳动、生活条件的改善,职业健康与安全的问题越来越受到各界的关注,人们期待有一个系统化的、结构化的管理模式降低职业健康和安全风险。世界经济贸易活动的发展,促使企业的活动、产品或服务中所涉及的职业健康安全问题受到普遍关注,极大地促进了国际职业安全与卫生管理体系标准化的发展。随着ISO9000和ISO14000在各国逐步得到认可，国际标准化组织（International Standardization Organization，ISO）、国际劳工组织（International Labor Organization，ILO）等国际组织开始着手研究职业安全健康管理体系标准化问题。

ISO 正式开展 OSHMS 标准化工作是在 1995 年，成立了由中国、美国、英国、法国、德国、日本、澳大利亚、加拿大、瑞士、瑞典以及 ILO 和世界卫生组织（World Health Organization，WHO）等代表组成的特别工作组，召开了第一次特别工作组会议。1996 年 9 月召开了 OSHMS 标准化研讨会，来自 44 个国家以及国际电工委员会（International Electrotechnical Commission，IEC）、ILO、WHO 等 6 个国际组织共计 331 名代表参加了会议，讨论是否将 OSHMS 纳入 ISO 的发展标准中。之后，世界上很多国家制定了其国内的职业安全健康管理体系标准，并进行实施。1996 年，英国颁布了 BS8800《职业安全卫生管理体系指南》，美国工业卫生协会制定了《职业安全卫生管理体系》的指导性文件。1997 年，澳大利亚和新西兰提出了《职业安全卫生管理体系原则、体系和支持技术通用指南》草案，日本中央劳动灾害防治协会（Japan Industrial Safety and Health Association，JISHA）提出了《职业安全卫生管理体系导则》，挪威船级社（DET NORSKE VERITAS，DNV）制定了《职业安全卫生管理体系认证标准》。1999 年，英国标准协会（British Standards Institution，BSI）、挪威船级社、瑞士通用验证集团（SGS GROUP）等 13 个组织提出了职业安全卫生评价系列（OHSAS）标准，即 OHSAS18001《职业安全卫生管理体系——规范》、OHSAS18002《职业安全卫生管理体系——OHSAS18001 实施指南》。1999 年 4 月，在第 15 届世界职业安全卫生大会上，ILO 负责人指出，ILO 将像贯彻 ISO9000 和 ISO14000 一样，推行 OSHMS 的认证工作。从此，在全球范围内掀起了 OSHMS 的认证高潮。

我国作为国际标准化组织的正式成员国，非常重视 OSHMS 的研究。1999 年 10 月 13 日国家经贸委下发了《关于职业安全卫生管理体系试行标准的通知》（国经贸厅[1999]447 号）和《关于开展职业安全卫生管理体系认证工作的通知》（国经贸安全[1999]983 号）。2000 年创办了《职业安全卫生管理体系认证》双月刊，成立了指导委员会、机构管理委员会、注册委员会。国家经贸委于 2001 年 12 月 20 日发布和实施了《职业安全健康管理体系指导意见》和《职业安全健康管理体系审核规范》；国家质量监督检验检疫总局颁布了《职业安全健康管理体系规范》（GB/T28001—2001），并于 2002 年 1 月 1 日正式实施。2002 年 3 月 20 日国家安全生产监督管理局下达了《关于印发〈职业安全健康管理体系审核规范——实施指南〉的通知》。2002 年 6 月 29 日，九届全国人大常委会审议通过了《安全生产法》，以促进企业安全管理体系的建立。

5.5.2 OSHMS 内容和要素

OSHMS 是企业全部管理体系的一个组成部分，包括为制定、实施、实现、评审和保持职业安全健康方针所需的组织机构、规划、活动、职责、制度、程序、过程和资源。作为 OSHMS，首先要以实施企业的职业安全健康方针为目的，其次是要保证能够将这一方针得以有效实施。它不仅应与企业的全面管理职能实现有机的结合，而且它也是一个动态的、自我调整和完善的管理系统，涉及组织职业安全健康的一切活动。它要求把组织职业安全健康管理中的计划、组织、实施和检查、监控等活动，集中、归纳、分解和转化为相应的文件化的目标、程序和作业文件。

OSHMS 的基本思想是实现体系持续改进，通过周而复始地进行“计划、实施、监测、评审”

活动，使体系功能不断加强。它要求企业在实施职业安全健康管理体系时始终保持持续改进意识，对体系进行不断修正和完善，最终实现预防和控制工伤事故、职业病及其他损失的目标。

OSHMS 一般包括 7 个主要部分，即初始状态评审、安全健康方针、规划、实施与运行、检查与改进措施、审核和定期评审总结。其中核心内容是方针、计划、实施、改进、审核这 5 个要素和持续改进的循环。在一般状态下，OSHMS 的运行从初始状态评审开始，依次进行到评审总结，就完成了一次循环，第二次循环的初始状态评审将确定一个新的高于第一次循环的起点线，而第三次循环的起点线又高于第二次，逐次提高，持续改进。OSHMS 是企业总的管理体系中的一个子系统，其循环也是企业整个管理体系循环的一个子循环。企业通过 OSHMS 不断循环运行和改善。图 5-2 给出了 OSHMS 试行标准基本要素与运行模式。

OSHMS 包含了 5 个一级要素，即职业安全健康方针、策划、实施与运行、检查与纠正措施、管理评审。

1. 职业安全健康方针

职业安全健康方针是指经最高管理者批准的职业安全健康方针，以阐明整体职业安全健康目标和改进职业安全健康绩效的承诺。该方针是建立、实施与改进企业 OSHMS 的推动力。

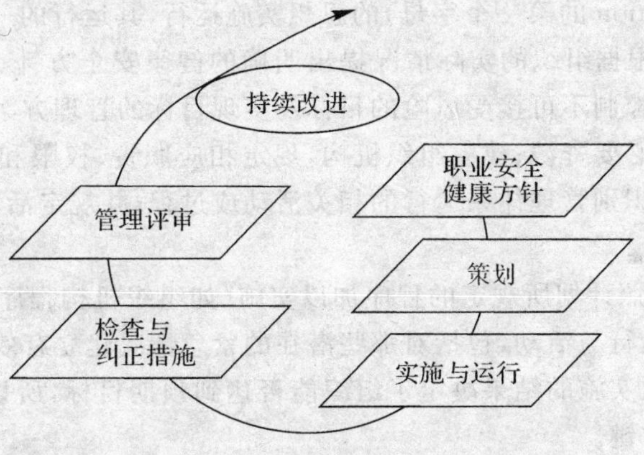

图 5-2　OSHMS 试行标准基本要素与运行模式

2. 策划

策划包含 4 个方面的内容。

(1)制定和实施危险源辨识、风险评价和风险控制的策划。

(2)制订遵守职业安全健康法律和法规的计划。

(3)制定职业安全健康管理目标，逐级分解并形成文件。

(4)制定实现职业安全健康目标的管理方案，明确各层次的职业安全健康职责和权限、实施方法和时间安排。

3. 实施与运行

实施与运行包含 4 个方面的内容。

(1)建立和完善职业安全健康管理机构，落实各岗位人员的职责和权利。

(2)教育、培训人员，提高职业安全健康意识和能力。

(3)建立信息流通网络，加强职业安全健康信息交流。

(4)形成、发布、更新、撤回书面或电子形成的文件。

(5)对文件和资料实施控制,除管理手册和程序文件外,还应有适当的支持文件。

(6)按照目标和指标以及有关程序控制职业安全健康管理体系的运行。

(7)制订应急预案与响应计划。

4.检查与纠正措施

检查与纠正措施包含4个方面的内容。

(1)企业对职业安全健康绩效进行监测和测量。

(2)调查、处理异常和事故,采取纠正和预防措施。

(3)标识、保存和处置职业安全健康记录、审核和评审结果。

(4)定期审核职业安全健康管理体系。

5.管理评审

管理评审是指定期对职业安全健康管理体系进行评审,确保体系的持续实用性。根据评审的结果、不断变化的客观环境和对持续改进的承诺,提出需要修改的方针、目标以及职业安全健康管理体系的其他要素。

以上5个要素采用戴明循环理论(策划-运行-检查-改进),即PDCA(PDCA取自英语单词Plan,Do,Check,Action的第一个字母)的思想实施运行,其运行的一般过程如下:

(1)Plan(策划)。根据组织的实际情况提出明确的健康安全方针、目标;确定组织范围内的不可接受风险、优先控制不可接受风险的目标及实现目标的管理方案;制定适用于组织的健康安全法律法规;配备必要资源;建立组织机构,规定相应职责、权限和相互关系,建立文件化程序并予以有效控制;识别管理体系运行的相关活动或过程,并规定活动或过程的实施程序和作业方法等。

(2)Do(行动)。按照计划所规定的程序加以实施(如组织机构程序和作业方法,规范控制那些可能产生风险的运行与活动,包括对那些潜在的紧急情况建立有效的响应计划等)。实施过程与计划的符合性及实施的结果决定了组织能否达到预期目标,所以保证所有活动在受控状态下进行是实施的关键。

(3)Check(检查)。为了确保计划的有效实施,需要对计划实施效果进行检查衡量,并采取措施、修正、消除可能产生的行为偏差。

(4)Action(改进)。管理过程不是一个封闭的系统,因而需要随管理活动的深入,针对实施中发现的缺陷、不足、变化的内外部条件,不断对管理活动进行调整、完善。通过最高管理层对体系的评审提出持续改进的方向。

戴明模型构成一个动态循环、不断上升的螺旋。PDCA循环圈是职业健康安全管理体系的运行基础,同时也是ISO14000和ISO9000管理体系的运行基础。实际上PDCA循环圈是所有现代管理体制的根本运行方式。

5.5.3 OSHMS特征和意义

1.OSHMS的特征

职业安全健康管理体系是系统化、结构化、程序化的管理体系,是遵循PDCA管理模式并以文件支持的管理制度和管理方法,具有以下几个方面的特征。

(1)企业高层领导人必须承诺不断加强和改善职业安全卫生管理工作。

(2)危险源控制是职业安全卫生管理体系的管理核心。

(3)职业安全卫生管理体系的监控作用。

(4)职业安全卫生管理体系“以人为本”。

(5)文件化。

2. OSHMS认证的意义

(1)为企业提高职业健康安全绩效提供了一个科学、有效的管理手段。

(2)有助于推动职业健康安全法规和制度的贯彻执行。

(3)使组织的职业健康安全管理由被动强制行为转变为主动自愿行为，提高了职业健康安全管理水平。

(4)有助于消除贸易壁垒，开拓国际市场。

(5)杜绝事故发生，降低经营成本，提高了企业产生直接和间接的经济效益。

(6)将在社会上树立企业良好的品质和形象。

(7)消除危险源，鼓励员工士气，激励员工安全生产的热情。

5.5.4　OSHMS审核与认证

OSHMS审核的分类方法有两种。一种是按侧重的主题事项划分，包括符合性审核、应负的责任审核和OSHMS审核等。另一种是按审核方和受审核方的关系划分，可分为第一方审核、第二方审核和第三方审核。这一点与质量体系审核和环境体系审核是相同的。

OSHMS审核的目的有以下几种。

(1)确定受审核方建立的体系是否符合OSHMS审核准则(即文件化的体系是否正确)。

(2)判定受审核方建立的OSHMS是否得到了正确的实施与保持。

(3)确定体系的充分性、适用性和有效性。

(4)发现受审核方OSHMS中可予改进的领域。

(5)实施第三方认证。

OSHMS审核的一般顺序是：确定任务，审核准备，现场审核，编写审核报告，纠正措施的跟踪，审核汇总分析。

OSHMS认证的意义在于促进企业建立现代企业制度，保障国家经济可持续发展，规范组织或企业的OSHMS，提高全社会的职业安全健康保障水平。预防和控制事故的发生，保持社会稳定，保障劳动者生命安全与健康，提高人民生存质量。对于组织或企业，获得OSHMS的认证，具有如下的意义。

(1)表明组织或企业建立了适应现代社会要求的OSHMS和机制。

(2)证明组织或企业在安全生产保障和事故预防的能力方面达到了较好的水平。

(3)作为国际社会的通行惯例，在职业安全健康管理方面，企业获得了进入国际市场的通行证。

(4)随着持续的改进和提高，职业安全健康管理进入了一种良性的轨道。

(5)在遵守国家法律、行业规程、技术标准、劳动者需求的符合性方面，达到了应有的层次。

(6)保障企业安全生产，为促进企业经济效益创造了良好的管理条件。

(7)在合作信誉、市场机会、信贷信誉、商业可信度等方面，都有实际的意义和价值。

认证审核的基本过程如下：

(1)认证决定。认证决定由技术委员会执行,认证决定会议由技术委员会主任或副主任主持,认证决定评议的内容有:审核报告的结论及其完整性与规范性;审核计划的实施及完成情况;体系文件是否体现了 OSHMS 标准 17 项核心要素,并能有效地实现职业安全健康方针和目标,实现持续改进和预防污染;不符合项报告是否判据确切,可追溯性强,能体现运行的主要问题。

(2)颁发认证证书。通过认证决定后,认证机构可办理认证注册和制作证书,证书应注明认证机构,证明受审核组织或企业建立的 OSHMS 在一定的认证范围内符合 OSHMS 标准要求。证书颁发后,认证机构应在特定的刊物上将认证注册的组织公布。

(3)监督检查和保持认证。监督检查,复评。

5.6 我国民航安全管理体系

随着航空活动日趋频繁和复杂,以及社会对航空安全的要求不断提高,在传统的安全管理方法越来越低效甚至无效的情况下,全球民航一直在努力创新安全管理方法。

民航安全管理体系(Safety Management System,SMS),基于对安全管理因素的特定界定,涵盖安全政策、安全文化和支持安全组织及特定界定的安全管理因素而构成的安全管理系统,不仅充分体现了国际民航组织(International Civil Aviation Organization,ICAO)的要求,同时又考虑管理的实际情况。其本质是建立并实施系统的、清晰的、全面的安全风险管理和安全基础运行系统,强调以系统化和积极主动的方式进行安全管理,强调事故的预防,倡导安全部门要特别注意安全计划,承担安全风险信息收集工作和分析、故障监察和排除等任务,提供与安全有关的技术支持,同时积极促进公司内部的工作交流。因此,民航安全管理体系 SMS 正是人们深入理解安全内涵、逐步研究安全管理理论、不断总结实践经验而形成的一套系统的、综合的安全管理方法和标准化体系制度。

5.6.1 安全管理体系提出的背景

安全管理体系既非起源于民航业,亦非为民航业所特有,煤矿、电力、水运、食品、建筑等领域都在实施安全管理体系。

加拿大运输部于 1999 年宣布在航空组织中实施安全管理体系,并率先将安全管理体系写入民航规章总体要求,得到国际民航组织的高度赞赏。

英国和澳大利亚也是较早介入到安全管理体系研究的国家,对安全管理体系建设都积累了各自独到的见解。

美国自 1996 年 5 月 11 日 VALUJET 航空公司发生坠机事故(109 人死亡)后,提出基于系统安全管理的思想以实施风险管理,随后逐渐认同并接受安全管理体系。

尽管安全管理体系起初只是少数缔约国自发实践,但国际民航组织敏锐地捕捉到它是提升国际民航安全水平的重要方法,以开放的姿态接纳了该理念。从 2004 年开始,国际民航组织陆续颁布和修订各种关于要求缔约国民航建立安全管理体系的文件,并于 2009 年对其中的 Doc9859 进行第 2 次修订。根据国际民航公约附件 1、6、8、11、13、14 条以及国际民航组织有关文件要求,安全管理体系作为国家安全纲要(State Safety Program,SSP)的组成部分,各缔约国应强制要求已获批准的且在提供服务时面临安全风险的培训组织、航空公司、维修保养组织、型号设计机构和飞机制造商、空中交通管制机构和取得使用资格的机场实施成员国已接受的安全管理体系。同时，国际民航组织还把支持缔约国推广安全管理体系作为 2005 年至 2010 年的战略目标。

作为国际民航组织的一类理事国，为了响应国际民航组织的要求，满足航空运输业可持续发展的内在需求，我国民航积极跟进安全管理体系的研究，通过组织培训、调研、项目管理、试点等方式推进安全管理体系建设，并于 2007 年 11 月发布了《中国民用航空安全管理体系(SMS)建设实施总体方案》。与此同时，安全管理体系在机场、航空公司、空管、维修单位进行试点，并陆续展开了安全管理体系的教育和培训工作。可以预见，安全管理体系被写入法律、法规也是可以预期的。

5.6.2　安全管理体系内涵和特点

国际民航组织颁发的《安全管理手册》中指出，安全管理体系(SMS)是有组织的安全管理的方法，包括必要的组织结构、问责方法、政策和程序。其内容涵盖安全政策、安全文化和支持安全组织以及特定界定的安全监测、安全评估、安全审核、安全促进等安全管理因素，是一个国家或组织安全管理的体系性指导文件，即安全管理指南。

所谓特定界定的安全管理因素，安全监测是指核实组织的安全业绩指标符合要求并且监控趋势。安全评估是指控制新的或修改过的可能会导致危害事件产生的过程、系统和程序，以保证损坏或损伤的风险限制在一个可接受的水平。安全审核是指确保与当前操作有关的潜在危害事件被识别，并且若有需要则适用的补救行动得以应用。安全促进是指通过这种方法使安全问题之间相互联系以保证在组织内产生一种安全工作中的文化。

民航安全管理体系依据民航安全管理政策(如绩效指标、安全目标、安全战略等)，提供或建立支持性组织、安全文化、安全管理信息系统，通过危险识别、风险管理安全监督和安全绩效监控(如安全监测、安全评估、安全审核、安全促进)，实现民航安全性能的保证。同时，遵循管理学中管理的计划、组织、指挥和控制四大职能，在计划职能中确立安全政策，在组织职能中设置支持性组织，在控制职能中履行安全监测、安全评估、安全审计和安全促进的职能。其核心理论是风险管理，采用风险管理的 3 个步骤，即危险识别、风险评估和风险控制与管理，涉及并影响所有的安全管理行为(如安全信息管理、安全评估、事故调查、安全监控等)，是主动控制安全的最有效方式。

SMS 是民航安全管理主体为获得较好的民航安全管理效果，对民航安全管理运行过程中各项具体活动实行检查审核、监察督导和促进防患的一种管理活动。SMS 功能包括以下 4 个方面的内容。

(1)制约功能，即为了保证民航安全管理目标的顺利实施，对民航安全管理过程中各个要素、环节和阶段进行的检查、牵制活动。

(2)参与功能，即为了保证民航安全管理活动的有效性，使民航安全管理者参与到民航安全决策、民航安全计划、民航安全实施、民航安全管理等每项具体活动中。

(3)预防功能，即发现和寻找各种对未来民航安全生产产生不利影响的现实因素或潜在因素，以预防、阻止各种错误和偏差的产生和出现。

(4)反馈功能，即在民航安全审核检查中，及时发现民航安全管理中存在的各种问题和偏差，为民航安全管理者和民航安全管理部门采取针对性措施、及时纠正偏差、不断改进民航安全管理提供迅速、可靠的科学依据。

安全管理体系与传统安全管理理念相比，具有以下特点。

(1)从单一要素改进到系统全面完善，即安全管理体系要求从组织、从系统的角度全面查找缺陷，建立纵深防御体系。

(2)从事后管理到事前管理，即安全管理体系以事前的主动式管理为主，管理对象是事态或者风险，在事件发生之前或在影响安全的因素作用之前，通过危险识别和风险管理降低风险，旨在"防微杜渐"或"未雨绸缪"。

(3)从符合规章到风险防范，即安全管理体系认为，局方的规章标准往往是行业最低的、普遍的要求，遵守规章标准只是企、事业单位对局方的基本契约和对公众的起码承诺，企、事业单位还应该自主从风险防范的角度，利用诸如提高运行标准、实施内部审计、启动安全评估等手段提高安全水平。

(4)从符合性监督到管理体系审核，即实施安全管理体系后，局方假设企、事业单位的运行没有漏洞，将更多的焦点集中在审核安全管理体系的有效性和效率，从而促进企、事业单位建立自我审核、自我监督、自我完善的长效机制，提高自身的风险免疫功能。

(5)从运动式管理到常态化管理，即安全管理体系把文件管理提升到一个前所未有的高度，它要求所有的安全管理活动应当提供文本文件予以支持，按照既定计划进行，有据可依，并保持可持续性跟进，从而实现安全管理的常态化。

(6)从技术规范化到管理规范化，即安全管理体系认为，事事都与安全有关，尤其是管理，它凸显的是体系建设，更加注重安全管理本身的标准化、规范化。

(7)从少数人的安全责任到全员的安全责任，即实施安全管理体系后，安全将渗透、融合到组织的各项活动或业务当中，组织中的任何部门都与安全相关。

(8)从阶段性管理到持续性改进，即持续改进则要求组织从长远出发，着眼于持续安全，而不是一时的安全，应不断识别风险，评价风险，持续改进，动态地、连贯地推进管理循环。

(9)从开放式管理到闭环式管理，即闭环管理则严格要求管理活动遵从一定的范式，例如借助质量管理体系中的戴明循环理论 PDCA，来实现安全管理活动的标准化。

(10)从规章制度执行到安全文化引领，即在健康安全文化的引领下，员工从被动执行规章制度可以过渡到无意的言行之间尽在落实规章制度，最终升华到面对规章制度以外的问题也能坚持"安全第一"的思想积极应对。

由此可见，民航安全管理体系的实质是安全保障体系，是基于具有普遍意义的民航安全管理体系，即建立安全方针和安全目标并实现这些目标的体系。因此，无论内涵与外延都比一般意义上的 SMS 宽泛得多。

5.6.3 安全管理体系核心要素和结构

安全管理的组织体系、法规标准体系和监督检查体系构成中国民航安全管理体系的核心要素，是实现系统安全管理功能的基本保障。

(1)组织体系。组织体系是依法管理航空安全的管理主体，是中国民航安全管理体系的基础，健全各级安全管理机构是民航实施安全管理的基本条件。在安全管理组织体系的建设上，政府和企业负有不同的责任。完善的安全管理组织体系应满足下列要求。

1)要有合理的功能结构，根据政府和企业不同的安全管理需要，科学地设置各个层面上的机构。

2)有明确的工作目标。

3)要有优秀的管理团队，包括优秀的领导干部和管理人员。

4)应重视培训。

(2)法规标准体系。安全管理法规是政府管理民航安全的法律依据，是企业安全生产和安全管理的行为准则。它明确了从业人员的责任和权益，用于规范从业人员在民航生产过程中实施和接受管理的行为，以达到安全管理的目的。安全管理法规可分为法律、法规、规章、规范性文件和工作制度 5 个层次。标准体系应按国际、国家、行业及企业等 4 个层次全面建设。完善的安全法规标准体系应符合下列条件。

1)适应民航安全生产和管理的现实需要。

2)与国际法规标准体系接轨。

3)要具有良好的执行效果。

4)企业标准高于行业标准。

(3)监督检查体系。监督检查体系是安全生产方针、政策、法规标准等得以严格执行的重要保证，也是掌握、控制安全生产基本情况和发展趋势的主要途径。风险评估和安全审计在监督检查体系具有重要作用。监督检查活动是系统中能量和信息交换的实现过程，也是系统功能实现协同的关键环节。完善的监督检查体系应符合下列要求。

1)体系完整，责任落实。

2)使用科学的监督检查方法手段。

3)充分发挥安全信息在监督检查中的作用。

组织体系、法规标准体系和监督检查体系，各核心要素之间相互影响、相互支持、相互补充，共同构成了民航安全管理体系的基本结构，如图 5-3 所示。

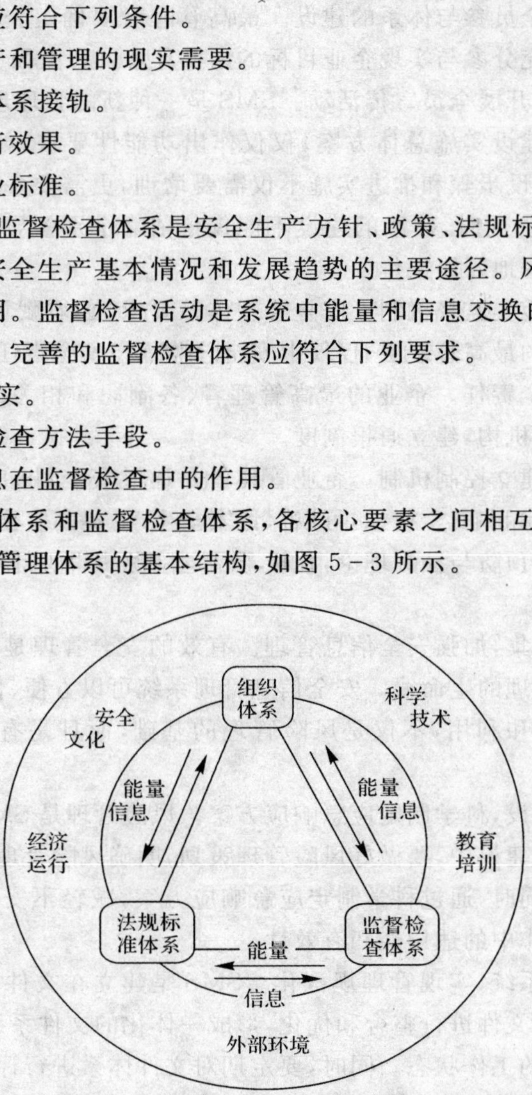

图 5-3　民航安全管理结构示意图

在图 5-3 中，组织体系、法规标准体系和监督检查体系这三个核心要素，协同作用于民用航空安全活动，构成了中国民航依法管理行业安全的基本内容，三者之间既相对独立，又是一个有机的整体，相互支持、相互影响，在实现系统功能上表现出高度的协同性。在核心部分之外，科技创新、教育培训、安全文化及经济运行等环境要素构成安全管理体系的外围部分，它们同核心子系统之间存在广泛的能量和信息交换，直接影响中国民航全管理体系的功能实现。

5.6.4 安全管理体系建设

(1)转变观念，领悟 SMS，科学制定实施方案。作为安全责任的运行主体，民航企、事业单位是安全管理体系的实施主体，必须抛弃等、靠、要的观念，放弃以往依靠民航系统层层传达、落实上级要求的依赖思想，深刻理解 SMS 的精髓，积极主动地制定一套不仅符合国家安全方案，而且适宜于本单位实情的安全管理体系。

(2)发挥领导作用，全员参与体系的建设。最高管理者要确定企业统一的宗旨和方向，创造并保持使全体员工能充分参与实现企业目标的内部环境，“自上而下”地推行 SMS。

(3)重视 SMS 培训，开展全员宣传活动。SMS 是一种新的管理理念和方法，《中国民用航空安全管理体系(SMS)建设实施总体方案》仅仅作出功能性要求，如何准确解读并满足这些功能性要求，如何确立建设步骤和推进实施不仅需要培训，更需要咨询，开展全员培训是推动体系建立和建设的基础。同时，体系的建设不能仅仅依靠个别领导和个别部门的推动，要全员、全方位、全面和全过程地开展工作。

(4)确定管理责任，落实监督机制。安全管理体系要求，必须赋予安全总监与责任人相当的权力。安全始于组织的最高管理层，仅仅由安全总监承担安全责任还不够，组织的主要领导(一把手)也必须承担安全责任。企业的最高管理者、各副职和相关部门，都要签定推行 SMS 的责任书，同时落实监督机构，建立通报制度。

(5)制定安全目标，建立控制机制。企业管理者是通过安全目标对企业实施安全管理的，科学、合理地制定安全目标和安全指标，可以保证安全生产，提高安全管理水平。同时，在安全目标的指导下，运用事故预防与控制理论，积极开展危险源辨识、风险评价和风险控制活动，实现全面、主动的安全管理。

(6)完善安全信息收集，加强安全信息管理。有效的安全管理是“以数据为驱动的”，高质量、全面的数据是安全管理的生命线。安全信息管理系统可以方便、快捷地实现对各类数据和信息的收集、分析、共享和利用，不仅是风险管理的基础，而且是有效运行安全管理体系的关键。

(7)加强风险管理建设，科学制定应急响应方案。风险管理是 SMS 的核心，也是体系建设的重点。在 SMS 推行和建设中，要做好风险管理策划，明确风险管理的职责，研究风险评价的方法和风险控制手段。同时，通过科学制定应急响应方案，减轻不安全事故造成的后果，确保应急响应方案在实际运作中的适用性和有效性。

(8)健全 SMS 文件系统，实现管理规范化。SMS 是建立在文件化基础上的系统管理，它参照和借鉴国际标准，将文件进行整合和优化，形成一体化的文件系统，避免政令多头、信息重叠、工作重复、效率低下的工作状态。同时，要定期对文件体系进行评审和改进。

(9)建立 SMS 审核机制，确保体系的持续性和可发展性。SMS 要求企业要定期对安全政策、法规、程序、合同和运行等进行符合性审核和评价，及时发现问题，采取纠正和预防措施，制定有效的风险控制机制，推动体系的持续改进。SMS 具有令人瞩目的先进性，正处于高速成长期，通过管理评审可以改进安全管理体系自身的适宜性、充分性和有效性，使之充分发挥最佳的安全管理功效。

(10)以人为本，倡导和建设安全文化。安全管理体系明确提出了组织建设安全文化的要求，倡导和营造积极的安全文化。积极的安全文化是安全管理体系得以运行的根基和土壤，是建立和维护安全管理体系的动力。积极的安全文化包括严格文化、知情文化、学习文化、报告文化和公正文化。

安全管理体系作为一种新的管理方法，其本质是运用体系的思想实现系统的闭环管理。目前，我国民航处于跳越式发展阶段，为了应对这个挑战，安全管理水平也必须相应地快速提高，否则安全管理就会出现漏洞，容易诱发事故的发生。只有结合我国航空业实际，坚持走适合我国民航安全管理发展的道路，安全长效机制才能逐步建立。作为安全方面的各级管理者，应该下工夫做的是如何从思想上客观地认识安全管理现状，从关系上理顺各部门的管理职能，从行动上推进 SMS 的运用，整合现有资源，真正提高我国航空安全管理水平。

思 考 题

1. 我国安全法规的渊源体系是什么？
2. 我国与安全生产相关的安全法规有哪些？
3. 加入 WTO 后，我国的安全管理体制应如何调整？
4. 制订安全技术措施计划能从哪些方面促进企业的安全管理水平？
5. 什么是职业安全健康管理体系？建设职业安全健康管理体系的意义是什么？
6. 中国民航安全管理体系的内容是什么？现阶段如何加强民航安全管理体系的建设？

第6章　事故统计与分析

本章学习目标

1. 掌握事故统计的基本方法。
2. 掌握事故直接经济损失和间接经济损失的计算方法。
3. 了解事故分析的主要内容和方法。

伤亡事故的统计与分析是以大量的伤亡事故资料为基础，应用数理统计的原理和方法，从宏观上探索伤亡事故发生的原因及其规律性的过程。通过伤亡事故的综合统计和分析，可以了解一个行业、企业或部门在某一个时期的安全状况，揭示事故发生的规律、分布特征，探求事故发生的原因和影响因素，为预防和控制事故、宏观事故预测和安全决策提供依据。因此，事故统计与分析是安全管理工作的重要内容，其目的包括3个方面：① 进行企业外的对比分析，依据伤亡事故的主要统计指标进行部门与部门之间、企业与企业之间、企业与本行业平均指标之间的对比。② 对企业、部门在不同时期的伤亡事故发生情况进行对比，用来评价企业安全状况是否有所改善。③ 发现企业事故预防工作存在的主要问题，研究事故发生原因，以便采取措施防止事故的发生。

本章将从事故统计分析的数学原理出发，学习事故统计和分析的方法。

6.1　事故的统计方法

6.1.1　事故统计的数学原理

事故统计分析的基础是概率论及数理统计。

1. 事故发生的随机性质

事故的发生是一种随机现象，这种随机现象表现为：在一定条件下可能发生，也可能不发生，在个别试验观测中呈现出不确定性，但在大量重复实验观测中具有规律性。

用随机变量来描述随机现象，即用实际数字系统的分布来描述。

设 E 是随机试验，它的样本空间为 $S=\{e\}$。如果对于每一个 $e \in S$，有一个实数 $x(e)$ 与之对应，这样就得到一个定义在 S 上的单实数函数 $x=x(e)$，称之为随机变量。

由于实际分布系统不同，随机变量分为离散型和连续型。

在研究事故统计规律时，需要恰当地确定随机变量的类型。例如：

(1) 在一定时期内建筑企业伤亡事故发生次数只能是非负的整数，相应的数字分布是离散型的。

(2) 在两次事故之间的时间间隔应该属于连续型，这是因为与时间相对应的数字分布系统是连续的。

为了描述随机变量的分布情况，利用数学期望，即平均值来描述数值的大小。

$$\bar{x}=\frac{1}{n}\sum_{i=1}^{n}x_i \qquad (i=1,2,3,\cdots,n) \tag{6-1}$$

利用方差来描述统计数据的随机波动性。

$$\sigma^2=\frac{\sum_{i=1}^{n}(x_i-\bar{x})^2}{n-1} \qquad (x_i \text{ 为观测值}) \tag{6-2}$$

在事故统计分析中，用两个概念来描述：

(1) 事故频数(n_i)：是指在规定的统计范围内某种事故出现的次数。

(2) 事故频率(f_i)：是指事故频数与被测的所有事故次数之比。

事故频率在一定程度上反映了事故随机现象出现的可能性。当观测次数少时，统计结果表现出强烈的随机波动性。随着观测次数的增加，事故频率将逐渐趋于一个稳定的常数，这个常数称为事故发生的概率，它是事故随机发生可能性的度量。

事故的概率是随着某个自变量(如时间)的变化而变化的，换句话说，事故的概率是某个自变量(时间)的函数，通常称这个函数为事故概率的密度函数。

2. 事故的统计分布

在事故统计分布中，经常会遇到下面一些统计分布规定。

(1) 均匀分布。对于连续型随机变量，当其事故概率的密度函数具有下述形式时，则称为均匀分布。

$$f(x)=A \qquad (\text{当 } x_1\leqslant x\leqslant x_2 \text{ 时})$$
$$f(x)=0 \qquad (\text{当 } x<x_1 \text{ 或 } x>x_2 \text{ 时})$$

例如：当统计事故损失工时为 0 ～ 100 小时的区段内的事故时，假设在此时间段内任意损失工时的事故发生概率均为 0.01，则事故发生的概率密度函数可写为

$$f(x)=0.01 \qquad (\text{当 } 0\leqslant x\leqslant 100 \text{ 时})$$
$$f(x)=0 \qquad (\text{当 } x>100 \text{ 时})$$

损失工时在 $T_1\leqslant x\leqslant T_2$ 的区间内的事故发生概率(累计事故概率)为

$$F(x)=\int_{T_1}^{T_2}f(x)\mathrm{d}x=0.01\times(T_2-T_1)$$

如果给定 T_1 和 T_2 值，则可计算出相应的概率(见图 6－1)。

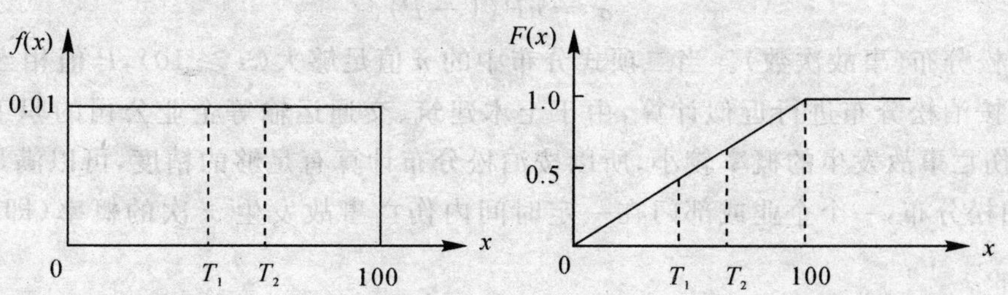

图 6－1　概率密度函数和累计密度函数示意图

(2) 指数分布。指数分布属于连续型随机变量的概率分布，主要用来描述事故发生时间间隔的分布情况。

假设单位时间内事故发生的次数，即事故发生率为 λ，则自某时刻起 t 时间内发生事故的概率为

$$F(t)=1-e^{-\lambda t} \tag{6-3}$$

此式称为事故发生的时间分布，其事故的概率密度函数为

$$f(t)=\lambda e^{-\lambda t}$$

指数分布的数学期望（即平均值）为

$$\theta=\int_0^{\infty} tf(t)\mathrm{d}t=\frac{1}{\lambda} \tag{6-4}$$

该公式的物理意义为：平均事故间隔时间，在安全管理中也称为平均无事故时间，它是事故发生率的倒数。

指数分布的方差为

$$\sigma^2=\int_0^{\infty} t^2\cdot f(t)\mathrm{d}t=\frac{1}{\lambda^2} \tag{6-5}$$

事故发生率 λ 是指数分布唯一的分布参数，是一个最具有实际意义的参数，表示单位时间里发生事故的次数，是衡量企业安全状态的重要指标。严格地讲，任何企业的事故发生率都是不断变化的，但是，在考察一段比较短的时间间隔内的事故发生情况时，为简化可以近似认为事故发生是恒定的。

(3) 二项式分布（事故次数）。二项式分布属于离散型随机变量的概率分布，可以用于描述一个企业或部门在一定时期内事故发生次数的概率分布。

设某建筑企业有 n 名职工，且每人每月发生事故的概率相同，均为 P，由二项式分布可知，该企业的每月发生 x 次事故的概率（即概率密度函数）为

$$f(x)=\frac{n!}{x!\ (n-x)!}P^x\ (1-P)^{n-x} \tag{6-6}$$

每月发生事故次数不超过 x 的概率，即发生 x 次及 x 次以下事故的累计概率分布为

$$F(x)=\sum_{x=0}^{x}f(x)=\sum_{x=0}^{x}\frac{n!}{x!\ (n-x)!}P^x\ (1-P)^{n-x} \tag{6-7}$$

二项式分布的数学期望（即平均值）为

$$\lambda=nP \tag{6-8}$$

二项式分布的方差为

$$\sigma^2=nP(1-P) \tag{6-9}$$

(4) 泊松分布（事故次数）。当二项式分布中的 n 值足够大（$n\geqslant 10$），P 值相当小（$P\leqslant 0.1$）时，可以按泊松分布进行近似计算，由于土木建筑、交通运输等企业公司的职工人数较多，而经统计，伤亡事故发生的概率较小，所以按泊松分布计算有足够的精度，可以满足要求。

根据泊松分布，一个企业或部门在一定时间内伤亡事故发生 x 次的概率（即概率密度函数）为

$$f(x)=e^{-\lambda}\frac{\lambda^x}{x!} \tag{6-10}$$

式中，λ 为泊松分布的数学期望，即该时期内伤亡事故的平均次数，λ^2 即为泊松分布的方差。在一定时间内伤亡事故发生次数不超过 x 次的概率为

$$F(x)=\sum_{x=0}^{x} f(x)=\sum_{x=0}^{x} \mathrm{e}^{-\lambda} \frac{\lambda^{x}}{x!} \tag{6-11}$$

例 6-1　某大企业集团前两年内共发生伤亡事故 105 次，如果安全状况不变，则来年每月不发生伤亡事故的概率为多少？每月内伤亡事故次数不超过 3 次的概率为多少？

解　每月平均伤亡事故的次数（数学期望）为

$$\lambda=\frac{105}{24}=4.375(\text{次} / \text{月})$$

每月不发生伤亡事故的概率为

$$f(0)=\mathrm{e}^{-\lambda} \frac{\lambda^{0}}{0!}=\mathrm{e}^{-\lambda}=\mathrm{e}^{-4.375} \approx 0.0126$$

每月内发生伤亡事故次数不超过 3 次的概率为

$$F(3)=\sum_{x=0}^{3} f(x)=\sum_{x=0}^{3} \mathrm{e}^{-\lambda} \frac{\lambda^{x}}{x!}=\mathrm{e}^{-\lambda}\left(1+\lambda+\frac{\lambda^{2}}{2!}+\frac{\lambda^{3}}{3!}\right) \approx 0.3638$$

(5) 正态分布。生产过程中的事故统计，很多结果服从于正态分布形式，当观测次数非常大时，二项式分布趋于正态分布。

正态分布是在平均值 $\bar{x}$(数学期望) 附近对称的分布，其概率密度函数为

$$f(x)=\frac{1}{\sqrt{2\pi}\sigma} \exp\left[-\frac{(x-\bar{x})^{2}}{2\sigma^{2}}\right] \tag{6-12}$$

根据不同的 σ 值，正态分布的形式如图 6-2 所示。

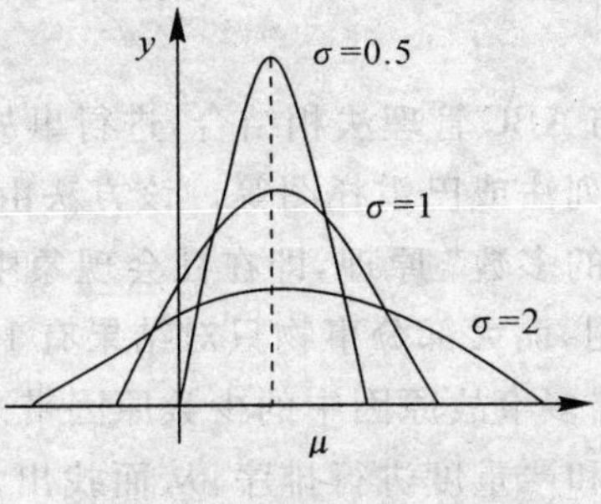

图 6-2　正态分布的形式

根据正态分布，可以得到置信区间和置信度。随机地从总体中抽取一个样本，在推断总体期望值时，可以根据样本观测值计算样本的期望值，根据总体分布的概率密度函数，求出期望值落入任意两个值之间的概率。例如，对于期望值为 μ、方差为 σ 的正态分布，其观测值的 94.45% 可能落入 $\mu \pm 2\sigma$ 的范围内，则相当于置信度为94.45% 的置信区间为$(\mu-2\sigma \sim \mu+2\sigma)$，即当从总体中反复多次抽样时，每组样本观测值确定一个区间 $\mu \pm 2\sigma$，在这些区间内包含 μ 的约占 95%，不包含 μ 的约占 5%。

置信度和置信区间在事故统计分析中可以用来估计统计分析的可靠程度，是非常重要的参数。

6.1.2　事故统计方法

事故统计方法通常可分为描述性统计和推断性统计两种。

1. 描述性统计

描述性统计是指已知事故统计指标(如事故频数、伤亡人数、伤亡事故频率等)的数值,借助图形、表格等形式对事故现象加以描述,反映和分析事故原因以及查找事故内在规律的一种事故统计方法。常用的事故统计方法有柱状图、趋势图、管理图、扇形图、玫瑰图和分布图等。

(1) 柱状图。柱状图是将统计指标数值按照从大到小、从左到右依次排列,将各种因素和数据直观表现出来,绘制成柱状图形,并以折线表示累计值。这种方法绘制容易,表达清晰,应用十分广泛。

图 6-3 给出了柱状图的示意图。

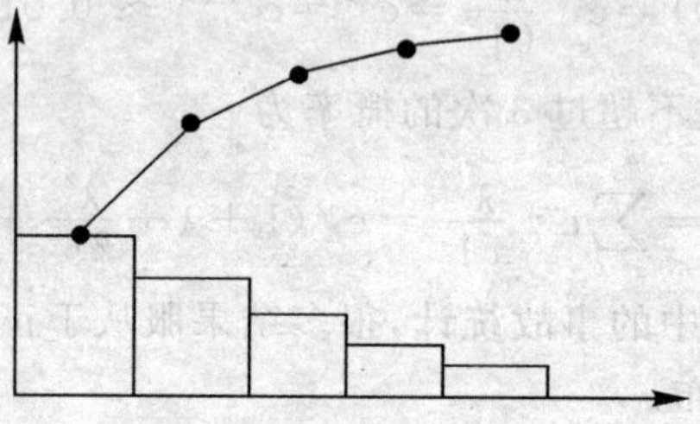

图 6-3　柱状图示意图

在柱状图中,纵坐标可以是事故频数、伤亡人数、伤亡事故频率等统计指标,横坐标可以是时间、伤害部位、事故原因、影响因素等。通过柱状图,可以非常直观地看出事故统计指标(如事故频数、伤亡人数、伤亡事故频率等)在某一时期内的分布状态,以及影响事故统计指标数值的原因和因素。

柱状图在安全管理中通常与ABC管理法相结合,进行事故的预防和控制。ABC管理法又称为ABC分析法、主次图法、排列法或巴雷托图等。该方法由巴雷托法则转化而来,其基本含义反映的是"关键的少数与次要的多数"原理,即在社会现象中,少数事物(如10% ~ 20%的事物)对结果有90%的决定作用,而大部分事物只对结果有10%或以下的决定作用。该方法应用在安全管理上,就是反映"许多事故原因中的少数原因带来较大的损失"的规律。按照事故的统计结果,将事故的风险率和严重度进行排序,从而找出危险源或薄弱环节,再采用相应的措施和手段对危险源加以控制,保证安全生产的正常进行。该方法的目的是集中力量解决主要问题,因此,在现代安全管理中广为应用。

在ABC管理图中,以所要分析的事故(或故障)类型,如人的不安全行为、物的不安全状态或管理缺陷等造成的事故(或故障)类型为横坐标,以事故类型的各项指标值,如事故相对频率、人员伤亡或财产损失、严重度、风险率等为纵坐标。横坐标上事故(或故障)类型的排列方式是依据纵坐标上的指标值从大到小顺序依次从左到右进行排列,纵坐标上的指标值根据统计数据的累加百分数得到,数据的累加百分数按照下式计算:

$$p = \sum_{i=1}^{n} p_i \tag{6-13}$$

累加值为0 ~ 80%的称为关键因素,或关键部位,或A类因素;累加值为80% ~ 90%的部分称为主要因素,或主要部位,或B类因素;累加值为90% ~ 100%的部分称为次要因素,或次要部位,或C类因素。

在现代安全管理中,通过ABC管理图的分析,可以查找出关键因素和部位。对A类因素要特别重视，重点进行检查和控制，从而避免事故的发生和造成严重的后果。

例如，某单位因安全管理缺陷出现的事故类型统计如表 6－1 所示。

表 6－1　系统安全管理不利出现的事故类型统计

事故类型	事故数	相对频率/(%)
违反操作规定	6 258	67.02
现场缺乏检查	1 050	11.24
不懂操作技术	735	7.87
违反劳动纪律	329	3.53
劳动组织不合理	301	3.22
操作错误	272	2.91
指挥错误	143	1.53
规章制度不健全	137	1.47
没有安全规程	113	1.21
总计	9 338	100

以事故类型为横坐标，以相对频率为纵坐标作图，图 6－4 给出了某单位系统安全管理的 ABC 管理柱状图。

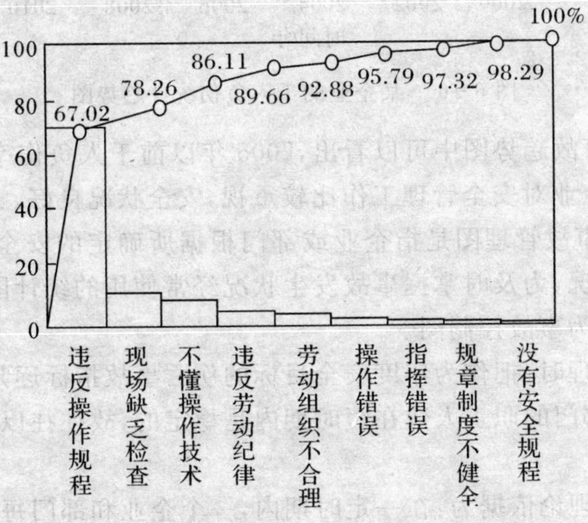

图 6－4　ABC 管理柱状图

由图 6－4 可知，0～80% 因素为 A 类因素（如违反操作规程和现场缺乏检查）；80%～90% 因素为 B 类因素（如不懂操作技术和违反劳动纪律）；其余为 C 类因素（如劳动组织不合理、操作错误、指挥错误、规章制度不健全、没有安全规程等）。

(2) 事故发生趋势图。事故发生趋势图是按时间顺序对事故发生情况进行统计分析后绘制的图形，以折线图的形式来表现，如图 6-5 所示。

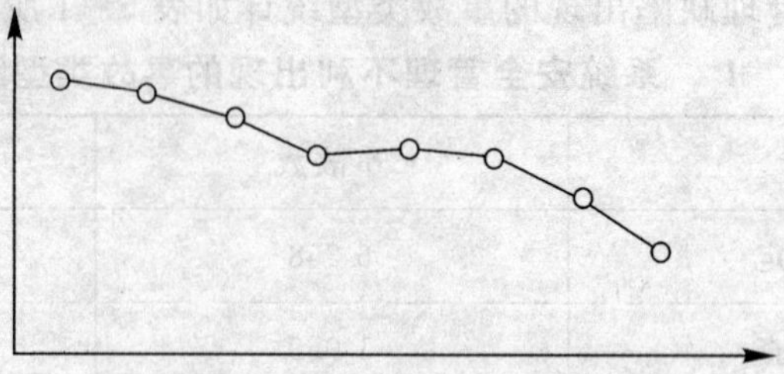

图 6-5　事故发生趋势图示意图

在事故发生趋势图中，纵坐标可以是事故频数、伤亡人数、伤亡事故频率等统计指标，横坐标可以是统计的时间（如年、月、天、小时等）。事故发生趋势图既可以展示伤亡事故发生趋势，又可以评价某一时期内企业的安全状况。

例如，某企业 2000—2010 年这 11 年期间的伤亡事故发生趋势图如图 6-6 所示。

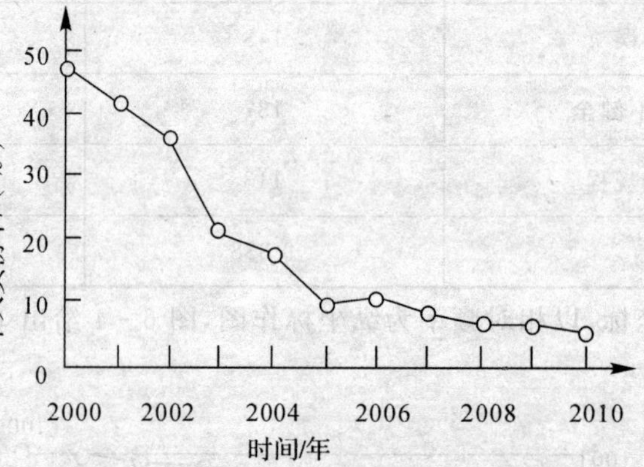

图 6-6　某企业的千人负伤统计趋势图

由图 6-6 所示的事故趋势图中可以看出，2005 年以前千人负伤率下降幅度较大，之后呈稳定下降的趋势，表明企业对安全管理工作比较重视，安全状况良好。

(3) 事故管理图。事故管理图是指企业或部门根据所确定的安全目标值，考察其在某一时期与目标值的波动情况，为及时掌握事故发生状况经常使用的统计图形，以折线图的形式来表现。事故管理图又称为事故控制图。

在实施安全目标管理时，把作为年度安全目标的伤亡事故指标逐月分解，确定月份的管理目标，通常一个企业或部门的职工人数在短时期内是稳定的，故往往以每月伤亡事故次数作为安全管理的目标值。

事故管理图制作的理论依据为：在一定时期内，一个企业和部门每月伤亡事故发生次数的概率基本上服从泊松分布。用数学期望来描述每月伤亡事故的平均发生次数（或平均事故发生率，即平均单位时间内事故发生次数），用方差来描述每月份伤亡事故的随机波动状况。

由于泊松分布的数学期望和方差都用 λ 表示，所以用 λ 作为目标值。如果置信度为 90%，则可以确定围绕安全目标 λ 管理的控制上、下限。

控制上限为

$$U=\lambda+2\sqrt{\lambda}$$

控制中线(安全目标)为

$$\lambda$$

控制下限为

$$L=\lambda-2\sqrt{\lambda}$$

在实际安全管理工作中,人们最关心的是实际伤亡事故发生次数的平均值是否超过安全目标值,所以,工作中往往不必考虑控制下限,只考虑控制上限即可,力争每月内的次数不超过控制上限。图 6-7 给出了事故管理示意图。

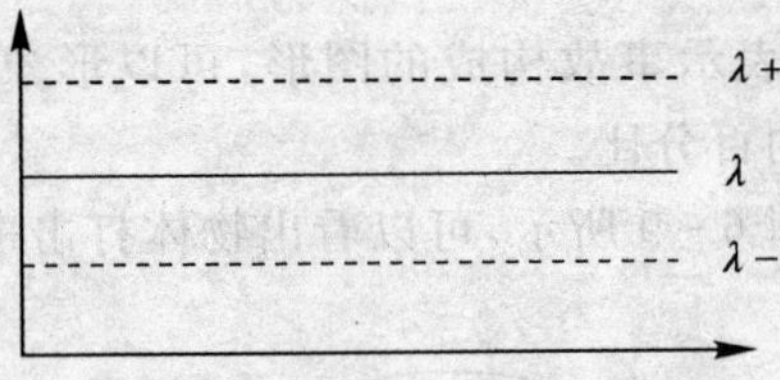

图 6-7　事故管理图示意图

在事故管理图中,横坐标为时间(通常为月份),纵坐标是安全目标值,包括重大事故次数、死亡人数、伤害频率或伤害严重率、事故造成的经济损失(如损失工作日、工伤治疗费、死亡抚恤费等)、劳动安全卫生措施计划完成率(如隐患整改率、设施完好率)、全员安全教育率(如特种作业人员培训率)。用实线表示管理目标线,虚线表示管理上限和下限,并注明数值和符号。将每个月的实际伤亡事故次数的点绘于相应位置上,并用直线连接起来,形成折线图,用以表明安全状况随时间的总体走势。

通常有 4 种情况的伤亡事故管理图走势,如图 6-8 所示。

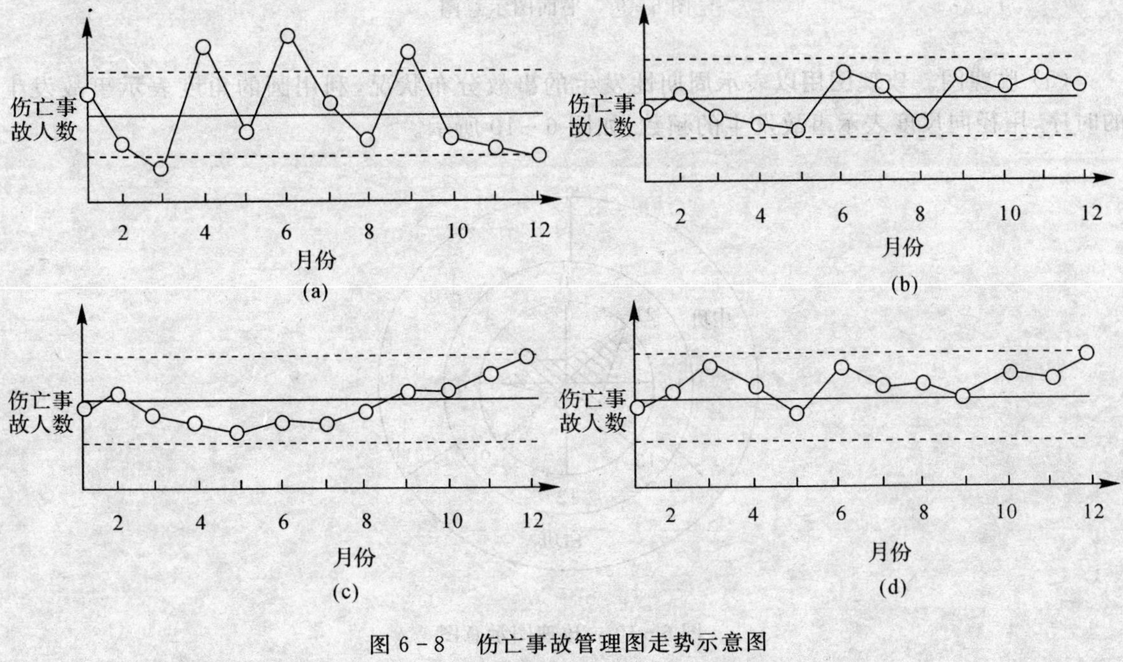

图 6-8　伤亡事故管理图走势示意图

1）个别数据超出了管理上限值，说明有突出的不安全因素，如图 6－8(a) 所示。

2）连续出现数个点在管理目标值之上，说明不仅存在不安全因素，而且在连续起作用，如图 6－8(b) 所示。

3）多个点连续性上升，说明有不安全因素在起作用，而且安全状态不断恶化，如图 6－8(c) 所示。

4）大多数数据点在管理目标之上，说明安全状况很差，必须整改，如图 6－8(d) 所示。

在正常情况下，各月份的实际伤亡事故发生次数应控制在管理上限之内，并围绕安全目标值随机波动。如果管理图上出现如图 6－8 所示 4 种情况，就应该认为安全状况发生变化，难以达到预定安全目标，必须查明原因及时整改。

(4) 平面图。平面图是一种表示事故构成的图形，可以形象地反映事故发生的原因、种类、地点等在所发生事故中所占的百分比。

例如，机械能伤害平面图如图 6－9 所示，可以看出物体打击事故发生比例最高。

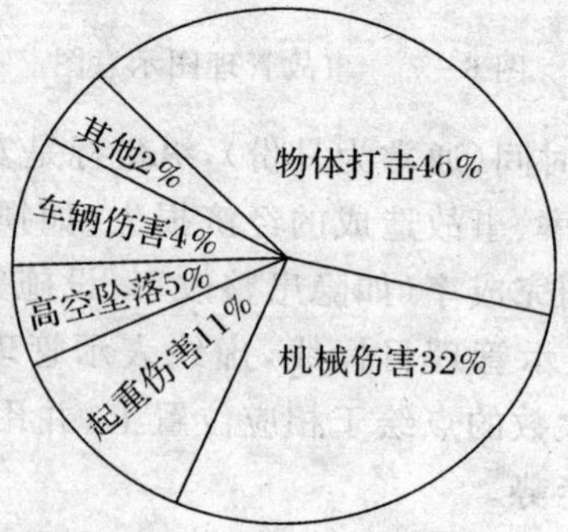

图 6－9　平面图示意图

(5) 玫瑰图。玫瑰图用以表示周期性发生的事故分布状况，利用圆的角度表示事故发生的时序，用径向尺度表示事故发生的频数，如图 6－10 所示。

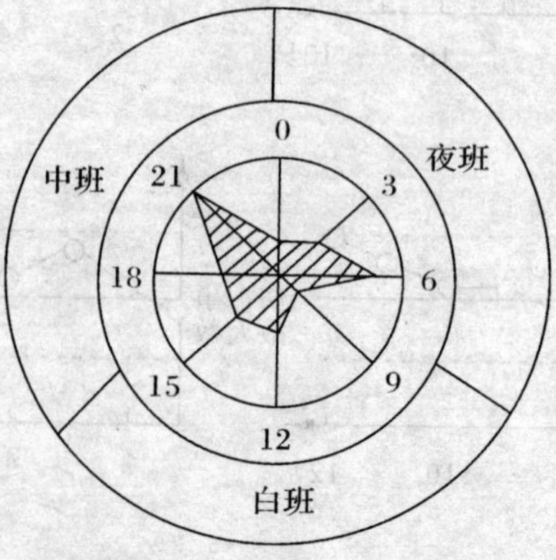

图 6－10　玫瑰图示意图

(6) 分布图。分布图是将曾经发生事故的地点用符号在厂区、车间的平面图上表示出来，不同的事故用不同的颜色和符号表示，符号的大小代表事故的严重程度，如图 6－11 所示。

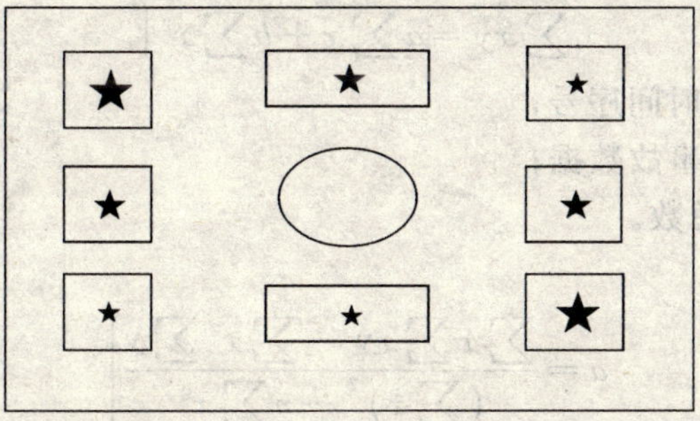

图 6－11　分布图示意图

2. 推断性统计

推断性统计是指在获得样本数据的基础上，以概率论和数理统计理论为依据，对总体情况进行科学推断。应用较多的是通过建立回归模型对现象的依存关系进行模拟，对未来事物的发展情况进行预测。

回归预测法是一种从事物变化的因素关系出发的预测方法。它利用数理统计原理，在大量统计数据的基础上，通过寻求数据变化规律来推测、判断和描述事物未来的发展趋势。

一个企业或部门的安全状况，受其生产性质、规模、人员素质、物质条件、环境状况以及管理水平等因素的影响，它们之间的函数关系因为这些影响而变得复杂，难以确定。但是，大量统计资料表明，企业或部门的安全状况与这些影响因素又是一个密切相关的整体，这个整体具有相对的稳定性和持续性，即时间序列平稳性。因此，可以抛开对逐个因素的分析，对其整体利用惯性原理进行安全状况的预测。将事物变化的因果关系用一组变量来描述，即自变量与因变量之间的关系。通过观察，应用统计方法，大致地或平均地说明自变量与因变量之间的统计关系，这就是回归预测法的思想。

回归预测法的分析步骤有两步。

第一，根据实验或观察数据，绘制散点图，大体确定变量之间的相关关系。

第二，根据散点图初步确定相关关系方程表达式的类型，建立经验回归方程。对变量之间的关系程度进行精确的计算和分析，把经验提高到理论高度，以便更好地指导实践。

回归预测法可分为一元回归和多元回归，本节重点讲述一元线性回归分析方法和一元非线性回归分析方法。

(1) 一元线性回归预测方法。一元线性回归预测法是根据自变量 x 与因变量 y 的相互关系，用自变量的变动来推测因变量变动的方向和程度，其基本方程式为

$$y=a+bx \tag{6-14}$$

式中：　y—— 因变量；

　　　x—— 自变量；

　　　a,b—— 回归系数。

进行一元线性回归，应首先收集事故数据，并在以时间为横坐标的坐标系中，画出各个相对应的点。根据图中各点的变化情况，就可以大致看出事故变化的某种趋势，然后进行计算，求出回归直线。

回归系数 a,b 是根据统计的事故数据,通过以下方程组来决定的。

$$\left.\begin{aligned}\sum y &= na + b\sum x \\ \sum xy &= a\sum x + b\sum x^2\end{aligned}\right\} \tag{6-15}$$

式中: x—— 自变量,为时间序号;

y—— 因变量,为事故数据;

n—— 事故数据总数。

解上述方程组得

$$\left.\begin{aligned}a &= \frac{\sum x \sum xy - \sum x^2 \sum y}{\left(\sum x\right)^2 - n\sum x^2} \\ b &= \frac{\sum x \sum y - n\sum xy}{\left(\sum x\right)^2 - n\sum x^2}\end{aligned}\right\} \tag{6-16}$$

a 和 b 确定之后就可以在坐标系中画出回归直线。

在回归分析中,为了了解回归直线对实际数据变化趋势的符合程度的大小,也就是两个变量 x 和 y 之间的相关程度,应求出相关系数 r。其计算公式如下:

$$r = \frac{L_{xy}}{\sqrt{L_{xx}L_{yy}}} \tag{6-17}$$

式中:

$$L_{xy} = \sum xy - \frac{1}{n}\sum x \sum y$$

$$L_{xx} = \sum x^2 - \frac{1}{n}\left(\sum x\right)^2$$

$$L_{yy} = \sum y^2 - \frac{1}{n}\left(\sum y\right)^2$$

相关系数 r 取不同的数值时,分别表示实际数据和回归直线之间的不同符合情况。

当 $|r|=1$ 时,说明两个变量 x 和 y 之间完全线性相关,表明回归直线与实际数据的变化趋势完全相符。

当 $r=0$ 时,说明两个变量 x 与 y 之间完全没有线性关系,表明回归直线与实际数据的变化趋势完全不符。

$0<|r|<1$ 时,需要判别变量 x 与 y 之间有无密切的线性相关关系。一般来说,r 越接近 1,说明 x 与 y 之间的线性关系越强,用线性回归方程来描述越适合,利用回归方程求得的预测值就越可靠。

例 6-2 某企业近 10 年的事故死亡人数如表 6-2 所示,现用一元线性回归法预测事故的发展趋势。

解 首先将原始数据点画在坐标内,作散点图。

将表中数据代入式(6-3),求出 a 和 b 的值。

$$a = \frac{\sum x \sum xy - \sum x^2 \sum y}{\left(\sum x\right)^2 - n\sum x^2} = \frac{55 \times 657 - 385 \times 146}{55^2 - 10 \times 385} = 24.3$$

$$b = \frac{\sum x \sum y - n\sum xy}{\left(\sum x\right)^2 - n\sum x^2} = \frac{55 \times 146 - 10 \times 657}{55^2 - 10 \times 385} = -1.77$$

表 6-2　某企业近 10 年事故死亡人数统计

时间顺序 x	死亡人数 y	x^2	xy	y^2
1	30	1	30	900
2	24	4	48	576
3	18	9	57	324
4	4	16	16	16
5	12	25	60	144
6	8	36	48	64
7	22	49	154	484
8	10	64	80	100
9	13	81	117	169
10	5	100	50	25
合计	146	385	657	2 802

可以得到回归直线的方程为

$$y = 24.3 - 1.77x$$

图 6-12 给出了一元回归直线图。

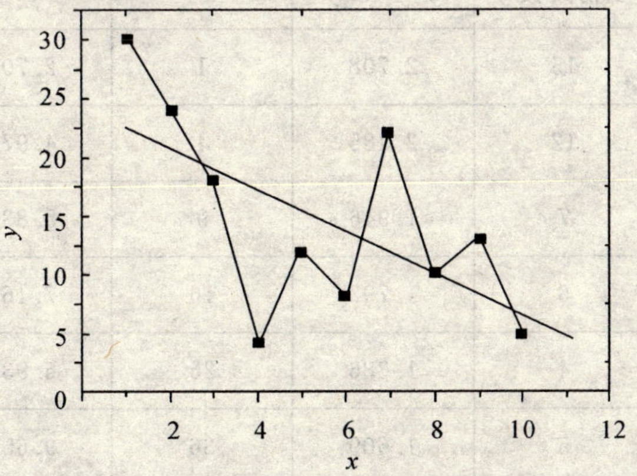

图 6-12　一元回归直线

将表 6-2 中的有关数据代入式(6-17)，则得到

$$L_{xy}=657-\frac{1}{10}\times 55\times 146=-146$$

$$L_{xx}=385-\frac{1}{10}\times 55^2=82.5$$

$$L_{yy}=2\,802-\frac{1}{10}\times 146^2=670.4$$

$$r=\frac{-146}{\sqrt{82.5\times 670.4}}=-0.62$$

$|r|=0.62>0.6$，说明回归直线与实际数据的变化趋势相符合。

(2) 一元非线性回归分析方法。非线性回归分析方法是通过一定的变换，将非线性问题转化为线性问题，再利用线性回归的方法进行回归分析。非线性回归的回归曲线有多种，选用哪一种曲线作为回归曲线，要根据实际数据在坐标系中的变化分布形状，也可根据专业知识确定分析曲线。常用的非线性回归曲线有以下几种。

双曲线$\frac{1}{y}=a+\frac{b}{x}$。令$y'=\frac{1}{y}$，$x'=\frac{1}{x}$，则有$y'=a+bx'$。

幂函数$y=ax^b$。令$y'=\ln y$，$x'=\ln x$，$a'=\ln a$，则有$y'=a'+bx'$。

指数函数$y=ae^{bx}$。令$y'=\ln y$，$a'=\ln a$，则有$y'=a'+bx'$。

指数函数$y=ae^{\frac{b}{x}}$。令$y'=\ln y$，$x'=\frac{1}{x}$，$a'=\ln a$，则有$y'=a'+bx'$。

对数函数$y=a+b\lg x$。令$x'=\lg x$，则有$y=a+bx'$。

S形曲线$y=\frac{1}{a+be^{-x}}$。令$y'=\frac{1}{y}$，$x=e^{-x}$，则有$y'=a+bx'$。

例 6-3 某矿某年每个月的工伤人数的统计数据如表 6-3 所示，用指数函数$y=ae^{bx}$进行回归分析。

表 6-3 某矿某年工伤人数统计数据

时间序号 x	工伤人数 y	$y'=\ln y$	x^2	xy'	y'^2
1	15	2.708	1	2.708	7.333
2	12	2.485	4	4.970	6.175
3	7	1.946	9	5.838	3.787
4	6	1.792	16	7.168	3.211
5	4	1.386	25	6.930	1.931
6	5	1.609	36	9.654	2.589
7	6	1.792	49	12.544	3.211
8	7	1.946	64	15.568	3.780

续表

9	4	1.386	81	12.474	7.000
10	4	1.386	100	13.860	1.921
11	2	0.696	121	7.623	0.480
12	1	0.0	144	0.0	0.0
合计	73	19.129	650	99.337	36.336

解　对 $y=de^{bx}$ 两边取自然对数，得

$$\ln y=\ln a+bx$$

令 $y'=\ln y, a'=\ln a$，则

$$y'=a'+bx$$

用一元线性回归方程计算公式，得

$$a'=\frac{\sum x\sum xy'-\sum x^2\sum y'}{\left(\sum x\right)^2-n\sum x^2}=\frac{78\times 99.337-650\times 19.129}{78^2-12\times 650}\approx 2.73$$

$$b'=\frac{\sum x\sum y'-n\sum xy'}{\left(\sum x\right)^2-n\sum x^2}=\frac{78\times 19.129-12\times 99.337}{78^2-12\times 650}\approx -0.175$$

因为 $a'=\ln a$，所以

$$a=e^{a'}=e^{2.73}\approx 15.33$$

故指数回归方程为

$$y\approx 15.33e^{-0.175x}$$

求相关系数 r。

$$L_{xy'}=\sum xy'-\frac{1}{n}\sum x\sum y'\approx -25.00$$

$$L_{xx}=\sum x^2-\frac{1}{n}\left(\sum x\right)^2=143$$

$$L_{y'y'}=\sum y'^2-\frac{1}{n}\left(\sum y'\right)^2=5.84$$

$$r=\frac{L_{xy'}}{\sqrt{L_{xx}L_{y'y'}}}\approx -0.87$$

$r=-0.87$，说明用指数曲线进行分析，在一定程度上反映了该矿工伤人数的趋势。

(3) 应用回归预测法时应注意的问题。在应用回归预测法时应注意以下几个问题。

1) 依靠研究人员的理论知识、专业知识、实际经验和分析能力确定现象之间的相互关系和发展规律，现象之间只有在一定范围内才具有相关关系。

2) 回归预测不能任意外推，回归分析的应用，仅仅局限于原来数据所包括的范围内，在此范围之外是否也存在着同样的关系，尚未得知。因此，如果有进行外推的充分根据和需要，也

应十分慎重，而且不能离开原来的范围太远。

3）在利用回归预测分析时，应注意数据资料的准确性、可比性和独立性。

4）回归分析是在假定事物没有发生重大变化的情况下进行预测的，如果事物发展中发生重大变化，变化前后的数字就不能合并在一起进行回归预测。在进行回归预测时，必须估计到未来因素的变化，来修正分析的结论。

6.1.3　事故统计指标

1948年8月，在国际劳工会议上，为了便于事故统计分析结果的通用性，统一了伤亡事故的统计指标，以伤亡事故的频率和事故严重率作为伤亡事故的统计指标。

1. 事故频率统计指标

生产过程中发生伤亡事故的次数与参加生产的职工人数、工作时间、企业的安全状况等因素密切相关。在一定时间内，如果参加生产的职工人数不变，则伤亡事故发生的次数主要取决于企业的安全状况。因此，可以用伤亡事故频率作为表征企业安全状况的指标。

$$h=\frac{H}{NT} \tag{6-18}$$

式中：h——伤亡事故频率；

H——伤亡事故发生次数；

N——参加生产的职工人数；

T——统计时间间隔。

世界各国的统计指标不尽相同，我国根据国标GB6441—1986《企业职工伤亡事故分类》中的规定，通常以千人死亡率、千人重伤率和伤害频率来表示伤亡事故频率。

(1) 千人死亡率。千人死亡率是指某时段内平均每千名职工中工伤事故死亡的人数。

$$\text{千人死亡率}=\frac{\text{死亡人数}}{\text{平均职工数}}\times 10^3 \tag{6-19}$$

(2) 千人重伤率。千人重伤率是指某时段内平均每千名职工中工伤事故重伤的人数。

$$\text{千人重伤率}=\frac{\text{重伤人数}}{\text{平均职工数}}\times 10^3 \tag{6-20}$$

(3) 伤害频率。伤害频率是指某时段内平均每百万工时因工伤事故伤害的人数。

$$\text{伤害频率}=\frac{\text{伤害人数}}{\text{实际总工时数}}\times 10^6 \tag{6-21}$$

我国目前采用的是劳动部门规定的工伤事故频率作为统计指标，习惯上也称为千人负伤率。

$$\text{工伤事故频率}=\frac{\text{本时期内工伤事故人次}}{\text{本时期内在册职工人数}}\times 10^3 \tag{6-22}$$

2. 事故严重率统计指标

事故严重率，是指事故造成严重程度的统计指标。根据国标GB6441—86《企业职工伤亡事故分类》中的规定，常用伤害严重率、伤害平均严重率和按产品产量计算死亡率等指标表示事故严重率。

(1) 伤害严重率。伤害严重率是指某时段内每百万工时因事故损失的工作日数。

$$\text{伤害严重率}=\frac{\text{总损失工作日数}}{\text{实际总工时数}}\times 10^6 \tag{6-23}$$

(2) 伤害平均严重率。伤害平均严重率指受伤害的每人次平均损失工作日数。

$$伤害平均严重率=\frac{总损失工作日数}{伤害人数} \tag{6-24}$$

(3) 按产品产量统计。

1) 百万吨钢(或煤)死亡率。

$$百万吨钢(或煤)死亡率=\frac{死亡人数}{实际产量(吨)}\times 10^{6} \tag{6-25}$$

2) 万立方米木材死亡率。

$$万立方米木材死亡率=\frac{死亡人数}{实际产量(立方米)}\times 10^{4} \tag{6-26}$$

3. 其他统计指标

(1) 无事故时间。当伤亡事故发生频率较低(如数年发生一起事故的场合)时,采用伤亡事故发生频率来描述安全状况比较困难,此时,常以无伤亡事故时间作为统计指标。无伤亡事故时间是指两次事故之间的间隔时间。

(2) 死亡事故频率。英国的克莱兹(T. A. Kletz)采用每 10^{8} 工时发生事故死亡人数作为死亡事故频率(Fatal Accident Frequency Rate,FAFR)。相当于每人每年工作 300 天,每天工作 8 小时,每年 4 000 人中有一人死亡。

4. 事故统计分析中应注意的问题

事故的发生是一种随机现象,遵循"大数定律"。只有当样本容量足够大时,随机现象出现的频率才趋于稳定。样本容量越小,即观测的数据量越少,随机波动越激烈,统计的结果可靠性越差。根据经验,观测低于 20 万工时的场合,统计的伤亡事故频率有明显波动,难以做出判断和得到规律性结果。观测达到 100 万工时的场合,可以得到比较稳定的结果。

在应用统计分析的方法研究伤亡事故发生规律或利用伤亡事故统计指标评价企业安全状况时,为获得可靠的统计结果,应该设法增加样本容量,主要采取两种措施。

(1) 延长观测时间。对于职工人数较少的单位,可以通过适当增加观测时间来扩大样本容量。

例如,采用千人负伤率作为统计指标时,如果以月为单位统计,得到的结果波动性大,如果以年为单位统计,则得到的统计结果较稳定,如图 6-13 所示。

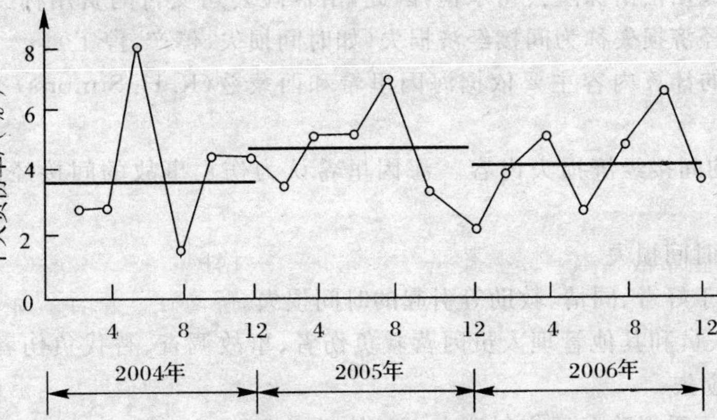

图 6-13　延长观测时间的统计结果

(2) 扩大统计范围。事故的发生具有随机性,事故发生后是否伤害和伤害的程度也具有随机性,根据海因里希 1∶29∶300 法则,越是严重的伤害出现的概率越小,如果统计范围小,即仅统计伤害严重度达到一定程度的事故,则统计结果波动性大。

例如,某企业连续三年发生伤亡事故,死亡人数分别为 20 人、15 人、10 人。从表面上看,3 年死亡人数由 20 人降低到 10 人,减少了一半。但是,死亡人数的减少可能是随机因素造成的,不能说明企业的实际安全状况发生了变化。可以说,对于规模不大的企业,用死亡人数来评价安全状况是无谓的(因为可能几年都没有死亡事故),但是没有死亡事故,并不能说明其安全状况好,可能还有大、小的伤亡事故,所以,统计的范围应该扩大到其他的伤亡事故。

6.2 事故经济损失统计

事故的发生一方面会带来负面的社会效应和不良影响,另一方面会带来损失。企业经营的目的是效益,在没有事故发生时,存在安全投入与生产投入之间的矛盾;在出现(或发生)事故时,存在安全投入与生产投入之间的平衡。这是安全经济学的主要研究内容,也是安全管理的重要内容。

对于企业而言,一方面,为了避免或减少事故的发生,采取一些安全措施,需要花费人力、物力、财力;另一方面,如果不采取措施,则发生事故后势必会造成损失。那么,在按照某安全措施方案进行安全投入的情况下,能够取得怎样的效益?措施是否合理?这些不仅是安全经济学关注的问题,也是安全管理学必须考虑的问题。而事故经济损失的统计和计算是研究和解决这些问题,进行安全经济评价的基础。

6.2.1 直接经济损失和间接经济损失的划分

事故造成的物质性破坏所带来的经济损失是容易计算出来的,而人员伤亡、时间的损失、资源破坏、环境的污染等所带来的经济损失却是不容易计算出来的。为此,人们以实际统计资料为基础,寻求方便、准确的经济损失计算方法,将伤亡事故的经济损失划分为直接经济损失和间接经济损失两部分。

1. 国外对直接经济损失和间接经济损失的划分

西方国家的事故赔偿由保险公司承担,因此,由保险公司支付的费用称为直接经济损失,其他由企业承担的经济损失称为间接经济损失(如时间损失、停产、停工)。

间接经济损失的计算内容主要依据海因里希和西蒙兹(R. H. Simons) 对间接经济损失的规定。

(1) 海因里希的间接经济损失内容。海因里希认为伤亡事故的间接经济损失包括以下内容。

1) 受伤害者的时间损失。

2) 非负伤者由于好奇、同情、救助等引起的时间损失。

3) 工长、监督人员和其他管理人员因营救负伤者、事故调查、替代负伤者继续工作、提出事故报告等的时间损失。

4) 医疗救护等不受保险公司支付酬金人员的时间损失。

5) 生产受到事故影响而不能按期交货的罚金等损失。

6）机械设备、工具、材料及其他财产损失。

7）按职工福利制度所支付的经费。

8）负伤者返回工作岗位后，由于工作能力降低而在相当长一段时间内照付原工资的损失。

9）由于事故引起的人员心理紧张或情绪低落而诱发其他事故造成的损失。

10）负伤者即使停工也要照常支付的照明、取暖以及其他与此类似的每人的平均费用损失。

（2）西蒙兹的间接经济损失内容。西蒙兹的间接经济损失包括以下内容。

1）非负伤者由于中止作业而引起的工作损失。

2）修理、拆除被损坏设备、材料的费用。

3）受伤害者停止工作造成的生产损失。

4）加班劳动的费用。

5）监督人员的工资。

6）受伤害者返回工作岗位后，生产减少造成的损失。

7）补充新工人的教育、训练费用。

8）企业负担的医疗费用。

9）为进行事故调查，付给监督人员和有关工人的费用。

10）其他损失，如设备租赁费、解除合同受到的损失、为招收替班工人而特别支出的费用等。

2.我国对直接经济损失和间接经济损失的划分

我国按照 GB6721—1986《企业职工伤亡事故经济损失统计标准》执行。该标准所界定的直接经济损失是指事故造成人员伤亡及善后处理所支出的费用，以及被毁坏的财产的价值。间接经济损失是指因事故导致的产值减少、资源破坏和受事故影响而造成的其他损失。具体内容包括以下几个方面。

（1）直接经济损失的内容。

1）人身伤亡后支出的费用，包括医疗费用（含护理费用）、丧葬及抚恤费用、补助及救济费用、歇工工资。

2）善后处理费用，包括处理事故的事务性费用、现场抢救费用、清理现场费用、事故罚款及赔偿费用。

3）财产损失价值，包括固定资产和流动资产损失价值。

（2）间接经济损失的内容。

1）停产、减产损失价值。

2）工作损失价值。

3）资源损失价值。

4）处理环境污染的费用。

5）补充新职工的培训费用。

6）其他费用。

需要指出的是，GB6721—1986《企业职工伤亡事故经济损失统计标准》对于实现我国伤亡事故经济损失统计工作的科学化和标准化具有十分重要的作用，但是在这一标准颁布和实施时，我国尚未进行工伤保险和医疗保险改革，特别是原劳动部《企业职工工伤保险试行办法》

颁布以后，该标准已不能适应于当前的形势，相关内容需要进行重新界定和修订。

6.2.2 直接经济损失和间接经济损失的计算方法

1.比例法

由于间接经济损失不容易统计和计算，所以人们尝试规定直接经济损失和间接经济损失的比例来计算间接经济损失。

海因里希最早进行这方面的工作，他通过对五千余起伤亡事故的经济损失统计和分析，认为直接经济损失和间接经济损失的比例为 1∶4，即总经济损失是直接经济损失的 5 倍。这一结论至今仍然被国际劳工组织采用，作为估算各国伤亡事故经济损失的依据。

由于不同国家的生产条件、经济状况和管理条件存在差异，因此直接经济损失和间接经济损失的比例也有所不同，表 6-4 给出了各国学者对事故直接经济损失和间接经济损失的划分比例。

表 6-4 事故直接经济损失和间接经济损失的比例

研究者	基准年	直接经济损失∶间接经济损失	计算依据
美国 Heinrich	1941	1∶4	保险公司 5 000 个案例
法国 Bouyeur	1949	1∶4	1948 年法国数据
法国 Jacques	20 世纪 60 年代	1∶4	法国化学工业
法国 Legras	1962	1∶2.5	产品销售、成本得出
Bird 和 Loftus	1976	1∶50	
法国 Letoublom	1979	1∶1.6	伤害事故
Sheiff	20 世纪 80 年代	1∶10	
挪威 Elka	1980	1∶5.7	起重机械事故
法国 Bernard	1988	1∶3	保险费用按赔偿额
		1∶2	保险费用按分摊额
Hinze 和 Appelgate	1991	1∶2.06	建筑行业百余公司考虑法律诉讼引起的损失
HSE	1993	1∶8～1∶36	因行业而异
中国		1∶1.2～1∶2	因行业而异

2. 西蒙兹算法

西蒙兹将死亡和永久性全失能伤害的经济损失单独计算，其余事故按照伤害程度分为以下 4 个等级。

(1) 暂时性全失能和永久性部分失能。

(2) 暂时性部分失能和需要到企业外就医。

(3) 在企业内治疗且损失工作时间在 8 小时之内，或者相当于 20 美元以内的物质损失事故。

(4) 相当于损失工作时间大于 8 小时以上价值的物质损失事故。

根据实际数据统计计算各级事故的平均间接经济损失后，再计算各级事故的总的经济损失，即

$$C_T = C_D + C_I = C_D + \sum_{i=1}^{4} N_i C_i \tag{6-27}$$

式中： C_D—— 直接经济损失，元；

C_I—— 间接经济损失，元；

N_i—— 第 i 级事故发生的次数；

C_i—— 第 i 级事故的平均间接经济损失，元。

这种方法按照不同级别事故发生次数、平均间接经济损失来考虑，计算结果与比例法相比较要准确。

3. 辛克莱算法

与西蒙兹算法类似，辛克莱算法将伤亡事故划分为死亡、严重伤害、其他伤害三类。

先计算每级事故的直接经济损失和间接经济损失的平均值，再按各级事故发生频率和事故平均经济损失计算每起事故的平均经济损失。

$$\bar{C}_T = P_i(\bar{C}_D + \bar{C}_I) \tag{6-28}$$

式中： C_T—— 每起事故的平均经济损失，元；

P_i—— 第 i 级事故的发生频率；

C_D—— 第 i 级事故的平均直接经济损失，元；

C_I—— 第 i 级事故的平均间接经济损失，元。

则 N 次事故造成的总经济损失为

$$C_T = N\bar{C}_T \tag{6-29}$$

4. 斯奇巴算法

斯奇巴提出了一种简捷、快速的伤亡事故经济损失的算法，将经济损失分为固定经济损失和可变经济损失，分别计算各部分的损失的基本损失后，以修正系数的形式考虑其余的损失。

$$C_T = C_F + C_V \tag{6-30}$$

式中： C_F—— 固定经济损失，元；

C_V—— 可变经济损失，元。

固定经济损失为

$$C_F = aC_s \tag{6-31}$$

式中： a—— 考虑预防事故的固定费用的修正系数，一般取 1.1～1.5；

C_s—— 伤亡事故保险费，元。

可变经济损失为

$$C_V = bNDS \qquad (6-32)$$

式中：N—— 伤亡事故次数；

D—— 每起事故平均损失工作日数；

S—— 平均日工资(包括各种补助费)，元；

b—— 考虑企业具体情况的修正系数，一般取 1.2 ～ 3.0。

该方法可以省去大量的统计工作，但结果可能与实际情况差别大。

5. 直接计算法

该方法以保险公司提供的保险等待期为标准，把伤亡事故分为三级。

(1) 受伤害者能够在发生事故当天恢复工作的伤害事故。

(2) 受伤害者丧失工作能力的时间少于或等于保险等待期的伤亡事故。

(3) 受伤害者丧失工作能力的时间超过保险等待期的伤害事故。

每一级伤害事故的经济损失可以按下式计算。

$$C_i = C_p + C_s + C_o + C_m + C_b \qquad (6-33)$$

式中：C_i—— 第 i 级伤害事故的经济损失，元；

C_p—— 用于防止伤害事故的投资，包括固定投资、可变投资、额外投资，元；

C_s—— 职业伤害的保险费，包括固定保险费，可变保险费，元；

C_o—— 事务性费用，元；

C_m—— 材料损失费用，元；

C_b—— 因停产、减产造成的损失，元。

当企业没有多余人员时，在满负荷生产条件下，停产和减产损失按下式计算。

$$C_b = BLq \qquad (6-34)$$

式中：B—— 按生产计划预计的单位产量净效益，元；

L—— 由于伤亡事故造成的工作时间损失；

q—— 正常生产条件下的全员劳动生产率。

伤亡事故经济损失等于各级伤亡事故经济损失之和，则总经济损失为

$$C_T = \sum N_i C_i \qquad (6-35)$$

式中：N_i—— 第 i 级伤亡事故发生次数；

C_i—— 第 i 级伤亡事故经济损失，元。

6. 我国现行的几种计算方法

(1) 工作损失。工作损失按下式计算。

$$L = D\frac{M}{SD_0} \qquad (6-36)$$

式中：L—— 工作损失价值，万元；

D—— 损失工作日数，死亡按 6 000 天计，受伤职工视伤害情况按《企业职工伤亡事故分类》(GB6441—1986) 的附表或《事故损失工作日标准》(GB/T15499—1995) 确定；

M—— 企业上年的利税，万元；

S—— 企业上年平均职工人数，

D_0—— 企业上年法定工作日数。

(2) 医疗费用。医疗费用指用于治疗受伤职工所需费用，事故结案前的医疗费按实际费用计算，结案后仍需治疗的医疗费用，按下式计算。

$$M = M_b + \frac{M_b}{P} D_c \tag{6-37}$$

式中：M—— 被伤害职工医疗费，万元；

M_b—— 结案前的医疗费，万元；

P—— 事故发生之日至结案之日的天数；

D_c—— 延续治疗天数，指事故结案后还需继续医治的时间，由企业劳资、安全、工会等按医生诊断意见确定。

上述公式是计算一名被伤害职工的医疗费，一次事故中多名被伤害职工的医疗费应累计计算。

(3) 歇工工资。歇工工资按下式计算

$$L = L_a (D_a + D_k) \tag{6-38}$$

式中：L—— 被伤害职工的歇工工资，元；

L_a—— 被伤害职工日工资，元；

D_a—— 事故结案日前的歇工日数；

D_k—— 延续歇工日数，指事故结案后被伤害职工还需继续歇工的时间，由企业劳资、安全、工会等部门与有关单位酌情商定。

(4) 实际支出费用。实际支出费用包括处理事故的事务性费用、现场抢救费、事故罚款和赔偿费、固定资产损失价值、流动资产损失价值、处理环境污染的费用、补充新职工的培训费、补助费、抚恤费等。

6.3 事故分析方法

事故分析包括事故伤害分析和事故原因分析，是指通过对各种事故数据的统计和计算，结合事故实际情况对事故进行分析。其目的是找出事故的直接原因和间接原因，明确事故的主要原因和次要原因，从根本上预防和控制事故。

6.3.1 事故分析的对象

由 2.1.1 节可知，事故的直接原因是人的不安全行为、物的不安全状态和管理缺陷，主要原因是人的不安全行为。因此，对事故发生、发展和变化趋势影响的关键因素是人的因素。当事故过程比较复杂和不能完全了解事故发展过程时，依据事故的各种数据进行事故原因分析是困难的，而当以人的因素为线索，分析人以及与人相关联的因素时，就可以找到引起事故的原因，了解事故的发展过程。

在安全管理中，人以及与人相关联的主要因素包括人员素质、设备状况、外界环境、安全生产经费投入等，因此，这些因素都可以作为事故分析的对象进行研究。

(1) 人员素质。劳动者自身知识结构的缺陷和上岗前培训教育的欠缺都会导致事故的发生,很多时候事故的伤害人就是事故的肇事者。解决方法是加强上岗人员的岗位培训和安全教育,通过合理选拔和调配人员,让有一定安全意识和劳动技能的劳动者从事相应的工作,从人的因素上避免不安全的行为。

(2) 设备状况。设备出现故障,不能正常运行是常见的事故发生模式。在事故分析过程中,了解各种设备的运行状态,从物的角度对事故进行分析,改进设备的运行状态是提升安全生产水平的一种“短、平、快”的措施。

(3) 外界环境。在事故发生时,外界环境对事故的发展和演化起着重要的作用。不良的环境会导致人员和机器设备的不正常,因此,在事故分析中不可忽视对周围环境的分析。

(4) 安全生产经费投入。安全生产经费投入问题是导致事故发生的间接原因,但在事故分析中不可忽略其对事故的影响。在一般情况下,企业的主要负责人掌握经费的使用,是否对安全生产进行投入与负责人的安全意识紧密相关,这也关系到人的因素,即管理层和决策层人的因素。

事故的发生往往有很多原因,人员素质、机器设备、安全生产经费和外界环境的相互作用会加速或延缓事故的发生、发展和演化,因此,以其作为研究对象对于确定事故的原因具有重要的意义。

6.3.2 事故分析的方法

由于事故的种类很多,具有很大的离散性,因此,对应的事故分析也有较多的方法。从形式上划分,可以归纳为三种类型,即基于大量事故实例的综合分析方法、专项技术分析方法和安全系统分析方法。

1. 事故综合分析法

事故综合分析法是依据大量的事故实例,总结事故发生和发展的规律的一种分析方法,又可分为统计分析法和事故类型分析法。统计分析法在 6.1 节中已介绍过。事故类型分析法是将性质不同的数据和错综复杂的事故按照类别进行划分, 再以大量同类型事故为对象而进行的综合分析,主要包括事故类别分析、事故伤害部位分析、事故发生场所分析和事故发生原因分析等。

事故类别分析是依据同类别的事故,如针对物体打击、火灾、爆炸、运输、机械、电气、坠落、毒气、辐射、压力容器等事故而进行的分析。

事故伤害部位分析是从某一类型事故对人体部位伤害程度的调查出发,分析导致事故伤害的原因和严重程度,提出防护的措施。

事故发生场所分析是对事故现场的勘查,查明当事各方在事故之前和事发之时的情节、过程以及造成的后果。通过对现场痕迹、物证的收集和检验分析,可以判明发生事故的主、客观原因,为正确处理事故提供依据。

事故发生原因分析从 4 个方面入手。

(1) 事故的直接原因。事故的直接原因分析包括人的不安全行为和物的不安全状态两个方面。人的不安全行为主要包括疲劳作业和人为差错。物的不安全状态主要指由于机器、设备以及外界环境的影响而导致事故的发生。在事故原因分析中,事故的直接原因相对容易找到,通过相关人员的证言以及物证就可以得到。

(2) 事故的间接原因。事故的间接原因分析包括对物的管理缺陷(如技术、设计、结构缺陷，作业现场、作业环境缺陷以及防护用品缺陷等）、对人的管理缺陷（如教育、培训、指示、作业人员安排等）以及安全监察、检查和事故防范措施等方面的问题。值得注意的是，安全生产经费投入不足往往是导致各类事故发生的一个重要的间接原因。事故的间接原因常常隐藏在事故中，需要采取各种手段把这些隐藏因素找出来。

(3) 事故的主要原因。事故的主要原因是指人的不安全行为。由于人的不安全行为而导致的事故在整个事故中占据较大的比例，而且有些机器设备故障所导致的事故究其根本还是人的原因，因此，人的因素始终是事故的主要原因。

(4) 事故的次要原因。事故的次要原因对事故的发生和发展没有根本影响，但会加速或延缓事故的发生。次要原因主要是物的不安全状态，而隐藏较深的安全生产经费不足也是导致事故发生的次要原因之一。

通过上述综合性分析，可以找出事故发生的主要原因和问题，帮助人们预防事故的发生和采取相应的防范措施，从而全面减小事故的发生概率，降低事故伤害的严重程度。

2. 事故专项分析法

事故专项分析法是通过运用各种专门技术对事故案例进行分析，并提出相应措施的一种分析方法。该方法针对性强，能提出直接有效的防止事故发生的措施，属于比较纯粹的技术措施。常用的事故专项分析有以下几种方法。

(1) 人为失误心理分析法。人在生产作业的行为动作中经常受到心理因素的影响，同时生产设备、作业环境和工艺流程甚至社会环境也会对人的心理产生影响。人为失误从外部表现来看可以归纳为两类，一是心理机能失调，二是非理智行为。前者的原因主要是心理疲劳、情绪失调、心理幻觉等，表现为错误执行了操作等。后者的原因主要是侥幸心理、省力心理、从众心理、逆反心理等。解决方案是加强教育，提高心理素质，增加严格有效的监督控制机制。

(2) 安全人机工程分析法。人、机和环境在生产作业中组成一个整体系统。安全人机工程运用人机工程的理论选择或设计合适的机械设备，创造或改善作业环境，提高生产效率，减少作业中的差错，最大限度地避免事故发生。安全人机工程分析从事故情况出发，分析人机功能的分配、人机匹配、劳动技能等问题，寻求事故原因并提出改进方案。

(3) 生产工艺分析法。一个相对完善的生产工艺过程是以安全、优质、高效、低耗为目标，生产过程中对出现的异常情况处置是有明确规定的。它根据生产工艺进行分析，重点分析生产工艺是否完善、正确，生产是否严格按照生产工艺过程进行，生产过程中是否出现了生产工艺中尚未涉及的、可能危及系统生产安全的新问题。

(4) 针对特定事故类型的分析。结合某一特定的事故类型（如爆炸、燃烧、中毒、坠落、打击、运输、机械、电气、辐射、压力容器）的统计资料，以基本技术原理为理论依据，从人的不安全行为、物的不安全状态、环境的不安全因素以及管理缺陷等4个方面进行事故原因的分析。

3. 安全系统分析法

安全系统分析是运用安全系统工程的有关方法，从安全角度对系统进行的分析，它通过揭示可能导致系统故障或事故的各种因素及其相互关联，来辨识系统中的危险源，以便采取措施消除或控制它们。常用的安全系统分析有以下几种方法。

(1) 安全检查表法（Safety Check List，SCL）。安全检查表是根据有关安全规范、标准、制度以及其他系统安全分析方法分析的结果，对一个系统或设备进行安全检查和安全诊断，找出各种不安全因素，以提问的方式把这些不安全因素按照其重要程度编制成表格，这种安全检查的专用表格称之为安全检查表。安全检查表是实施安全检查和安全诊断的项目明细表，是安全检查结果的备忘录。

安全检查表可适用于工程和系统的各个阶段，可以评价物质、设备、工艺、管理、操作，常用于专业设计的评价，也能用于新工艺、新装置的早期开发阶段，用来判定和估测危险，还可以对已经运行多年的在役装置的危险性进行检查。它常用于安全验收评价和安全现状评价，是一种定性的安全分析方法。安全检查表的分析流程示意图如图 6－14 所示。

安全检查表的优点是完整、直观、清楚、简单、易控制，为事故后果模拟提供统计依据。其缺点是对于复杂系统工作量大，不能定量分析。

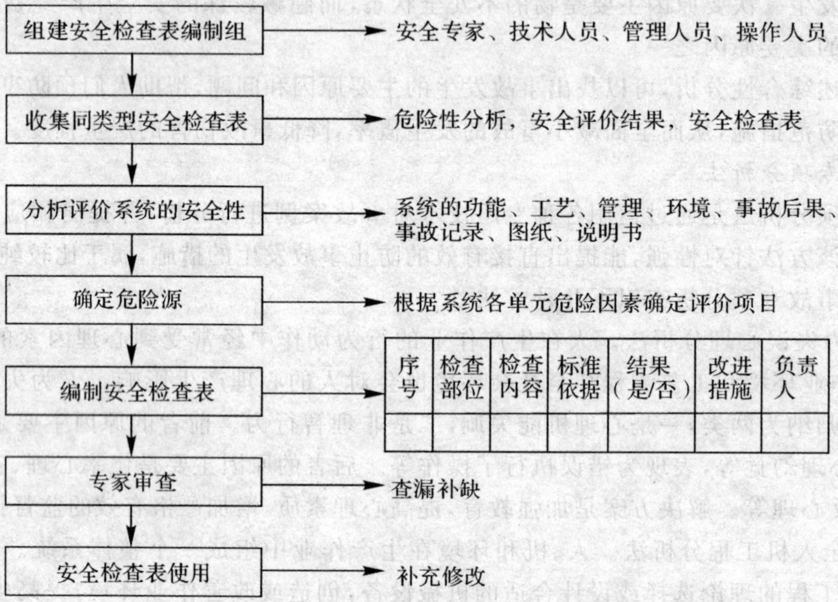

图 6－14　安全检查表的分析流程示意图

(2) 预先危险性分析(Preliminary Hazard Analysis，PHA)。预先危险性分析又称初步危险性分析，是指在没有掌握详细的资料的时候，用来辨识和分析系统中潜在的危险和有害因素，确定危险等级，并制定相应的安全对策措施，以防止事故的发生，尽可能在付诸实践时找出错误，控制或消除危险。

预先危险性分析是在系统开发初期阶段和设计阶段对系统中存在的危险类别、形成条件、事故后果等进行安全分析识别，常用于新系统设计、已有系统改造之前的方案设计以及选址阶段的方案设计等。预先危险性分析的程序如图 6－15 所示。

(3) 故障类型和影响分析(Failure Modes and Effects Analysis，FMEA)。故障类型和影响分析是对系统各组成部分、元件进行分析的重要方法。系统的子系统在运行过程中会发生故障，查明各类故障对邻近子系统或元件的影响，最终对系统的影响，以及消除或控制的措施，这种系统安全分析方法属于归纳方法。早期的故障类型和影响分析只能做定性分析，后来在分析中引入了故障发生难易程度的评价或发生的概率，再将之与致命度分析(Critical Analysis)结合起来，构成故障类型和影响、危险度分析(FMECA)。如果确定了每个元件的故障发生概率，就可以确定设备、系统或装置发生故障的概率，就可以定量地描述故障的影响。图 6－16 给出了故障类型与影响分析程序。

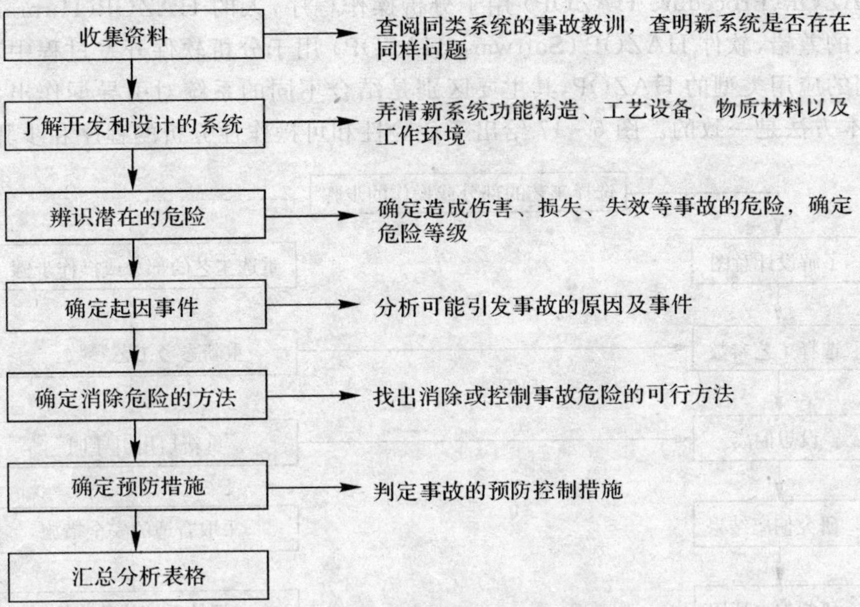

图 6－15　预先危险性分析的程序

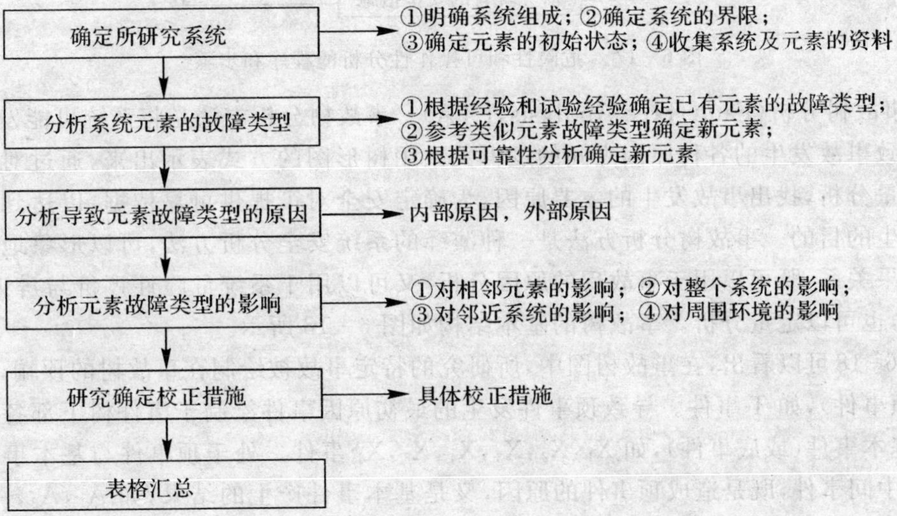

图 6－16　故障类型与影响分析程序

(4) 危险性和可操作性分析(Hazard and Operability Analysis，HAZOP)。危险性和可操作性分析是指应用系统的审查方法，审查设计已有生产工艺和工程总图，通过对装置、设备、个别部位的误操作或故障引起的潜在危险进行分析，评价其对整个延续性生产系统的影响。与其他分析方法不同的是，该分析方法由多人组成小组。其实质是对系统的工艺进行全面审查，找出可能偏离设计意图的情况，分析产生的原因和造成的结果，予以控制。

HAZOP 分析方法是 1974 年由英国帝国化学工业公司开发的，最初用于热力-水力系统安全分析和化工过程安全分析。目前其应用已扩展至机械、运输、软件开发等许多领域，并在实践中形成了多种应用类型。例如，过程 HAZOP(Process HAZOP) 用于分析工厂或工艺过程，程序 HAZOP(Procedure HAZOP) 用于分析操作程序，人的 HAZOP(Human HAZOP) 用于分析人的差错，软件 HAZOP (Software HAZOP) 用于分析软件开发过程中可能出现的错误。不同的应用类型的 HAZOP，其主要区别是结合不同的系统对引导词作出各自合理的解释，但基本方法是一致的。图 6－17 给出了危险性和可操作性分析的程序和步骤。

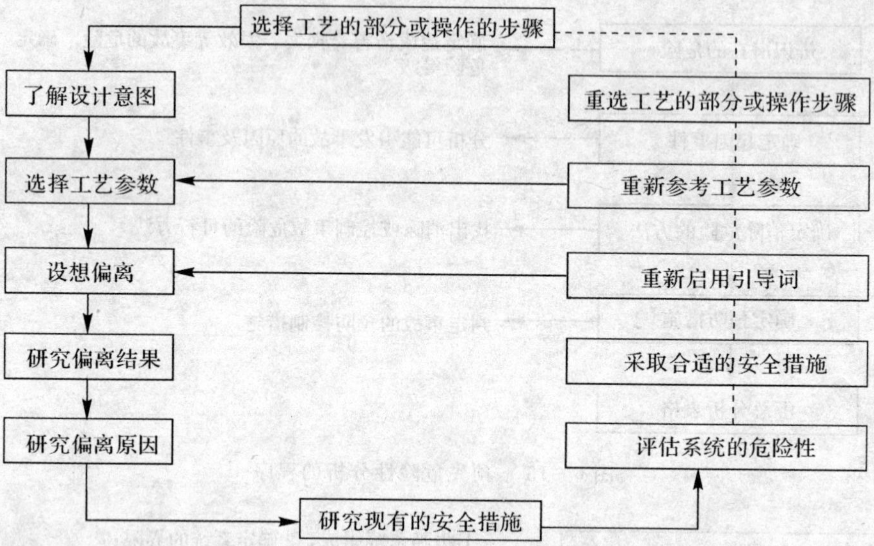

图 6－17　危险性和可操作性分析的程序和步骤

(5) 事故树分析(Fault Tree Analysis,FTA)。事故树分析方法是将系统可能发生的某种事故与导致事故发生的各种原因之间的逻辑关系用树形图的方式表示出来，通过对事故树的定性和定量分析，找出事故发生的主要原因，为确定安全对策提供可靠依据，以达到预防和控制事故发生的目的。事故树分析方法是一种演绎的系统安全分析方法，可以形象地反映事故发生的因果关系，既可以用于事故后的原因分析，又可以用于系统危险性评价与辨识；既可以定性分析，也可以定量分析。事故树的基本结构如图 6－18 所示。

由图6-18可以看出，在事故树图中，所研究的特定事故被绘制在事故树的顶端，称为顶上事件(或顶事件)，如 T 事件。导致顶事件发生的最初原因事件绘制于事件树下部各分支的终端，称为基本事件(或底事件)，如 X_1，X_2，X_3，X_4，X_5，X_6 事件。处于顶事件与基本事件之间的事件称为中间事件，既是造成顶事件的原因，又是基本事件产生的结果，如 A_1，A_2，A_3，A_4，A_5 事件。各事件之间的基本关系是因果逻辑关系，用逻辑门表示。以逻辑门为中心，上层事件是下层事件发生后导致的结果，为输出事件；下层事件是上层事件的原因，为输入事件。

对研究系统发生事故的条件，可能导致的灾害性后果，按原因逻辑关系的先后顺序绘成树状图，表示事故与各种事件之间的逻辑关系。事故树分析步骤如下：

1) 熟悉系统：工作状态、工艺过程、运行参数、作业情况、对环境影响程度。

2) 调查事故：收集同类事故资料、事故统计，预测可能发生的事故。

3) 确定顶事件：后果严重且易发生的事故。

4) 确定顶事件控制的目标：发生概率严重程度，确定发生概率的控制目标。

5) 原因事件调查：人、机、环境、管理 —— 确定基本事件。

6）绘制事故树：从顶事件开始，逐级找出连接原因事件。按因果逻辑关系，用逻辑门将上、下层事件连起来。

7）定性分析：运用布尔代数工具，对事故树进行简化，求最小割集、最小径集，确定基本事件结构重要度。

8）求顶事件发生概率（定量）：确定所有基本事件发生概率，求出顶事件概率。

9）分析比较：将求得的顶事件概率与通常统计分析所得的概率进行比较，查看是否遗漏。

10）定量分析：当顶事件概率超过预定目标时，从最小割集入手，降低事故概率的各种可能性。

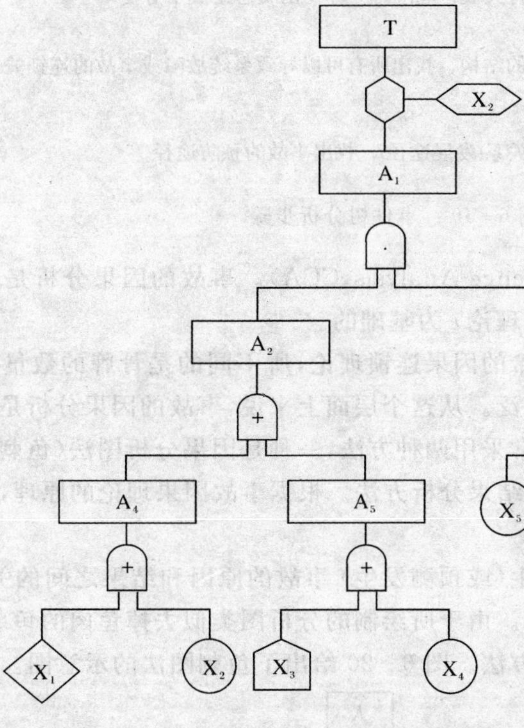

图 6－18　事故树的基本结构图

(6) 事件树分析(Event Tree Analysis,ETA)。事件树分析是一种按事故发展顺序、由初始时间开始推断可能的后果，从而进行危险辨识的一种分析方法。事件树的分析过程是以所研究的易于出现故障或事故的最初原因作为一个初始事件，找出与其相关的后续事件，分析这些后续事件的安全或危险、成功或失败、正常或故障的两种对立状态，分别逐级推进，直至分析到系统故障或事故为止。由于这一分析过程是用一颗树状的图形直观表述的，所以称之为事件树。

初始事件是指在一定条件下能造成事故后果的最初的原因事件，后续事件是指出现在初始事件之后的一系列造成事故后果的其他原因事件。

事件树分析是一种以归纳法为基础的系统安全分析方法。它不仅可以用于事先预测事故，预计事故的可能后果，为采取预防措施提供依据，而且可以用于事故发生后的分析，找出事故原因。这种方法既可以进行定性分析，也可以进行定量分析，是一种直观方便、适用性强的分析方法。

事件树的基本内容是通过编制事件树，找出系统中的危险源和导致事故发生的连锁关系，以采取预防措施。图 6－19 给出了事件树分析的步骤。

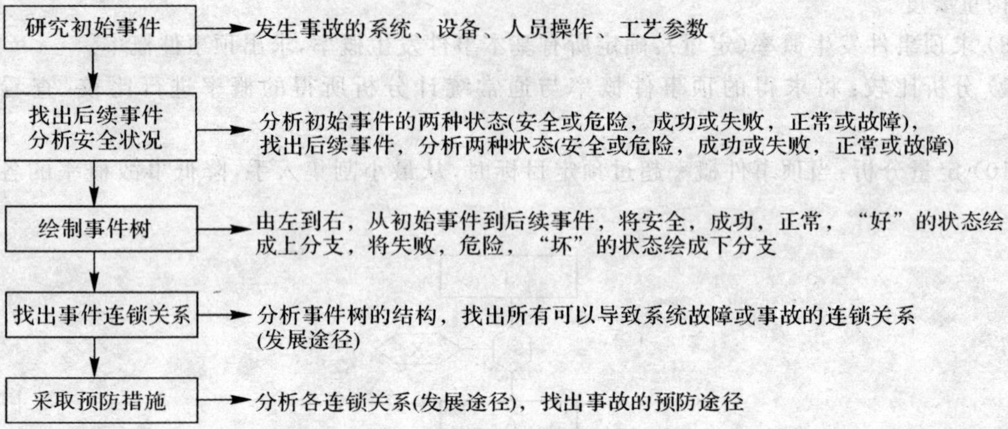

图 6－19　事件树分析步骤

(7) 因果分析(Cause－Consequence Analysis，CCA)。事故的因果分析是以事故致因理论的事故因果理论(即事故因果连锁理论) 为基础的。

事故的因果分析是借鉴海因里希的因果连锁理论，所不同的是骨牌的数量和描述的事故原因可以更加丰富，范围可以更加广泛。从这个层面上来说，事故的因果分析是海因里希思想的改进和完善。事故的因果分析通常采用两种方法，一种是因果分析图法(鱼刺图法)，另一种是将事件树和事故树相结合的原因-结果分析方法。根据事故因果理论的原理，这两种方法统归于因果分析法之列。

鱼刺图法是将所研究系统中发生(或预测发生) 事故的原因和结果之间的关系，采用简单文字和线条绘制成图，进行直观分析。由于所绘制的分析图类似去掉鱼肉的鱼刺，因此称之为鱼刺图法。这种方法属于定性分析方法。图 6－20 给出了鱼刺图法的示意图。

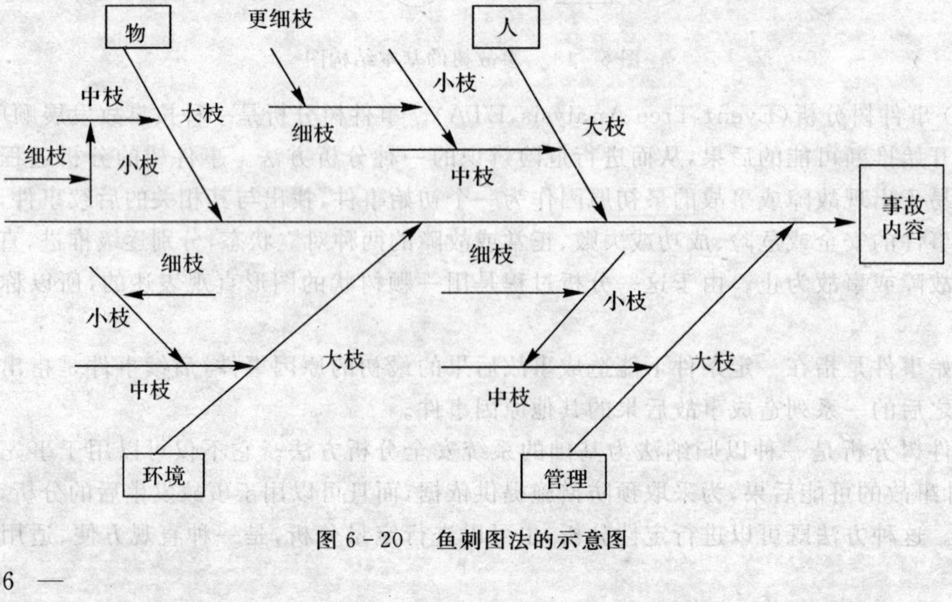

图 6－20　鱼刺图法的示意图

从图6-20中可以看出，鱼刺图法的分析步骤可以包括以下几个方面的内容。

1）针对结果，将要分析的事故内容写在右边，从左到右，给出分析主干，箭头指向事故内容。

2）分析原因，按照人、机、环境、管理等方面原因，绘出大枝，箭头指向主干。

3）先主后次，对大枝原因深入分析，找出影响大枝的原因，绘出中枝，箭头指向大枝。

4）层层深入，对中枝原因深入分析，找出影响中枝的原因，绘出小枝，箭头指向中枝。如此层层深入，直至不能再分。

原因-结果分析方法结合事件树动态宏观分析、事故树静态微观分析，既可以是定性分析，又可以是定量分析。其分析步骤包括以下几个方面的内容。

1）根据所研究的事故系统，绘制事件树。

2）以事件树的初始事件和处于危险、失败、故障的后续事件作为事故树的顶上事件绘事故树。

3）两者结合，形成分析图。

4）计算故障树一定时间发生的概率。

5）计算事件树各事件连锁关系发生概率，计算危险程度和事故损失。

思　考　题

1. 事故统计的方法主要有哪些？

2. 试分析航空系统主要采用哪些方法进行事故统计与分析。

3. 事故的直接经济损失和间接经济损失怎样计算？

第7章 事故预防与控制

本章学习目标

1. 学习事故预防与控制的基本原则和技术。
2. 掌握事故预防与控制“3E”技术的内容和应用。
3. 了解保险与风险控制的基本理论和应用。
4. 了解航空人为因素对航空事故的影响及其预防和控制对策。

避免事故发生的最根本的方法是消除危险，而消除危险的两个重要方面是事故的预防与控制，即采用技术和管理手段，通过危险预防与控制措施，在现有的技术水平上，以最少的成本达到最优的安全水平。本章将从安全管理、安全技术和安全教育等方面探讨事故预防与控制的主要方法。

人们在很早以前就对预防和控制危险有着感性的认识，东汉史学家荀悦在总结了人类与灾害作斗争经验的基础上，提出“防患于未然”的主张，认为“凡事预则立，不预则废”。这种思想体现在现代安全管理方面就是安全工作“重在预防”，变被动为主动，变事后处理为事前预防，把事故隐患消灭在萌芽状态。

用理性的思维来认识危险，并主动采取预防和控制措施，始于“安全第一”经营方针的提出和实施。1906年，美国钢铁公司B·H· 凯里总结了生产中的事故教训，将原来“质量第一，产量第二”的经营方针变革为“安全第一，质量第二，产量第三”。这项方针的变革，不仅改善了生产环境，减少了事故的发生和设备的损坏，保障了雇员的安全，而且使产品的质量和产量都得到了保障和提高。更为重要的是这一方针的改革，向世人证明了只有在“安全”前提下的生产活动，才能创造出有效的产值和利润，从而提高了人们对安全工作的认识水平。

安全管理的实施需要事故预防、应急措施和保险补偿手段等方面相互间的有机结合，而事故的预防则是重中之重。我国的安全生产方针从“安全第一”改为“安全第一，预防为主，综合治理” 也充分体现了事故预防与控制在安全管理中的重要性。

7.1 事故预防与控制的基本原则

事故预防是通过采用工程技术、管理和教育等手段使事故发生的可能性尽可能地小，事故控制是通过采用工程技术、管理和教育等手段使事故发生后不造成严重后果或使损害尽可能减小。例如火灾的预防与控制，通过规章制度的建立和完善、安全检查或者采用不可燃、不易燃的材料可以预防火灾发生；采用火灾报警装置、喷淋装置、阻燃装置、应急疏散措施等可以控制火灾发生的后果，减小火灾损失。

从安全目标的实现出发，事故预防与控制体现在以下3个方面。

(1)消除事故原因,形成“本质安全”系统。即消除危险源,控制危险源,防护和隔离危险源,保留和转移危险源。

(2)降低事故发生频率。

(3)减少事故的严重程度和事故的经济损失。

从采用的手段出发,事故预防与控制以危险源为对象,运用系统工程的原理,对危险进行控制。其技术手段主要有工程技术措施和管理措施,按措施等级可以分为 6 种方法,即消除危险、预防危险、减弱危险、隔离危险、危险连锁和危险警告等。同时,还可以采用法制手段(政策、法令、规章)、经济手段(奖、罚)和教育手段(长期的、短期的、学校的、社会的)等。

从现代安全管理的观点出发,安全管理不仅要预防和控制事故,而且要为劳动者提供安全的工作环境和安全文化。由此,事故预防与控制可以从安全技术(Engineering)、安全教育(Education)和安全强制管理(Enforcement)(简称“3E”对策)三方面入手。由于无论是安全教育还是安全管理,人是主要参与者,不可避免地存在着人的失误,因此,安全技术对策应是安全管理工作的首选。

事故预防与控制的理论是以安全系统工程、安全人机工程、安全分析与安全评价等理论为基础的,从事故的因果性出发,着眼于对事故前期事件的控制,对实现超前和预期性的安全对策,提高事故预防的效果有着显著的意义和作用。

下面,从“3E”对策入手,系统地学习事故的预防与控制的理论和方法。

7.2　安全技术对策

安全技术对策是采用工程技术手段解决安全问题,预防事故发生,减小事故造成的伤害和损失,是事故预防和控制的最佳安全措施。安全技术对策涉及系统设计各个阶段,通过设计来消除和控制各种危险,防止所设计系统在研制、生产、使用、运输和贮存等过程中发生可能导致人员伤亡和设备损坏的各种意外事故。

安全技术分为预防事故发生的安全技术和防止或减轻事故损失的安全技术。

7.2.1　预防事故的安全技术

根据系统的寿命阶段,为满足规定的安全要求,采用以下 8 种安全设计方法。

1. 能量控制方法

任何事故影响的程度都是所需能量的直接函数,也就是说,事故发生后果的严重程度与事故中所涉及的能量大小紧密相关。没有能量就没有事故,没有能量就不会产生伤害。

能量引起的伤害主要分为两类。

第一类:转移到人体的能量超过了局部或全身性损坏阈值而造成伤害,如 36 V 电压在人体所承受的阈值之内,不会造成伤害或伤害极其轻微,而 220 V 电压大大超过了人体的阈值,与其接触会对人体造成伤害。

第二类:局部或全身性能量交换引起伤害,如因物理或化学因素引起的窒息、中毒等事件。

从能量控制的观点出发,事故的预防和控制实际上就是防止能量或危险物质的意外释放,防止人体与过量的能量或危险物质接触。表 7-1 给出了常用的能量控制方法。

表 7-1 常用的能量控制方法

能量控制方法	举 例
限制能量	降低车辆的速度,减小爆破作业的装药量
用较安全的能源代替危险能源	用水力采煤代替爆破采煤,用煤油代替汽油作溶剂
防止能量积聚	保证矿井通风,防止瓦斯气体积聚;危险品存放在通风处
控制能量释放	将放射源放入重水中避免辐射危害
延缓能量释放	车辆座椅上设置安全带
开辟能量释放渠道	电器安装地线
设置屏障	佩戴安全帽、防护服、口罩
从时间和空间上将人与能量隔离	道路交通的信号灯

2. *内在安全设计方法*

避免事故发生的有效方法是消除危险或将危险限制在没有危害的程度以内,使系统达到"内在安全",也称"本质安全"。"内在安全"技术是指不依靠外部附加的安全装置和设备,只依靠自身的安全设计,即使发生故障或误操作,设备和系统仍能保证安全。在内在安全系统中,可以认为不存在会导致事故发生的危险状况,任何差错甚至一个人为差错也不会导致事故发生。

在"内在安全"设计中,达到绝对的安全是很难的,但可以通过设计使系统发生事故的风险降至最小,或降低到可接受的水平。

常用的方法有以下两种。

(1)通过设计消除危险。这类方法通过选择恰当的设计方案、工艺过程和合适的原材料来实现。如可以通过排除粗糙的毛边、锐角、尖角,防止皮肤割破、擦伤或刺破。

(2)降低危险的严重性。完全消除危险有时受实际条件的限制难以实现。在这种情况下,可以限制潜在危险的等级,使其不至于导致伤害或损伤,或将伤害和损伤降至可接受的范围内。例如对电钻引起的致命电击,可以采用低电压蓄电池作为动力,从而消除电击危险。

3. *隔离方法*

隔离是物理分离的方法,用隔挡板和栅栏等将已确定的危险同人员和设备隔离,以防止危险发生或将危险降低到最低水平,同时控制危险的影响。

隔离技术常用在以下几个方面。

(1)隔离接触在一起将导致危险的不相容材料。如氧化物和还原物分开放置可以避免发生氧化还原反应而引发事故;将装在容器中的某些易燃液体的上面"覆盖"氮气或其他惰性气体,以避免这些液体与空气中的氧气接触而发生危险。

(2)限制失控能量释放的影响。例如在炸药的爆炸试验中,为了防止爆炸产生的冲击波对人或周围物体造成伤害和影响,当药量较大时,一般是在坚固的爆炸塔中进行爆炸试验;当药量较小时，则放置在具有一定强度的密封爆炸罐内进行试验。

(3)防止有毒有害物质或放射源、噪声等对人体的危害。例如铸造车间清毛坯时，为了防止铁屑伤人而穿的全密封防护服；隔离高噪声和振动的机械装置所采用的振动固定机构、屏蔽、消音器等。

(4)隔离危险的工业设备，如将护板和外壳安装在旋转部件、热表面和电气装置的上面，以防止人员接触发生危险。

(5)时间上的隔离。例如限定有害工种的工作时间，以防止工作人员受到超量有毒有害物质的危害，保障人员的安全。

4.闭锁、锁定和连锁

闭锁、锁定和连锁的功能是防止不相容事件的发生，防止事件在错误的时间发生或以错误的顺序发生。

(1) 闭锁和锁定。闭锁是防止某事件发生或防止人、物、力或因素进入危险的区域；锁定是保持某事件或状况，或避免人、物、力或因素离开安全、限定的区域。例如弹药的保险和解除保险装置，螺母和螺栓上的保险丝和其他锁定装置，防止车辆移动的挡块，电源开关的锁定装置等。

(2) 连锁。连锁保证在特定的情况下某事件不发生。表7-2给出了常用的连锁技术。

表7-2　常用的连锁技术

序号	连锁技术
1	在意外情况下，连锁可尽量降低事件B意外出现的可能性。它要求操作人员在执行事件B之前，先执行事件A
2	在某种危险状况下，可用连锁确保操作人员的安全。如打开家用洗衣机的盖板时，连锁装置将自动使洗衣机滚筒刹车停止运转，避免衣物缠手造成伤害
3	在预定的事件发生前，连锁可控制操作顺序和时间。即当操作的顺序是重要的或必要的，而错误的顺序将导致事故的发生时，最好采用连锁

连锁既可用于直接防止误操作或误动作，又可通过输出信号，间接地防止误操作或误动作。例如限制电门、信号编码、运动连锁、位置连锁、顺序控制等。

5.故障-安全设计

当系统、设备的一部分发生故障或失效时，在一定时间内能够保证整个系统或设备安全的安全技术措施称为故障-安全设计。故障-安全设计确保一个故障不会影响整个系统或使整个系统处于可能导致伤害或损伤的工作模式。

其设计的基本原则是：首先保护人员安全；其次保护环境，避免污染；第三防止设备损伤；最后防止设备降低等级使用或功能丧失。

按照系统、设备发生故障后所处的状态，故障-安全设计分为3种类型。表7-3给出了3种故障-安全设计的类型。

表 7-3 故障-安全设计的类型

类型	特　点	举　例
故障-安全消极设计	当系统发生故障时，能够使系统停止工作，并将其能量降低到最低值直至系统采取纠正措施，而且不会由于导致不工作的危险产生更大的损伤	电路保险，当系统出现短路时，电路保险断开，系统断电，正在工作的系统会立即停止工作，保证安全
故障-安全积极设计	故障发生后，在系统采取纠正或补偿措施前，或启动备用系统前，保持系统以一种安全的形式带有正常能量，直至采取措施，以消除事故发生的可能性	交通信号灯发生信号系统故障，信号将转为红灯或黄色闪烁灯，以避免发生事故，达到控制交通的目的
故障-安全可工作设计	保证在采取纠正措施前，设备、系统能正常发挥其功能。它是故障-安全设计中最可取的类型	锅炉的缺水补水设计，即使阀瓣从阀杆上脱落，也能保证锅炉正常进水，保证安全运行

值得注意的是，由于故障-安全装置本身也可能发生故障，因此，不能将其与“本质”安全技术混为一谈。

6. 故障最小化设计

采用故障-安全设计使得故障不会导致事故，但这样的设计在有些情况下并非总是最佳选择。故障-安全设计可能会过于频繁地中断系统的运行，当系统需要连续运行时，这种设计对系统的运行是相当不利的。因此，在故障-安全设计不可行情况下，故障最小化可作为设计的主要方法。故障最小化设计有 3 种方法。

(1)降低故障率。这种方法是可靠性工程中用于延长元件和整个系统的期望寿命或故障间隔时间的一种技术。利用高可靠性的元件和设计降低使用中的故障概率，使整个系统的期望使用寿命大于所提出的使用期限，降低可能导致事故的故障发生率，从而减少事故发生的可能性，起到预防和控制事故的作用。这种方法的核心是通过提高可靠性的方法来提高系统的安全性。安全系数和余量是降低故障率的经典方法。例如飞机和压力容器结构静强度设计的安全系数分别为 1.5 和 3.5，基本上保证了飞机和压力容器的安全性。

(2)监控。监控是利用监控系统对某些参数进行检测，保证这些参数达不到导致意外事件的危险水平。监控系统分为检知、判断和响应三部分。

检知部分由传感元件构成，用以感知特定物理量的变化。判断部分把检知部分感知的参数值与预先规定的参数值相比较，判断被检测对象状态是否正常。响应部分在判明存在异常时，采取适当的措施，如停止设备运行、停止装置运转、启动安全装置、向有关人员发出警告等。

(3)报废和修复。这种技术是针对意外事故而设计的。在一个故障、错误或其他不利的状况已发展成危险状态，但还未导致伤害或损伤时，采取纠正措施，以限制状态的恶化。

7. 告警装置

告警用于向危险范围内人员通告危险、设备问题和其他值得注意的状态，使有关人员采取纠正措施，避免事故的发生。告警可按人的感觉方式分为视觉告警、听觉告警、嗅觉告警、触觉告警和味觉告警等。

(1)视觉告警。视觉告警是一种通过视觉传递危险信息的告警方式，包括以下几种方法。

1)亮度。使存在危险的地点周围比无危险的区域更为明亮，以至于人们能把注意力集中在该危险区域。

2)颜色。在建筑物、移动设备或可能被碰撞的固定物体上涂上鲜明的、易辨别的颜色，或亮暗交替的颜色，以引起人们的注意，发出告警信息。在国标 GB2893—2001《安全色》及《安全色使用导则》中规定了安全色、对比色的意义及其使用方法。

安全色分为红、蓝、黄、绿 4 种颜色。表 7－4 给出了颜色的含义。

表 7－4　安全色颜色的含义

颜色	含　义	举　例
红色	禁止、停止、消防和危险	交通禁令标志、消防设备、停止按钮、危险信号旗
黄色	提醒人们注意	各种警告标志和警戒标记
蓝色	要求人们必须遵守的规定	指令标志涂以蓝色的标记
绿色	提供允许、安全的信息	表示通行、机器启动按钮、安全信号旗

对比色是使安全色更加醒目的反衬色。

黑色为黄色对比色，如黄色与黑色相间隔的条纹，表示特别注意的意思，用于各种机械在工作或移动时容易碰撞的部位。

白色为红、绿、蓝安全色的对比色，如红色和白色相间隔的条纹，表示禁止通行、禁止跨越的意思，用于公路交通等方面所用的防护栏杆及隔离墩等。

蓝色与白色相间隔的条纹，表示指示方向，用于交通上的指导性标志等。

3)信号灯。信号灯可以是固定的也可以是移动的，可以连续发光也可以闪光。信号灯颜色代表不同的含义，表 7－5 给出了信号灯颜色的含义。

表 7－5　信号灯颜色的含义

颜色	含　义
红色	存在危险、紧急情况、故障、错误、中断等
黄色	接近危险、临界状态、注意、缓慢地发展等
绿色	良好状态、继续进行、准备好的状态、正确启动、参数正处在规定的限度内
白色	表示系统可用或正在使用中

4)旗子和飘带。旗子用于表示危险状态，飘带用于提醒、注意。例如，仪表插上小旗时表示该仪表已有故障，不能使用。汽车超宽时在两边均系有飘带，提醒对面的司机注意。

5)标志。利用事先规定了含义的符号表示警告危险因素的存在或应采取的措施。例如指出具有放射性危险的设备及处理方法，道路急转弯处的标志等。

6)标记。在设备上或有危险的地方可以贴上标记以示警告。

7)符号。常用的符号为固定符号。例如指出弯道、交叉路口、陡坡、狭窄桥或有毒、有放射源等其他危险的路标。

8）书面告警。书面告警包括操作和维修规程、指令、手册、说明书、细则和检查表中的告警及注意事项。

9)告警词语。告警词语是提醒人们注意的一种手段，它应该通俗易懂、醒目，容易引起人们的注意。告警词语要求尽可能地标准、规范。如“注意”用于需要正确的操作或维修程序，防止设备损坏或人员受伤的告警。“警告”用于需要正确的操作或维修程序，防止可能的(但非邻近的)危险造成人员伤害的告警。“危险”用于对可能导致人员伤害的危险告警。

(2)听觉告警。常用的听觉告警有报警器、蜂鸣器、铃、定时声响装置等，有时也用扬声器来传递录下的声音信息，或一个人直接用喊声告警另一个人。

以下场所使用听觉告警效果更好。

1）当所传递的信息是简短的、简单的、瞬时的，并要求马上做出响应。

2）视觉告警方式受到限制。

3）信号十分重要，需要多种告警信号相结合时。

4）需要告警、提醒或提示操作人员注意后续的附加信息或做后续的附加响应。

5）习惯或惯例采用听觉信号的场合。

6）进行必要的声音通讯时。

(3）嗅觉告警。当气体分子影响到鼻腔中约 645mm^2 的微小敏感区域时，人能闻到气味。表 7－6 给出了利用气味可成功告警的场合。

表 7－6　利用气味可成功告警的场合

告警的场合	举　例
某些毒气的告警	芥子气可给出告警并据此确定气体的类型
无味气体中加入有气味气体	加入微量的气味很强的气体，如硫醇，可以使人迅速发觉易燃和易爆气体的泄漏
设备过热产生告警性的气味	轴承过热时气化温度较低的润滑剂就使操作人员闻到气味
燃烧后所产生的气体气味的探测可以发现火灾的部位	塑料和橡胶材料具有特殊的气味，可表明其接近燃烧或发生燃烧以及燃烧物质可能的位置

(4）触觉告警。振动感知是触觉告警的主要方法，设备过度振动给人们发出了设备运行不正常并正在发展成故障的告警。

温度感知是另一种通过触觉或感知进行告警的方法。维修人员可以通过手或其他部位或设备的感觉确定设备是否工作正常。

(5）味觉告警。味觉告警通常是用以确定或指示放入口中的食物、饮料或其他物质是否有危险存在。味觉作为一种告警手段，对设备设施来说可能是最不重要的，在工业生产中极少用到味觉告警方式。

7.2.2　减少和遏制事故损伤的安全技术

采用了预防事故的安全技术措施，并不等于就完全控制住了事故。在实际工作中，只要有危险存在，尽管可能性很小，就存在导致事故发生的可能，而且没有任何方法来准确确定事故将何时发生。事故发生后如果没有采取相应的措施迅速对局面进行控制，则事故的规模和损失可能会进一步扩大，甚至引起连锁反应，造成更大、更为严重的后果。因此，必须探索尽量减少可能的伤害和损伤的方法，采取相应的应急措施，减少或遏制事故损失。

1. 实物隔离

隔离除了作为一种广泛应用的事故预防的方法之外，还常用作减少事故中能量猛烈释放而造成损伤的一种方法，可限制始发的不希望事件的后果对邻近人员的伤害和对设备、设施的损伤。

常用的方法有以下3种。

(1)距离。涉及爆炸性物质的物理隔离方法，将可能发生事故、释放出大量能量或危险物质的工艺、设备或设施布置在远离人员、建筑物和其他被保护物的地方。如将炸药隔离，使得炸药即使意外爆炸也不会导致邻近贮存区和加工制造区炸药的殉爆。

(2)偏向装置。采用偏向装置作为危险物与被保护物之间的隔离墙，其作用是把大部分剧烈释放的能量导引到损失最小的方向。如在爆炸物质生产和装配工房，设置坚实的防护墙并用轻质材料构筑顶部，当爆炸发生时，防护墙承受一部分能量，而其余能量则偏转向上，使其对周围环境的损失减小。

(3)遏制。遏制技术是控制损伤常用的隔离方法，主要功能是遏制事故造成更多的危险，遏制事故的影响，为人员提供防护，对材料、物资和设备予以保护。

2. 人员防护装备

人员防护装备由人们身上的外套或戴在身上的器械组成，以防止事故或不利的环境对人的伤害。其应用范围和使用方式很广，可以从一副简单的防噪声耳塞到一套完整带有生命保障设备的宇航员太空服。

人员防护装备的应用方式主要有以下3种。

(1)用于计划的危险性操作。某些操作所涉及的环境中，危险因素不能根除，但又必须进行相关作业，采用人员防护装备可以防止特定的危险对人员的伤害。如在危险的区域进行检查、计划和预防性维修等工作。必须指出的是，在条件可行的情况下，不应以人员防护装备代替根除或控制危险因素的设计或安全规程。如在含有毒气体的封闭空间中工作的人员，在采取了通风措施，排除有毒、有害气体或降低其浓度于危险水平以下的条件下，操作人员就没有必要使用防毒面具。

(2)用于调查和纠正。为调查研究、探明危险源、采取纠正措施或因其他原因进入极有可能存在危险的区域或环境时，应佩戴相应的人员防护装备。例如有毒的、腐蚀性的或易燃液体泄漏或溢出的中和或净化过程。

(3)用于应急情况。应急情况对防护装备的要求最严格。由于意外事故或事件即将发生或已经发生，开始的几分钟可能是事故被控制或导致灾难发生的关键时刻，排除或控制危险和尽量减少危险伤害和损伤的反应时间是极为重要的。因此，为了快速有效地实施应急计划，人员的防护装置起着至关重要的作用。

3. 能量缓冲装置

能量缓冲装置在事故发生后能够吸收部分能量，保护有关人员和设备的安全。例如座椅安全带、缓冲器和车内衬垫、安全气囊等可缓解人员在事故发生时所受到的冲击，降低事故中车内人员的伤害。

4. 薄弱环节

薄弱环节是指系统中人为设置的容易出故障的部分。其作用是使系统中积蓄的能量通过薄弱环节得到部分释放，以小的代价避免严重事故的发生，达到保护人员和设备安全的目的。主要有电薄弱环节，如电路中的保险丝；热薄弱环节，如压力锅上的易熔塞；机械薄弱环节，如压力灭火器中的安全隔膜；结构薄弱环节，如主动联轴节上的剪切销。

5. 逃逸和营救

当事故发生到不可控制的程度时，应采取措施逃离事故影响区域，采取自我保护措施和为救援创造一个可行的条件。

逃逸和求生是指人们使用本身携带的资源进行自身救护所做的努力。营救是指其他人员救护在紧急情况下受到危险的人员所做的努力。

逃逸、求生和营救设备，对于保障人的生命安全是极为重要的，但只能作为最后依靠的手段来考虑和应用。当采用安全装置、建立安全规程等方法都不能完全消除某种危险或系统存在发生重大事故的可能性时，应考虑应用逃逸、求生和营救等设备。

7.3 安全教育对策

安全教育是通过各种形式的学习和培养，努力提高人的安全意识和素质，学会从安全的角度观察和理解所从事的活动和面临的形势，用安全的观点解释和处理自己遇到的新问题。

从事故致因理论中的瑟利模型中可以看到，要达到控制事故的目的，首先，通过技术手段，用某种信息交流方式告知人们危险的存在或发生；其次，要求人们在感知到有关信息后，能够正确理解信息的意义。例如能否正确判断何种危险发生或存在？该危险对人、设备或环境会产生何种伤害？是否有必要采取措施？应采取何种应对措施？等等。而这些有关人对信息的理解认识和反应的部分均需要通过安全教育的手段来实现。

安全教育可以分为安全教育和安全培训两大部分。安全教育是一种意识的培养，是长时期的甚至贯穿于人的一生的，并在人的所有行为中体现出来，与人们所从事的职业没有直接的关系；安全培训虽然也包含有关教育的内容，但其内容相对于安全教育要具体得多，范围要小得多，主要是一种技能的培训。安全培训的主要目的是使人掌握在某种特定的作业或环境下正确并安全地完成其应完成的任务，故也称生产领域的安全培训为安全生产教育。在这个层面上，安全培训主要是指企业为提高职工的安全技术水平和防范事故能力而进行的教育培训工作，也是企业安全管理的主要内容，在消除和控制事故措施中起着重要的作用。

7.3.1 安全教育的内容

安全教育包括以下 4 个方面的内容。

1. 安全思想教育

安全思想教育是从人们的思想意识方面进行培养和学习，包括安全意识教育、安全生产方针教育和法纪教育。

安全意识是人们在长期生产、生活等各项活动中逐渐形成的对安全问题的认识程度，安全意识的高低直接影响着安全效果。因此，在生产和社会活动中，要通过实践活动加强对安全问题的认识并使其逐步深化，形成科学的安全观，这也是安全意识教育的基本目的。

安全生产方针教育是对企业的各级领导和广大职工进行有关安全生产的方针、政策和制度的宣传教育。我国的安全生产方针是“安全第一，预防为主”。只有充分认识和理解其深刻含义，才能在实践中处理好安全与生产的关系。特别是当安全与生产发生矛盾时，应首先解决好安全问题，切实把安全工作提高到关系全局及稳定的高度来认识，把安全视作企业头等大事，从而提高安全生产的责任感与自觉性。

法纪教育是安全法规、规章制度、劳动纪律等方面的教育。安全生产法律、法规是方针、政策的具体化和法律化。通过法纪教育，使人们懂得安全法规和安全规章制度是实践经验的总结，它们反映出安全生产的客观规律。自觉地遵守法律法规，安全生产就有了基本保证。同时，通过法纪教育还要使人们懂得，法律带有强制的性质，如果违章违法，造成了严重的事故后果，就要受到法律的制裁。

2. 安全技术知识教育

安全技术知识教育包括一般生产技术知识、一般安全技术知识和专业安全技术知识。

一般生产技术知识教育主要包括：企业的基本生产概况，生产技术过程，作业方式或工艺流程，与生产技术过程和作业方法相适应的各种机器设备的性能和有关知识，工人在生产中积累的生产操作技能和经验及产品的构造、性能、质量和规格等。

一般安全技术知识是企业所有职工都必须具备的安全技术知识，主要包括：企业内的危险设备的区域及其安全防护的基本知识和注意事项，有关电器设备（动力及照明）的基本安全知识，生产中使用的有毒有害原材料或可能散发的有毒有害物质的安全防护基本知识，企业中一般消防制度和规划，个人防护装备的正确使用，事故应急方法以及伤亡事故报告等。

专业安全技术知识指某一作业的职工必须具备的专业安全技术知识，主要包括：安全技术知识，工业卫生技术知识和根据这些技术知识和经验制定的各种安全操作技术规程等的教育。

3. 典型经验和事故教训教育

先进的典型经验具有现实的指导意义，通过学习使职工受到启发，对照先进找差距，促进安全生产工作的进一步发展。

4. 现代安全管理知识教育

安全系统工程、安全人机工程、安全心理学及劳动生理学等知识随着安全管理的深入开展而被广泛应用。这些理论为辨识危险、预防事故发生、提出有效的对策措施提供了系统的理论和方法，并能够设计系统使其达到最优。

7.3.2　安全培训的内容

安全培训的实质是安全技能的教育。在现代化企业生产中，仅有安全技术知识，并不等于能够安全地从事生产操作，还必须把安全技术知识变成进行安全操作的本领，才能取得预期的安全效果。要实现从“知道”到“会做”的过程，就要借助于安全技能培训。

安全技能培训包括正常作业的安全技能培训和异常情况的处理技能培训。安全技能培训应按照标准化作业要求来进行，有计划、有步骤地进行培训。安全技能的形成分为 3 个阶段，即掌握局部动作的阶段、初步掌握完整动作阶段、动作的协调和完善阶段。这 3 个阶段的变化表现在行为结构的改变、行为速度和品质的提高以及行为调节能力的增强等 3 个方面。表 7-7给出了 3 个阶段的表现。

表 7-7 安全技能培训 3 个阶段的表现

阶段	动作技能表现	智力技能表现
行为结构的改变	许多局部动作联系为完整的动作系统，动作之间的互相干扰和多余动作逐渐减少	智力活动多个环节联系成一个整体，概念之间的混淆现象逐渐减少以至消失，解决问题时由开展性的推理转化为“简缩推理”
行为速度和品质的提高	动作速度加快，动作的准确性、协调性、稳定性、灵活性提高	思维敏捷性与灵活性、思维广度与深度、思维独立性等品质提高
行为协调能力的增加	视觉控制减弱，动作控制增强，动作的紧张性消失	智力活动的熟练化，大脑劳动的消耗减少

7.3.3 安全教育的类型

按照教育对象的不同，安全教育的类型不同，可以分为管理人员安全教育和生产岗位的职工安全教育两种类型。

1. 各级管理人员的安全教育

(1)厂长(经理)的安全教育。1990 年，原劳动部颁布的《厂长、经理职业安全卫生管理资格认证规定》《厂长、经理职业安全卫生管理知识培训大纲》，对企业厂长、经理安全教育的内容、目标、考核等作了详细、法律性的规定。厂长、经理是本单位安全生产的第一责任者，对本单位的安全生产负全面领导责任。厂长、经理的安全教育实行资格认证制度，只有通过相应安全生产监督管理部门培训，获得资格认证，才可对企业实施劳动安全卫生管理。厂长、经理取得《安全管理资格证书》后每隔 4 年进行一次培训考核，考核情况记入证书中，调动工作时，到新单位仍任厂长、经理职务者，应在到任 10 天内(遇特殊情况最迟不超过 30 天)，持发证部门的培训、考核、认证登记表到调入地区的考核发证部门验证。

培训教材应采用有安全生产监督管理部门制定的统编教材，授课时间不少于 42 学时，应聘请经劳动部门培训考核具有授课资格的人员作为培训教师。

(2)安全卫生管理人员安全教育管理。企业安全卫生管理人员必须经过安全教育，并经考核合格后方能任职，安全教育时间不得少于 120 学时。安全教育由地市级以上安全生产监督管理部门认可的单位或组织进行，安全教育考核合格者由安全生产监督管理部门发给任职资格证书。

安全教育内容包括国家有关的劳动安全卫生方针政策、法律法规和标准，企业安全生产管理、安全技术、劳动卫生、安全文化、工伤保险等方面的知识，职工伤亡事故和职业病统计报告及事故调查处理程序，有关事故案例及事故应急处理措施等。

(3)企业职能部门、车间负责人、专业工程技术人员的安全教育。企业职能部门、车间负责人、专业工程技术人员的安全教育由企业安全管理部门负责实施，安全教育时间不少于 24 学时。安全教育内容包括劳动安全卫生法律法规及本部门、本岗位安全生产职责，安全技术、劳动卫生和安全文化的知识，有关事故案例及事故应急处理措施等项内容。

2. 生产岗位职工的安全教育

(1)三级安全教育。“三级安全教育”是指企业新职工上岗前必须进行厂级、车间级、班组级安全教育。

厂级教育由企业主管厂长负责，企业安全生产管理部门会同有关部门组织实施，教育包括劳动卫生法律法规、通用安全技术、劳动卫生和安全文化的基本知识、本企业劳动安全卫生规章制度及状况、劳动纪律和有关事故案例等项内容。

车间级安全教育是新工人或调动工作的工人被分配到车间后所进行的车间一级安全教育，由车间负责人组织实施。教育包括车间劳动安全卫生状况和规章制度、主要危险和危害因素及其注意事项、预防工伤和职业病的主要措施、典型事故案例、事故应急处理措施等。

班组级安全教育是新工作或调动工作的人员到达生产班组之前的安全教育，由班组长组织实施。班组级安全教育内容包括遵章守纪、岗位安全操作规程、岗位间工作衔接配合的安全卫生注意事项、典型事故案例、劳动防护用品的性能及正确使用方法等。

(2)特种作业人员安全教育。特种作业是指在劳动过程中容易发生伤亡事故，对操作者本人、他人和周围设施的安全有重大危害的作业。直接从事特种作业的人员就是特种作业人员。

特种作业人员在独立作业前，必须进行安全技术培训。培训的内容和要求按原劳动部颁布的《特种作业人员安全技术培训大纲》执行，培训教材由省级安全生产监督管理部门统一制定。特种作业人员的考核与发证工作，由特种作业所在单位负责遵章申报，安全生产监督管理部门负责组织实施，安全生产监督管理部门对特种作业人员的安全技术考核与发证实施国家监察。取得《特种作业人员操作证》者，每两年进行一次复审，未按期复审或复审不合格者，其操作证自行失效。离开特种作业岗位一年以上的特种作业人员，须重新进行技术考核，合格者方可从事原工作。

(3)经常性安全教育。由于人们生产的条件、环境、机械设备的使用状态以及人的心理状态都是处于变化之中的，因此一次性安全教育不能达到一劳永逸的效果，必须开展经常性的安全教育，不断地强化人的安全意识和知识技能。经常性安全教育的形式多种多样，如班前班后会、安全活动月、安全会议、安全技术交流、安全考试、安全知识竞赛、安全演讲等。不论采取什么形式都应该紧密结合企业安全、生产状况，有的放矢，内容丰富，真正收到教育效果。

(4)“五新”作业安全教育。“五新”作业安全教育指凡是采用新技术、新工艺、新材料、使用新设备、试制新产品的单位，必须事先提出具体的安全要求，由使用单位对从事该作业的工人进行安全技术知识教育，在未掌握基本技能、安全知识前不准单独操作。“五新”作业安全教育包括安全操作知识和技能培训、应急措施的应用等。

(5)复工和调岗安全教育。复工安全教育是针对离开操作岗位较长时间的工人进行的安全教育。离岗一年以上重新上岗的工人，必须进行相应的车间级或班组级安全教育。调岗安全教育指工人在本车间临时调动工种和调其他单位临时帮助工作的，由接受单位进行所担任工种的安全教育。

7.4　安全强制管理对策

工业生产中事故的发生，从表面上看是由于生产空间、设备、设施和人为差错等不安全条件所造成的，但是如果从事故原因和更深层分析中进行研究，其根源还是管理上的缺陷，只不过是表现的形式不同而已。

安全强制管理对策是用各项规章制度、奖惩条例来约束人的行为和自由，以达到控制人的不安全行为，减少事故的目的。在安全管理工作中，控制事故的安全管理手段主要有以下 4 个方面。

7.4.1 安全检查

安全检查是我国最早建立的安全生产基本制度之一，建国初期国家就根据我国的安全生产状况提出了开展安全检查的要求和规定。1963 年，国务院发布的《关于加强企业生产中安全工作的几项规定》将安全检查列入企业的主要任务，并对安全检查的内容加以规定。

安全检查是根据企业生产特点，对生产过程中的危险因素进行经常性的、突击性的或者专业性的检查。

安全检查的类型分为以下几种形式。

1. 经常性安全检查

经常性安全检查是企业内部进行的自我安全检查，是一种经常性的、普遍性的检查，其目的是对安全管理、安全技术和工业卫生情况作一般性的了解。经常性安全检查主要包括企业安全管理人员进行的日常检查、生产领导人员进行的巡视检查、操作人员对本岗位设备和设施以及工具的检查。检查人员是本企业的管理人员或生产操作工人，对生产过程和设备情况熟悉，了解情况全面、深入细致，能及时发现问题、解决问题。经常性安全检查，企业每年进行2～4次，车间、科室每月进行一次，班组每周进行一次，每班次每日均应进行。

2. 安全生产大检查

安全生产大检查是由上级主管部门或安全生产监督管理部门对企业的各种安全生产进行的检查。检查人员主要来自有经验的上级领导或本行业或相关行业高级技术人员和管理人员。他们具有丰富的经验，使检查具有调查性、针对性、综合性和权威性。这种检查一般集中在一段时间，有目的、有计划、有组织地进行，规模较大，揭露问题深刻、判断准确，能发现一般管理人员和技术人员不易发现的问题，有利于推动企业安全生产工作，促进安全生产中老大难问题的解决。

3. 专业性检查

专业性检查是针对特种作业、特种设备、特殊作业场所开展的安全检查，调查了解某个专业性安全问题的技术状况。专业性检查除了由企业有关部门进行外，上级有关部门也指定专业安全技术人员进行定期检查，国家对这类检查也有专门的规定。不经有关部门检查许可，设备不得使用。

4. 季节性检查

季节性检查是根据季节变化的特点，为保障安全生产的特殊要求所进行的检查。自然环境的季节性变化，对某些建筑、设备、材料或生产过程及运输、贮存等环节会产生某些影响。因此，为了消除因季节变化而产生的事故隐患，必须进行季节性检查。如春季风大，应着重防火、防爆；夏季高温、多雨、多雷电，应抓好防暑、降温、防汛、检查雷电保护设备；冬季注意防寒、防冻、防滑等。

5. 特种检查

这是一种对采用的新设备、新工艺、新建或改建的工程项目以及出现的新的危险因素进行的安全检查。这种检查包括工业卫生调查、防止物体坠落的检查、事故调查和其他特种检查等。

6. 定期检查

定期检查是指列入计划，每隔一定时间进行的检查。这种检查可以是全厂性的，也可以是针对某种操作、某类设备的。检查间隔时间可以是一个月、半年、一年或者任何适当的间隔期。

7. 不定期检查

这是一种无一定间隔时间的检查。它是对某个特殊部门、特殊设备或某一工作区域进行的，而且事先未曾宣布的一种检查。这种检查比较灵活，其检查对象和时间的选择往往通过事故统计分析的方法来确定。

无论采取什么方式的安全检查，其目的都是通过安全检查及时了解和掌握安全工作情况，及时发现问题，并采取措施加以整顿和改进，同时又可总结好的经验，吸取教训，进行宣传和推广。

7.4.2　安全审查

对工程项目的安全审查是依据安全法规和标准，对工程项目的初步设计、施工方案以及竣工投产进行综合的安全审查、评价和检验。其目的是查明系统在安全方面存在的缺陷，按照系统安全的要求，优先采取消除或控制危险的有效措施，以切实保障系统的安全。

安全审查包括以下3个方面的内容。

1. 可行性研究审查

可行性研究审查是对可行性研究报告中的劳动安全卫生部分的内容，运用科学的评价方法，依据国家法律、法规和行业标准，分析、预测该建设项目存在的危险、有害因素的种类和危险危害程度，提出科学、合理及可行的劳动安全卫生技术措施和管理对策，作为该建设项目初步设计中劳动安全卫生设计和建设项目劳动安全卫生管理的主要依据，供国家安全卫生管理部门进行监察时参考。表7-8给出了必须进行可行性研究审查的建设项目。

表7-8　必须进行可行性研究审查的建设项目

序号	建设项目名称
1	火灾危险性生产类别为甲类的建设项目
2	投资规模为大中型和限额以上的建设项目
3	爆炸危险场所等级为特别危险场所和高度危险场所的建设项目
4	大量生产或使用Ⅰ级、O级危害程度的职业性接触毒物的建设项目
5	大量生产或使用石棉粉料或含有10%以上的游离二氧化硅粉料的建设项目
6	安全监察部门确认的其他危险、危害因素大的建设项目

审查的内容包括生产过程中可能产生的主要职业危害，预计的危害程度，造成危害的因素及其所在部位或区域，可能接触职业危害的职工人数，使用和生产的主要有毒有害物质，易燃易爆物质的名称、数量，职业危害治理的方案及其可行性论证，职业安全卫生措施专项投资估算，实现治理措施的预期效果，技术投资方面存在的问题和解决方案等。

2. 初步设计审查

初步设计审查是在可行性研究报告的基础上，按照劳动部《关于生产性建设工程项目职业安全卫生监察的暂行规定》中《职业安全卫生专篇》的内容和要求，根据有关标准、规范对其进行全面深入的分析，提出建设项目中职业安全卫生方面的结论性意见。初步设计审查涉及 9 个方面的内容，即设计依据、工程概述、建筑及场地布置、生产过程中职业危害因素的分析、职业安全卫生设计中采用的主要防范措施、预期效果评价、安全卫生机构设置及人员配备、专用投资概算、存在的问题和建议等。

3. 竣工验收审查

竣工验收审查是按照《职业安全卫生专篇》规定的内容和要求对职业安全卫生工程质量及其方案的实施进行全面系统的分析和审查，并对建设项目做出职业安全卫生措施的效果评价。竣工验收审查是强制性的。

7.4.3 安全评价

安全评价是对系统存在的不安全因素进行定性和定量分析，通过与评价标准的比较，得出系统的危险程度，提出改进措施，以达到系统安全的目的。

安全评价是从明确的目标值开始，对工程、产品、工艺的功能特性和效果进行科学测定。根据测定结果用一定的方法综合、分析、判断，并作为决策的参考。安全评价是对系统危险程度的客观评价。它通过对系统中存在的危险源和控制措施的评价，客观描述系统的危险程度，指导人们预先采取措施降低系统的危险性。

安全评价包括两个方面：确认危险性（辨别危险源，定量来自危险源的危险性）和评价危险性（控制危险源，评价采取措施后危险源存在的危险性是否能被接受）。

安全评价的内容如图 7－1 所示。

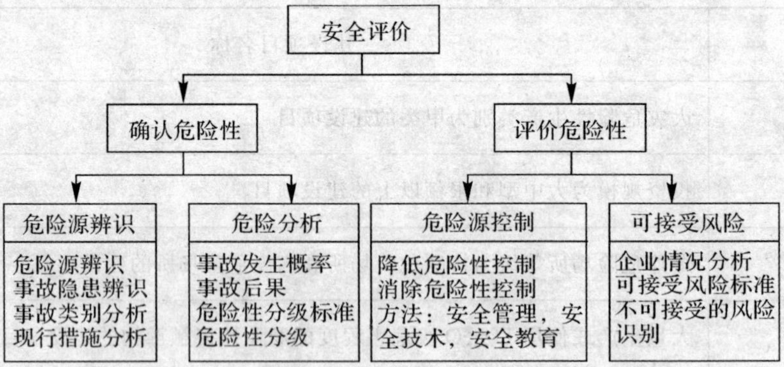

图 7－1　安全评价内容

安全评价的分类方法很多，常用的主要有以下几种方法。

1. 按工程、系统生命周期和安全评价目的分类

根据工程、系统生命周期和评价的目的进行安全评价，方法有 4 种。

(1)安全预评价。安全预评价是根据建设项目可行性研究报告的内容，分析和预测该建设项目可能存在的危险有害因素的种类和程度，提出合理可行的安全对策措施及建议。其核心是对系统存在的危险有害因素进行定性、定量分析，针对特定的系统范围，对发生事故、危害的

可能性及其危险、危害的严重程度进行评价。最终的目的是确定采取哪些安全技术、管理措施，使各子系统及建设项目整体达到可接受风险的要求。最终成果是安全预评价报告。

(2)安全验收评价。安全验收评价是在建设项目竣工验收前、试生产运行正常之后，通过对建设项目的设施、设备、装置实际运行状况及管理状况的安全评价，查找该建设项目投产后存在的危险有害因素以及导致事故发生的可能性和严重程度，提出确保建设项目正式运行后安全生产的安全对策措施。

(3)安全现状评价。安全现状评价是针对一个生产经营单位总体或局部的生产经营活动的安全现状进行的安全评价，识别和分析其生产经营过程中存在的危险有害因素，评价危险有害因素导致事故的可能性和严重程度，提出合理可行的安全对策措施。这种安全评价不仅包括生产过程的安全设施，而且包括生产经营单位整体的安全管理模式、制度和方法等安全管理体系的内容。

(4)专项安全评价。专项安全评价是根据政府有关管理部门、生产经营单位、建设单位或设施单位的某项(个)专门要求进行的安全评价。专项安全评价需要解决专门的安全问题，评价时往往需要专门的仪器和设备。专项安全评价针对的可以是一项活动或一个场所，也可以是一个生产工艺、一件产品、一种生产方式或一套生产装置等。

2.按评价结果的量化程度分类

根据安全评价结果的量化程度，安全评价方法可以分为定性安全评价法和定量安全评价法。

(1)定性安全评价方法。定性安全评价方法是根据经验和直观判断能力对生产系统的工艺、设备、设施、环境、人员和管理等方面的状况进行定性的分析，安全评价的结果是一些定性的指标。例如是否达到了某项安全指标，事故类别和导致事故发生的因素等。

定性安全评价方法包括安全检察表、专家现场询问观察法、因素图分析法、事故引发和发展分析、作业条件危险性评价法、故障类型和影响分析、危险性和可操作性分析等。

(2)定量安全评价方法。定量安全评价是运用基于大量的实验结果和广泛的事故资料统计分析获得的指标或规律(数学模型)，对生产系统的工艺、设备、设施、环境、人员和管理等方面的状况进行定量的分析，安全评价的结果是一些定量的指标。例如事故发生的概率、事故的伤害(或破坏)范围、定量的危险性、事故致因因素的事故关联度或重要度。

在定量安全评价方法中，按照评价给出的定量结果的类别不同，分为概率风险评价法、伤害(或破坏)范围评价法、危险指数评价法等。

1)概率风险评价法。根据事故的基本致因因素的事故发生概率，应用数理统计中的概率分析方法，求取事故基本致因因素的关联度(或重要度)或整个评价系统的事故发生概率的安全评价方法。如故障类型与影响分析、故障树分析、概率理论分析、马尔可夫模型分析、模糊矩阵法、统计图表分析法等都可以用基本致因因素的事故发生概率来计算整个评价系统的事故发生概率。

2)伤害(或破坏)范围评价法。根据事故的数学模型，应用计算数学方法，求取事故对人员的伤害模型范围或对物体的破坏范围的安全评价方法。如液体泄漏模型、气体泄漏模型、气体绝热扩散模型、池火火焰与辐射强度评价模型、火球爆炸伤害模型、爆炸冲击波超压伤害模型、蒸汽爆炸超压破坏模型、毒物泄漏扩散模型和锅炉爆炸伤害 TNT 当量法等都属于伤害(或破坏)范围评价法。

3)危险指数评价法。应用系统的危险指数模型,根据系统及其物质、设备(设施)和工艺的基本性质和状态,采用推算的方法,逐步给出事故的可能损失、引起事故发生或使事故扩大的设备、事故的危险性以及采取安全措施的有效性的安全评价方法。例如道化学公司火灾爆炸危险指数评价法、蒙德火灾爆炸毒性指数评价法,易燃、易爆、有毒重大危险源评价法。

3.其他安全评价方法

(1)按照安全评价的逻辑推理过程,分为归纳推理评价法和演绎推理评价法。归纳推理评价法是从事故原因推论结果的评价方法,即从最基本危险有害因素开始,逐渐分析导致事故发生的直接因素,最终分析到可能的事故。

演绎推理评价法是从结果推论原因的评价方法,即从事故开始,推论导致事故发生的直接因素,再分析与直接因素相关的间接因素,最终分析和查找出致使事故发生的最基本危险有害因素。

(2)按照安全评价达到的目的,分为事故致因因素安全评价法、危险性分级安全评价法、事故后果安全评价法。事故致因因素安全评价是采用逻辑推理的方法,由事故推论最基本危险有害因素或由最基本危险有害因素推论事故的评价法。这种方法适用于识别系统的危险有害因素和分析事故,属于定性安全评价方法。

危险性分级安全评价法是通过定性或定量分析给出系统危险性的安全评价法。该类方法适用于系统的危险性分级,可以是定性的,也可以是定量的。

事故后果安全评价方法可以直接给出定量的事故后果,给出的事故后果可以是系统发生的概率、事故的伤害(或破坏)范围、事故的损失或定量的系统危险性等。

(3)按照评价对象的不同,分为设备(设施或工艺)故障率评价法、人员失误率评价法、物质系数评价法、系统危险性评价法等。

到目前为止,人们结合不同的工业领域和工艺过程已研究开发了许多种系统安全状况的评价方法。各种评价方法纷繁复杂,大部分针对性较强,通用性较差。在具体的安全评价工作中应根据具体情况,选择合适的安全评价方法。几种常用的安全评价的方法有安全检查法、生产作业条件安全评价、危险物质加工处理安全评价、概率危险性安全评价、BP 人工神经网络评价、模糊数学综合评价等。

7.5 保险与事故预防

从安全技术、安全教育和安全管理三个方面入手,采取各项事故预防措施可以尽可能地减少发生事故的可能性,同时,事故控制与应急抢救措施也可以尽可能地减小事故发生的严重性。但从事故特性可知,无论采取了怎样先进的技术措施和严密的管理措施,都不可能达到本质安全,事故是不可能完全避免的,仍有可能发生其损失大大超过人们承受能力的事故。此外,除了由于人为因素以及环境、设备等因素引发的事故外,自然灾害,如地震、飓风、雷击、洪水等更是难以控制和承受。即使到了科学技术更为发达的明天,人们掌握了更多更好的控制事故发生或控制事故损失的技术,也要面临有些问题不可能完全控制的现状。

因此,采取保险的方法,用经济补偿的方式来减少因事故或灾害所造成的经济损失,使企业具有重新恢复生产的能力,使家庭得以休养生息,成为事故损失控制的重要手段之一。

7.5.1 保险

1.保险的定义

人们在日常生活中常把“保险”一词理解为稳妥或有把握的意思。但在保险学中保险有其特定、深刻和复杂的含义。

(1)从经济角度上来说。保险是分摊意外损失的一种财务安排,即把损失风险转移给保险组织,由于保险组织集中了大量同质的风险,所以能借助大数法则来正确预见损失发生的金额,并据此指定保险费率,通过向所有成员收取保险费来补偿少数成员遭受的意外损失。

(2)从法律意义上来讲。保险是一方同意补偿另一方损失的合同安排,同意赔偿损失的一方是保险人,被赔偿损失的另一方是被保险人。保险合同主要是保险单,被保险人通过购买保险单把损失风险转移到保险人。

从法律意义上看,保险具有3个基本的特点。

1)保险具有互助性质,这是就分摊损失而言的。

2)保险是一种合同行为,这是指保险双方订立合同。

3)保险是对灾害事故损失进行经济补偿,这是保险的目的,也是保险合同的主要内容。

(3)根据《中华人民共和国保险法》。《中华人民共和国保险法》把保险的定义表述为:本法所称保险,是指投保人根据合同约定,向保险人支付保险费,保险人对于合同约定的可能发生的事故因其发生所造成的财产损失承担赔偿保险金责任,或者当被保险人死亡、伤残、疾病或者达到合同约定的年龄、期限时承担给付保险责任的商业保险行为。

2.保险的分类

保险的分类标准多种多样,分类的方法来自保险公司内部业务工作的实践,也来自保险进行财务控制的立法影响。

(1)按保险的实施形式分类。按照保险的实施形式分类,可以把保险分为自愿保险和法定保险。

自愿保险是投保人和保险人在平等互利、等价有偿和协商一致的基础上,通过签定保险合同而建立的保险关系。

法定保险又称强制保险,它是通过法律规定强制实行的保险。社会保险属于法定保险,但法定保险并不局限于社会保险,例如新中国成立初期曾实行过国营企业财产强制保险。

(2)按保险的对象分类。按照保险的对象分类,可以把保险分为财产保险、责任保险和人身保险。

财产保险的对象是被保险人的财产,是以灾害事故造成的财产损失为保险标的。被保险的财产分为有形财产和无形财产两种,前者如厂房、设备、运输工具和货物;后者如专利、版权、预期利润等。

责任保险是以被保险人的民事损害赔偿责任为保险标的的保险,这种赔偿责任包括对他人的人身和财产损害,是由被保险人的过失造成的。

人身保险是以人的寿命和身体为保险标的的保险,一旦被保险人遭受人身伤害或死亡,或者生存到保险期满之后,保险人承担给付保险金的责任。

(3)按保障的范围分类。按照保险保障的范围分类,可以把保险分为财产保险、责任保险、信用保险和人身保险4大类。

这里责任保险是以被保险人对第三者依法应负的赔偿责任为保险标的的保险。

信用保险实际上是保险人为被保险人向权利人提供的一种信用担保业务。它分为两种，凡投保人投保自己的信用的叫保证保险；凡投保人投保他人的信用的叫信用保险。

(4)按经营方式分类。按经营方式分类，可以分为国营保险和私营保险。这是按经营主体的所有权分类，在社会主义国家，国营保险占主导地位；在经济发达的资本主义国家，保险主要由私营保险组织经营。

(5)按业务承保方式分类。按业务承保方式分类，可以分为原保险、再保险、重复保险、共同保险。

原保险是保险人与投保人最初达成的保险。再保险是一个保险人把原承保的部分或全部保险转让给另外一个保险人。

最初承保业务的公司称作分出公司或原保险人；接受分出公司保险的公司称作再保险人。

重复保险是数家保险公司承保了被保险人的相同保险利益，即一个保险标的有几份保险单或被保险人的几份保险单有同一保险责任。

共同保险指保险人和被保险人共同分担损失。

3.保险的特性

保险与同它相似的制度和行为之间存在一定的联系和区别。

(1) 保险与赌博和投机。保险与赌博有一点相似之处在于，被保险人交付的保险费与其赔偿所得并不保持等价交换关系，有赖于偶然因素，许多被保险人常年交付保险费而没有得到一点赔偿，而个别被保险人一交付保险费就得到巨额赔偿。

然而，保险与赌博有着本质的区别。第一，赌博产生一种新的投机性风险，而保险是对付纯粹风险的一种办法。第二，赌博是非生产性的，赢者是以输者的损失为代价，而保险人和被保险人在防损方面有着共同的利益。

保险与投机也不同，保险包含可保风险的转移，而投机是对付不可保风险的一种办法；保险能减少风险，而投机并不减少任何风险。

(2) 保险与救济。保险与救济都是补偿灾害事故损失的经济制度。保险高度体现了互助合作性质，许多面临类似损失风险的人联合起来分担灾害事故的损失后果，即使以赢利为目的的私营股份保险公司也客观上起着这样的作用。救济也能减轻人们遭受灾害事故损失的负担，政府、团体、个人都能实行救济。

两者的区别表现为，第一，保险是一种合同行为，要受合同的约束，而救济是施舍行为，任何一方不受约束；第二，保险是以被保险人交付保费为前提的，双方有着对价交易，保险人承诺赔偿责任，被保险人要遵守合同条件，而救济是单方面的行为，双方没有对价作基础。

(3) 保险与储蓄。保险与储蓄都体现了有备无患的意思，尤其是有些长期人寿保险带有储蓄性质。

但两者属于不同的经济范畴。第一，保险是以众人的储蓄补偿少数人的损失，体现互助合作性质，而储蓄总是使用本金加利息的公式，对每个储户保持这种对等关系，它是一种自助行为。第二，保险的目的是对付意外灾害事故损失，储蓄也可用来对付不测事故，但储户的心理主要是把存款用于预计的费用支出。

4.可保风险的条件

保险人一般承保纯粹风险，然而并不是所有的纯粹风险都具有可保性。可保的风险要满足以下 5 个条件。

(1)大量同质的风险存在。据此,保险人能比较精确地预测损失的平均频数和程度。

(2)损失必须是意外的。如果故意制造的损失能得到赔偿,则道德上的风险会明显增加,保险费就会相应提高,大数法则也会失灵。

(3)损失必须是确定的或可以测定的。具体地说,损失的原因、时间、地点和金额具有确定性。

(4)保险对象的大多数不能同时遭受损失。如果保险对象的大多数同时遭受损失,保险分担的职能就会丧失。但实际情况并不尽如人意,洪水、飓风、地震等自然灾害经常造成巨灾损失。保险公司可采用两种方法来对付这种损失,一种是再保险;另一种是把保险业务分散在广大区域,从而避免风险的集中。

(5)保险费必须合理,被保险人在经济上能承担得起。

根据上述条件,人身、财产和责任风险均能为保险公司承保,而市场、生产、财务和政治风险一般都不能为保险公司所承保。

7.5.2　保险与风险管理

风险管理起源于美国。在 20 世纪 50 年代早期和中期,美国大公司发生的重大损失促使高层决策者认识到风险管理的重要性。经过半个多世纪的发展,已经逐渐形成了一门新的管理科学,风险管理已被公认为管理领域内的一项特殊职能。风险管理是指面临风险者进行风险识别、风险估测、风险评价、风险控制以减少风险负面影响的决策及行动过程。从本质上讲,风险管理是应用一般的管理原理去管理一个组织的资源和活动,并以合理的成本尽可能减少意外事故损失和对组织及其环境的不利影响。

风险管理的范围包括以下 5 个方面的内容。

(1)识别和衡量风险,决定是否投保。如果决定投保,拟定免赔额、保险限额,办理投保和安排索赔事务。如果决定自担风险,则设计自保管理方案。

(2)损失管理工程。设计安全的操作程序,以防止或减轻灾害事故造成的财产损失。

(3)安全保卫和防止员工工伤事故。

(4)员工福利计划,包括安排和管理员工团体人身保险。

(5)损失统计资料的记录和分析。

从这些活动可以看出,风险管理是企业管理的一个重要方面。风险管理与保险不同,风险管理着重识别和衡量纯粹风险,而保险只是对付纯粹风险的一种方法。风险管理中的保险主要从企业或家庭的角度讲怎样购买保险。风险管理也不等同于安全管理,虽然安全管理或损失管理是风险管理的重要组成部分,但风险管理的过程包括在识别和衡量风险后对风险管理方法进行选择和决策,因此,在这个意义上,风险管理的范围大于保险和安全管理。尽管这样,风险管理和保险无论在理论上还是在实际操作中,都有着密切的联系。在实践中,一方面保险是风险管理中最重要、最常用的方法之一;另一方面,通过提高风险识别水平,可更加准确地评估风险,同时风险管理的发展对促进保险技术水平的提高起到了重要作用。

风险管理主要有 5 种方法。前 3 种方法是风险控制的措施;后 2 种方法是风险补偿的筹资措施,对已发生的损失提供资金补偿。

1. 避免风险

避免风险有两种方式，一种是完全拒绝承担风险，另一种是放弃原先承担的风险。这是指主动避开损失发生的可能性，这种方法的适用性有限，它适用于对付那些损失发生概率高且损失程度大的风险。一方面，避免风险会使企业丧失从风险中可以取得的收益；另一方面，避免风险方法有时并不可行，如避免一切责任风险的唯一办法是取消责任。另外，避免某一种风险可能会产生另一种风险，例如以铁路运输代替航空运输。

2. 预防风险

预防风险是指采取预防措施，以减小损失发生的可能性及损失的严重程度。对于安全管理来说，就是指事故预防与应急措施两种手段。例如建造防火建筑物、检查通风设备、产品设计改进、颁布安全条例、提供劳动保护用品等均是减小损失频率的措施。

3. 自担风险

自担风险是指企业以自有资金或借入资金补偿灾害事故损失。自担风险是指自己非理性或理性地主动承担风险。“非理性”是指对损失发生存在侥幸心理或对潜在损失程度估计不足从而暴露于风险中；“理性”是指经正确分析，认为潜在损失在承受范围之内，而且自己承担全部或部分风险比购买保险更经济合算，这适用于对付发生概率小且损失程度低的风险。

4. 转移风险

转移风险是指通过某种安排，把自己面临的风险全部或部分转移给另一方，通过转移风险而得到保障。转移方式有合同、租赁和转移责任条款等。保险就是转移风险的风险管理手段之一。

5. 保险

在风险管理中，风险管理人员经常使用保险这一重要工具。企业的保险计划主要有选择保险范围、选择保险人、保险合同条件谈判、定期检查保险计划。

对风险管理的检查和评价有以下两个标准。

(1)效果标准。例如，意外事故损失的频率和程度下降，责任事故损失降低，风险管理部门经营管理费用减少，责任保险费率降低，因提高企业自担风险水平而减少财产保险费用等都是效果标准。

(2)作业标准。它注重对风险管理部门工作的质量和数量的考核。例如，规定设备保养人员每年检查的次数和维修的台数。

单纯使用效果标准来检查和评价风险管理工作会有不足之处，因为意外事故损失发生具有随机性。同样，单纯使用作业标准来检查和评价风险管理工作也有缺陷，因为它没有把风险管理工作对企业的经济贡献或影响联系起来。因此，对风险管理工作的业绩的检查和评价应该综合使用这两个标准。

7.5.3 工伤保险

工伤保险是世界上最早推出的社会保险项目，也是社会保险制度中最基本、最重要的险种。自德国于 1984 年颁布《工伤事故保险法》以来，工伤保险已经成为世界上实施范围最广的社会保险制度之一。

我国政府在社会保险改革过程中也很重视工伤保险工作，2003 年 4 月 27 日，由国务院总理温家宝签署颁布了《工伤保险条例》(中华人民共和国国务院令第 375 号)，并于 2004 年 1 月

1日起施行。

1.工伤保险的概念

工伤保险也称为职业伤害保险，是指政府通过建立社会保险机构，向企业（或雇主）强制征收工伤保险费的形式形成工伤保险基金，在员工（或雇员）由于工作原因或在生产经营活动场所发生的意外伤害事故或因职业病而丧失劳动能力、中断经济收入时，由工伤保险基金在物质和经济上给予补偿和医疗救治的社会保险制度。

工伤保险主要包括以下3个方面的内容。

(1)工伤保险必须有工伤保险基金，这是工伤保险存在的物质基础。工伤保险基金通过向企业（或雇主）强制征收的形式获得。

(2)接受工伤保险基金的员工（或雇员）必须是遭受到法律规定范围内的工伤事故或职业病，对于法律没有规定属于工伤的事故或疾病不属于工伤保险的补偿和救助范围。

(3)对于遭受工伤事故或职业病的员工（或雇员）应根据其受伤害程度进行分级，然后按照相应的标准提供工伤保险待遇。

2.工伤保险的作用

(1)工伤保险制度是社会保险制度的重要组成部分，是政府对劳动者履行的社会责任，同时也是每个劳动者应该享受的基本权利。工伤保险制度的建立和完善是社会文明进步的标志。

(2)实施工伤保险制度之后，广大劳动者的后顾之忧得到缓解，工伤保险补偿体现了国家和社会对于遭受意外工伤事故的劳动者的尊重，有利于提高广大劳动者的积极性。

(3)工伤保险制度对于安全生产工作有积极意义。工伤保险通过强制向企业征收工伤保险费的形式强化了企业对安全生产工作的重视，其实质是通过经济杠杆来提升安全生产管理力度。

(4)工伤保险保障了企业员工（或雇员）的合法权益，是各类工业事故处理的重要环节，对事故受害人或者家属进行合理的经济补偿能够维护正常的生产、生活秩序，避免出现激烈的对抗和冲突，有利于维护社会的和谐和稳定发展。

3.工伤保险的基本原则

(1)工伤保险的无责任补偿原则。无论工伤事故的责任是雇主、其他人或者受伤害者本人，受到工伤事故伤害的劳动者都应该获得必要的补偿，这是工伤保险的基本原则。广大劳动者在很多情况下都属于弱势群体，工伤保险必须保障他们的权益。另外，这样的无责任补偿也不完全由企业（或雇主）单独承担，而是由法定的机构来承担。这不仅能及时、公正地保障工伤待遇的落实，同时还能提高工伤事故的处理效率，解脱了企业单位的工伤赔偿官司，有利于维护企业的正常运转。

(2)工伤保险实行风险分担、互助互济原则。通过法律法规的形式向用人单位强制征收工伤保险费，建立起统一的工伤保险基金，分担每个企业的风险，体现了互助互济的精神。从工伤保险待遇角度看，国家制定专门的机构对工伤保险基金进行再分配，合理调配资金，这样就缓解了部分企业、行业的负担，有利于企业平稳发展，减少社会矛盾。

(3)区别因工伤害和非因工伤害的原则。工伤保险的对象是工业事故以及法定的职业病所造成的伤害，对于由于生活方面造成的事故或者疾病不能通过工伤保险给予补偿，这也可以认为是工伤保险费的专款专用原则。

(4)补偿与预防、康复相结合的原则。工伤事故一旦发生,对受伤害者进行补偿是必须的。但工伤保险的着眼点应该前移,实行工伤保险的重要目的就是预防各类工伤事故的发生,所以通过工伤保险制度可以提醒企业(或雇主)增加对安全生产工作的关注,从源头上杜绝事故的发生。另外,工伤保险制度还要求企业(或雇主)对工伤事故受伤的劳动者进行积极的康复治疗工作,以便其能早日回到工作岗位。

(5)一次性补偿与长期补偿相结合的原则。对于工伤事故中完全丧失劳动能力或者死亡的情况,工伤保险机构应该一次性给予补偿,这不仅是对于工伤事故受难者的经济补偿,更是对伤害者的精神补偿。另外,还要对工伤事故死亡者直系亲属提供供养亲属抚恤金,这是需要长期支付的抚恤金,直到失去供养条件为止。

(6)明确伤残和职业病等级原则。为了区别不同的伤害程度以及职业病状况,工伤保险要制定伤残等级以便按照标准发放工伤保险待遇。伤残等级的划分和鉴定通过专门的部门给予确定。

4.工伤保险基金

工伤保险的核心问题是费用问题,没有一个稳定的费用来源无论如何都不能提供长期有效的补偿和救助,所以建立工伤保险基金是必要的。

工伤保险基金是指为了建立工伤保险制度而筹集设立的基金。其主要费用来源包括:用人单位缴纳的工伤保险费,工伤保险基金的利息收入和依法纳入工伤保险基金的其他资金。

由于工伤保险是社会保险的一个组成部分,因此工伤保险基金的建立也遵循社会保险中的"大数法则"原理,即基金通过广泛筹集和保险范围尽可能大,使可能发生于少数人、少数单位或少数地区的风险和损失转由多数人、多数企业以及多数地区共同分担。

工伤保险基金的筹集和管理原则如下:

(1)按风险程度征收原则(差别费率原则)。不同企业、不同行业、不同作业的风险程度不同,不可能用一个费率标准来征收。为了体现公平,必须在征收工伤保险费率方面进行差别化处理,对于高风险行业要多征收工伤保险费,对于风险小的行业征收费率要降低。

(2)以支定收、收支平衡的原则。工伤事故的发生具有一定的偶然性,所以,工伤保险基金要留有适当的储备,以防出现突发事故后资金短缺的情况。建立工伤保险制度不仅要考虑对劳动者的补偿问题,同时要考虑企业的实际困难。工伤保险基金不是一种商业基金,不应该以赢利为目的,所以要坚持以支定收、收支平衡的原则。

(3)事故预防与补偿相结合的原则(浮动费率原则)。工伤保险费率要根据企业的实际安全生产状况来确定,通过调整工伤保险费率来达到奖励安全生产先进单位、惩罚出现严重安全生产事故的单位。如果企业重视安全生产工作,其工伤风险将降低,通过调低工伤保险费率以示奖励。

(4)工伤保险基金遵循统筹管理原则。根据《工伤保险条例》规定,工伤保险基金在直辖市和设区的市实行全市统筹。

(5)工伤保险费个人不缴纳原则。根据《工伤保险条例》规定,劳动者本人不需要缴纳工伤保险费,这是因为劳动者本人在工伤事故中因为工作的原因已经受到了伤害,不应该再缴纳工伤保险费。另外,广大劳动者在工作过程中已经为用人单位创造了大量的财富,用人单位应该为其雇佣员工的安全和健康负责。

5.工伤认定的条件和范围

享受工伤待遇的范围就是工伤保险的范围。目前我国工伤认定的条件主要采取列举的方法,包括两个方面:第一,劳动者在从事与劳动生产密切相关的活动中遭受的人身伤害或急性中毒;第二,可以比照工伤享受待遇的情况。

根据《工伤保险条例》,有下列情形之一的,认定为工伤。

(1)在工作时间和工作场所内,因工作原因受到事故伤害。

(2)工作时间前后在工作场所内,从事与工作有关的预备性或者收尾性工作受到事故伤害。

(3)在工作时间和工作场所内,因履行工作职责受到暴力等意外伤害。

(4)患职业病。

(5)因公外出期间,由于工作原因受到伤害或者发生事故下落不明。

(6)在上下班途中,受到机动车事故伤害。

(7)法律、行政法规规定应当认定为工伤的其他情形。

根据《工伤保险条例》,有下列情形之一的视同为工伤。

(1)在工作时间和工作岗位,突发疾病死亡或者在 48 小时之内经抢救无效死亡。

(2)在抢险救灾等维护国家利益、公共利益活动中受到伤害的。

上述这两种情况可以享受工伤保险待遇。

(3)职工原在军队服役,因战、因公负伤致残,已取得革命伤残军人证,到用人单位后旧伤复发的。这种情况可以享受除一次性伤残补助以外的工伤保险待遇。

《工伤保险条例》明确规定了下列情况不能认定或视同工伤。

(1)因犯罪或者违反治安管理而导致的伤亡。

(2)由于酗酒而导致的死亡。

(3)自残或者自杀的不能认定或视同工伤。

对于职业病的认定需要先按照《中华人民共和国职业病防治法》的规定被诊断、鉴定为职业病,然后才能进行工伤认定。

7.6　航空人为因素及其预防

自从莱特兄弟首次飞行以来,飞机的发展十分惊人。尤其是进入 21 世纪以来,航空飞行器向着大型化、高速化、智能化、自动化的方向发展,大量高新技术在航空系统中得到了越来越多的应用。然而,每次新飞机、新系统的投入使用,都会出现许多意想不到的新问题。近年来的研究表明,在飞行事故中,与人为因素相关的事故已由原来的 20%增加至 80%。如何降低航空人为差错,已成为世界各国航空界共同追求的目标。

7.6.1　航空事故

1.航空系统及其特点

航空是指载人或不载人的飞行器在地球大气层中的航行活动,航空系统必须具备空气介质和克服航空器自身重力的升力,大部分航空器还要产生相对于空气运动所需的推力。航空分为民用航空和军用航空。民用航空泛指利用各类航空器为国民经济服务的非军事性飞行活动,包括商业航空和通用航空。军用航空指用于军事目的的一切航空活动,如作战、侦查、运输、警戒、训练、联络救生等。

航空安全系统具有以下3个方面的特点。

(1)系统复杂性。从结构来看,航空系统包括机身、机翼、尾翼、起落架、动力装置、机载设备、燃油系统、电气系统、操纵系统等,结构复杂,涉及面广。因此,航空安全系统与一般的系统相比更加复杂,安全性和可靠性关注的范围更大。

从管理来看,航空系统包括地面设施、保障系统、空中交通管理、通讯联络等,每一个方面都需要严格的管理和保障。

从人员方面来看,航空系统包括飞行员、机组人员、乘客,人员的技术水平和服务意识、人员之间的协调配合、人员的应急能力、人员的生理和心理方面变化等,这些都对飞行安全起着至关重要的作用。

(2)可靠性和安全性涉及面广,周期长。航空系统从设计到研制、生产、使用等各个阶段,每一个环节都要给予密切关注,是一项综合技术,需要制定各方面的定量、定性指标,确定薄弱环节。航空系统的研制周期长,有时设计者一生只设计一个机型,因此无法积累经验,飞机设计中的缺陷也随着科学技术的发展,逐渐暴露出来。曾有学者说,"制造飞机就是制造缺陷"。由此可见,安全性和可靠性在航空安全系统设计实施中的难度。

(3)涉及人的不安全行为。在航空领域,70%以上的事故都是由人的因素造成的,人的因素成为构成航空事故的重要原因。解决人的不安全因素,不能仅考虑人的个人行为,而是要结合飞机以及环境等各项因素,进行综合考虑。

2.民用航空飞行事故定义

(1)国际民航组织的定义。《国际民用航空公约》附件13《航空器事故和事故征候调查》对飞行事故的定义如下:在任何人登上航空器准备飞行直至所有这类人员下了航空器为止的时间内,所发生的与该航空器的运行有关的事件。这些事件包括以下情况。

1)由于下述情况,人员遭受致命伤或重伤:① 在航空器内;② 在航空器的任何部分包括与已脱离航空器的部分直接接触;③ 直接暴露于发动机。

但由于自然原因、由自己或他人造成的受伤,或由于藏在通常供旅客和机组使用区域外的偷乘飞机者造成的受伤除外。

2)航空器受到伤害或结构故障:① 对航空器的结构强度、性能或飞行特性造成不利的影响;② 通常需要大修或更换有关受损部件。

但当发动机故障或损坏仅限于其整流罩或附件时除外,或当损坏仅限于螺旋桨、翼尖、天线、轮胎、制动器、整流片、航空器蒙皮的小凹坑或穿孔时,发动机故障或损坏除外。

3)航空器失踪或处于完全无法接近的地方。

(2)美国民航的定义。美国联邦航空局(Federal Aviation Administration,FAA)对航空器事故的定义如下:是指发生在任何人登上航空器打算飞行起到全部人员都已离机后的一段时间内与航空器运行有关的事件,其间发生了任何人员的死亡、重伤,或者该航空器受到严重损坏。

(3)中国民航的定义。GB14648—1993《民用航空器飞行事故等级》第2.3条将民用航空器飞行事故定义为:民用航空器在运行过程中发生人员伤亡、航空器损坏的事件。

中国民航总局1997年5月颁发的《民用航空器飞行事故调查程序》中将民用航空器飞行

事故定义为:在任何人登上航空器准备飞行直至所有这类人员下了航空器为止的时间内,所发生的与该航空器的运行有关的人员死亡、航空器损坏的事件。

根据人员伤亡情况以及航空器损坏程度,GB14648—1993 第 3 条将民用航空器飞行事故划分为如下等级。

1)特别重大飞行事故。人员死亡,死亡人数在 40 人及其以上者;或航空器失踪,机上人员在 40 人及其以上者。

2)重大飞行事故。人员死亡,死亡人数在 39 人及其以下者;或航空器严重损坏或迫降在无法运出的地方(最大起飞质量 5.7t 及其以下的航空器除外);或航空器失踪,机上人员在 39 人及其以下者。

3)一般飞行事故。人员伤亡,重伤人数在 10 人及其以上者;或最大起飞质量 5.7t(含)以下的航空器严重损坏,或迫降在无法运出的地方;或最大起飞质量 5.7～50t(含)的航空器一般损坏,其修复费用超过事故当时同型或同类可比新航空器价格的 10%(含)者;或最大起飞质量 50t 以上的航空器一般损坏,其修复费用超过事故当时同型或同类可比新航空器价格的 5%(含)者。

(4)苏联民航的定义。飞行事故指从企图完成飞行的任何人登机时刻到抱有飞行目的的所有机上人员离机时刻之间所发生的与飞机使用有关的,因飞机、机组、飞行管制和保障勤务部分丧失正常能力和外界影响而产生的具有以下后果之一的事件。这些后果包括以下方面。

1)机上人员中只要有一人死亡或因健康状况受到损害,在事故发生后 30 天以内死亡。

2)飞机机体承受构件损伤或者迫降在技术上不可能或不适宜运输的地区。

3)机上人员中只要有一人下落不明且正式搜寻工作已告结束。

3. 军用飞机飞行事故的定义

(1)俄罗斯联邦军用飞机飞行事故。《俄罗斯联邦武装力量航空兵飞行事故及事故征候调查条例》明确了俄联邦武装力量航空兵飞行事故的定义。

1)军用飞机在飞行中发生的,由于飞机功能失常,机组人员、飞行保障及飞行管理人员或外部地球物理诸因素的产生而导致的机载人员死亡,飞机严重损坏或失踪等事件是军用飞机飞行事故。

2)飞机执行任务未返回,且经所有方法寻找后仍不能确定其坠落地点也属于飞行事故。

以下不属于飞行事故。

1)战斗损失,由于战斗而发生的飞行毁坏、机上人员死亡。

2)在飞行中发生的,但并非由于飞机或其系统功能损坏或外部地球物理因素造成的机上人员死亡。

3)在劫机、试图劫机或未经批准飞行时的飞机损坏,包括机载人员死亡。

4)进行迫降的飞机机上人员与飞机毁坏无关的、在已撤离飞机的条件下发生的死亡(由于饥渴、寒冷、外界环境作用等)。由于飞行事故而产生的非机上人员死亡,飞机在地面上的损伤。

5)由于在紧急情况下航空母舰被占用或该区域内无其他供飞机在海上降落的舰船而造成飞机损失。

(2)美国军用飞机飞行事故。1998 年美国空军《安全调查与报告》第 2.2 条明确规定,空军按事故发生的环境来区分事故的类别。航空事故是指那些涉及空军飞机的事故。航空事故进一步细分为飞行事故、与飞行有关的事故和无人机飞行事故。

(3)中国军用飞机飞行事故。中国军用飞机飞行事故按严重程度分为一、二、三等飞行事故。

一等飞行事故:机上有1人以上死亡或在飞行事故中受伤后5天内死亡,飞机报废;飞机在飞行中失踪。

二等飞行事故:机上无人死亡,飞机报废或严重损坏,修复费超过飞机价格的60%,或者修复费用虽未超过60%,但飞机修复后未能达到规定性能的;飞机迫降后无法运出。

三等飞行事故:飞机损伤,但修复费用不超过飞机价格的10%。

4.事故征候

关于事故征候的定义,各国民用航空和军用航空基本上是一致的。

国际民航组织的定义:不是事故,而是与航空器的操作使用有关,会影响飞行安全的事件。

俄罗斯的定义:事故征候是指从企图执行飞行任务的任何人员登机时刻到抱有飞行目的的所有机上人员离机时刻之间与飞机使用有关的,因飞机、机组、飞行管制和保障勤务部门工作偏差和环境影响而产生的,可能危及飞行安全但未酿成飞行事故的事件。

中国民用航空行业标准MH2001—1996《民用航空器飞行事故征候标准》的定义:在航空器运行的飞行实施过程中发生严重威胁飞行安全的情况或发生航空器损坏、人员受伤,但其程度未构成飞行事故或航空器地面事故的,为飞行事故征候。

在一般情况下,航空事故包括:①飞机受到损坏;②飞机在飞行中出现人员受重伤或者死亡;③飞机去向不明。

航空事故征候包括:①发动机故障或发动机损坏;②发生火灾;③过于接近障碍物或地形;④飞机危险接近或失去导航功能。

7.6.2 航空事故原因和人为因素分析

1.航空事故原因分析

飞机的飞行事故受飞机设计、驾驶员操作、地面维修、空中交通管制、气象条件、地理环境等多种复杂因素影响,而且许多事故都是多种相关联因素影响造成的。同时,由于各种飞机因使用环境条件、飞行剖面、飞行持续时间等不同,造成事故的主导因素也不同。

飞机事故原因从工作类别上可以划分为两类。一是驾驶类事故,即飞机失控、撞地、空中相撞以及起飞和着陆事故等。二是后勤类事故,即发动机、飞行操纵系统、燃油系统、起落架、结构、液压系统、电气系统等设备缺陷、设备故障或维修差错等造成的事故。

大量的事故数据显示,以上各类事故原因是互为关联、互相影响的,但与人为因素相关联的事故占总飞行事故的3/4。图7-2给出了1987—2004年世界商用大型喷气机在不包括事故毁坏、军事行动、颠簸受伤、紧急撤离和勤务受伤等情况下事故因素的统计结果。

从图7-2中可以看出,随着飞机自身系统、运行环境以及软、硬件的日益完善,设备安全性和可靠性得到了大幅度提高,而最为复杂和灵活的人的因素,在航空事故中越来越显现出来。据航空专家统计分析,在国内空管(空管是民航空中交通管理部门的简称)不安全事件中,超过80%的不安全事件与人为因素有关。

所谓“人为因素”,是指与人有关的任何因素。Edwards教授将其定义为:人为因素是通过系统应用人为科学,在系统工程框架中优化人与其活动的关系。

在人为因素的研究中,应该关注两个方面的内容,一是人本身的因素,二是人与其他因素之间的作用关系。

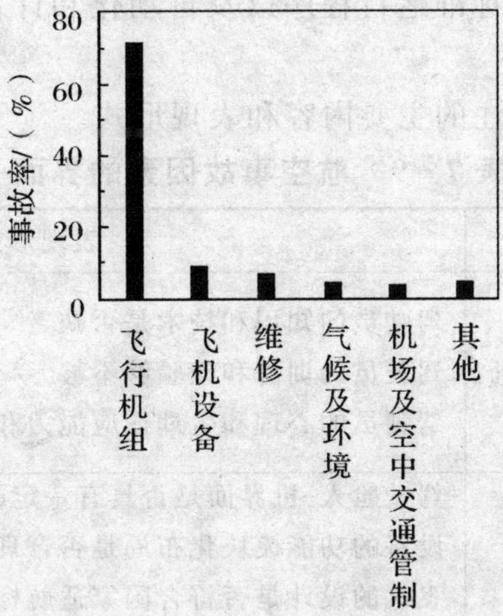

图 7－2　航空事故因素百分比统计结果

(1)人本身的因素。人本身的因素包括人的能力及其限制因素。

人的能力包括人的身体、生理和心理能力，这些能力一方面取决于人的自身基本条件，如视觉、听觉、嗅觉、味觉等感官能力；另一方面取决于人的感知力、注意力、记忆力、情景意识和决策等信息处理能力。

人的能力限制因素一方面是指人接受教育的程度、培训熟练程度和人的反应能力，另一方面是指健康状况、疲劳、压力、生理节奏、不当动机等影响因素。

人的能力及其限制因素是主观存在并受客观条件影响的，在对事故进行人为因素分析时，应当考虑人自身的特性、机能及其限制因素对机组人员、航空器维修人员和空中交通管制人员等的工作表现产生的直接影响。

(2)人与其他因素之间的关系。在航空领域，人作为航空运行复杂系统中最核心的部分，与其他因素的关系主要表现在人-机界面、人-环境界面、人-人界面和人-软件界面等 4 个界面之间的关系。

人-机界面是指人员和机器设备之间的界面，决定了人员和物理工作环境的相互作用，是航空系统设计最为关注的界面。其主要包括两个因素，一是指设备，如各种开关、仪表、控制器、显示器等；二是指工作场所，如工作场所布局、座椅设计、通信设备、人员设备干扰、装备舒适性、移动限制等。

人-环境界面是指人员与内部、外部环境之间的相互关系。这里的环境包括 3 个方面：①自然环境，包括飞行地带和空域、航路、周围地形地貌、山丘河川以及大气物理现象。②人工环境，包括内部和外部环境。内部环境指驾驶舱布局以及操作环境，包括温度、湿度、照明、噪音、振动、辐射等。外部环境指机场、航路、通信、导航、灯光、标志以及保障飞行安全的各种固定设施和物体。③社会环境，包括管理体制、运行机制、规章制度等。

人-人界面是工作场所中人与人之间的相互关系，包括机组人员之间、机组人员与管理人员之间、机组人员与乘客之间的关系，是相互沟通、协调、合作的桥梁。由于人员之间存在着不同的属性(个性)，如年龄、地位、经验、知识、技术水平、人的个性等，因此相互理解、密切配合是非常重要的。

人-软件界面是指人员与工作场所中软件之间的关系，在航空领域，通常把飞机安全飞行手册、训练要点、各种规章制度、标准运行程序以及自动化和计算机应用软件等非物理系统统称为软件。

表 7-9 给出了 4 个界面关注的主要内容和表现形式。

表 7-9　航空事故因素的界面

界面	主要内容	表现形式举例
人-机界面	(1)人是否适应飞机？	驾驶员的知识和技术是否缺乏 驾驶员的训练和经验够不够 驾驶员的心理和生理适应能力和能力极限如何
	(2)飞机设计是否适合人？	驾驶舱人-机界面是否具有一定的容错和防错性 设备的功能模块化布局是否合理 飞机的设计是否符合国家适航标准 飞机上的仪表和显示器是否符合人的感知特性 仪器是否具有逻辑性能够适合人的操纵和避免误动作 危险开关的位置是否合理 各种操作手柄设计是否合理 驾驶舱姿态画面是否清晰、良好 切换和调整是否方便快捷 飞行员是否能够迅速有效地控制各个系统 座椅是否舒适 驾驶舱是否安静
人-环境界面	(1)人是否适应环境？	人的生理条件是否能够承受飞机工作的内、外部环境变化 人的表现和精力是否受工作场所的空气质量、空间拥挤状态影响 能否适应长时间飞行过程中环境的影响 人的生物钟能否适应时差 当环境变化时，人是否会正确判断并采取相应的应急措施
	(2)环境是否适合人？	飞机的空间设计和设备配置是否满足人的生理和心理适应能力 制定各种规章制度是否能够以人为本，激发人的积极性 工作场所的温度、湿度、噪音、振动等是否低于人的承受极限
人-人界面	人与人之间是否沟通、协调？	人员之间通信交流是否畅通 人员之间关系是否融洽 通信中标准语言以及简令使用是否适当 团队协作中任务分工是否明确 是否能够聆听他人的意见或建议 是否有一个良好的工作氛围 所有人员是否熟悉各自的业务 能否执行标准操作程序、遵守各项纪律 培训是否及时、培训内容是否全面

续表

界面	主要内容	表现形式举例
人-软件界面	(1)人是否理解软件?	驾驶员对自动驾驶仪的原理、使用条件认识是否清楚 驾驶员是否能够理解软件 是否有意或无意违反软件规定 是否忽略规章要求或者擅自增加和更改软件 是否脱离标准运行程序
	(2)软件是否适合人?	手册、检查单、程序、规章等书面文件是否易于获得和掌握 各种文件的内容和模式是否容易理解和使用 各种文件内容是否具有逻辑性,是否会导致混淆和差错 自动化模式是否混乱 软件是否完备 按规定的程序作业,能否达到预期的效果 是否经常更改程序,给驾驶员造成混乱

2. 人为因素分析模型

人为因素分析的理论和方法近年来发展迅速,应用领域涉及航空航天、石油化工、交通运输、医疗卫生和核工业等,经典的人为因素分析模型分别为 Reason 模型和 SHEL 模型。

(1)Reason 模型。Reason 模型是曼彻斯特大学教授 James Reason 于 1990 年在其著名的心理学专著*Human Error*一书中提出的概念模型,通过国际民航组织的推荐,成为航空事故调查与分析的理论模型之一。

Reason 模型的内在逻辑是:事故的发生不仅有一个事件本身的反应链,还同时存在一个被穿透的组织缺陷集,事故促发因素和组织各层次的缺陷(或安全风险)是长期存在的并不断自行演化的,但这些事故促因和组织缺陷并不一定造成不安全事件,当多个层次的组织缺陷在一个事故促发因子上同时或次第出现缺陷时,不安全事件就失去多层次的阻断屏障而发生了。图 7-3 给出了 Reason 模型示意图。

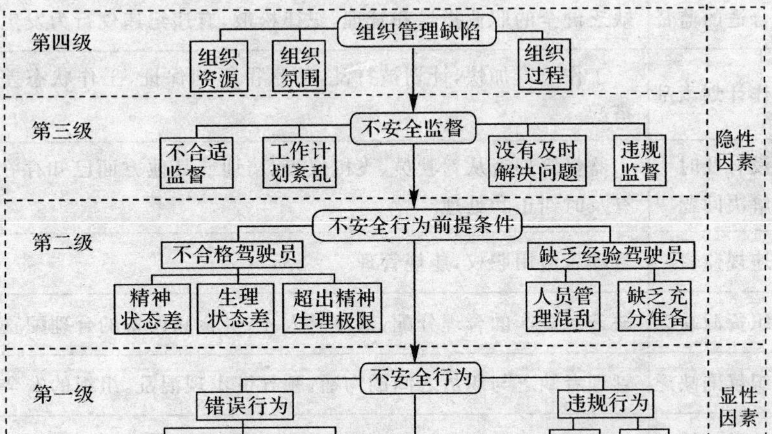

图 7-3　Reason 模型示意图

图 7-3 所示模型将人为因素划分为四级。

第一级是显性因素，表现为人的不安全行为，最终结果导致飞行事故。第二级、第三级和第四级是隐性因素，分别为不安全行为前提条件、不安全监督和组织管理缺陷。其具体细则如表 7-10 所示。

表 7-10　Reason 模型分析

不安全因素	表现形式	
不安全行为	错误行为	基于决定错误，如执行程序错误、选择不正确、解决问题错误
		基于技术错误，如驾驶员没有充分利用专业飞行技能、注意力分散、记忆力下降、没有注意视频信息变化、精神压力大，忘记操作
		基于感性错误，如人的感官输入信号能力下降或异常、出现视觉幻想、空间位置和方向感下降、对飞行高度和姿态做出错误判断
	违规行为	正常违规，如由于习惯形成且被监督员容忍
		异常违规，如自觉性不高且缺乏有效监督
不安全行为前提条件	不合格驾驶员	精神状态差，如丧失位置方向、注意力不集中、疲劳驾驶
		生理状态差，如出现幻觉、迷失方向、药理和医疗异常
		超出精神生理极限，如执行任务的能力超出所能控制的范围
	缺乏经验驾驶员	人员管理混乱，如管理混乱、沟通协调能力差、反应迟钝、缺乏决策能力
		缺乏充分准备，如没有处于工作状态、不注意好好休息
不安全监督	不合适的监督	缺乏健全的职业指导和管理，纪律松散，有违纪违规行为发生
	工作计划紊乱	工作节奏加快，计划被打乱，休息得不到保证，工作状态差，不正确的人员搭配
	没有及时解决问题	监督管理者从驾驶员、飞机仪表、培训或其他方面已知存在某些问题，但没有及时纠正和处理
	违规监督	管理者滥用职权，违规管理
组织管理缺乏	组织资源缺乏	缺乏对资产的合理分配，缺乏对人才、资金和设备的合理配置和使用
	组织氛围缺乏	管理者缺乏与职员之间的沟通，领导链出现混乱，组织的安全性遭到破坏
	组织过程缺乏	缺乏标准操作程序和规章制度，缺乏激励机制和工作计划

Reason 为了使其模型更加体现事故的因果连锁关系，设计了“光线穿透奶酪”逻辑，即“Reason 奶酪模型”，认为事故不是孤立因素导致的，而是系统缺陷共同作用的结果，组织各层次的缺陷不一定必然导致事故，当所有层次缺陷都同时出现时，光线穿透，系统就会失去多层次的防御保护而发生事故。图 7-4 给出了奶酪模型的示意图。

Reason 模型的创新点在于以系统观的视野，在对不安全事件行为人的行为进行分析之外，更深层次地剖析了影响行为人的潜在组织因素，从一体化相互作用的分系统、组织权力层级等直接作用到管理者、利益相关者、企业文化等间接影响，用统一的事故反应链将所有相关因素串联起来。

1995 年，Reason 进一步深化了组织缺陷对系统安全的影响，提出了组织事故病理学模型。图 7-5 给出了模型的示意图。

在图 7-5 中，将组织错误、作业场所危险因子和个体/群体失误称为事故的贡献因素，现行失效路径产生于高层决策，通过不同作业场所下错误产生和违章升级的条件延续至相关人机界面中操作者的不安全行为，最终突破系统防御引发事故。潜在失效路径直接产生于组织过程，危及系统的纵深防御机能。

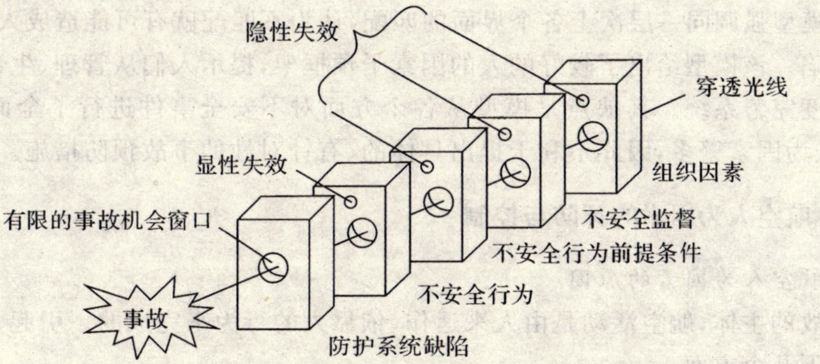

图 7-4　Reason 奶酪模型示意图

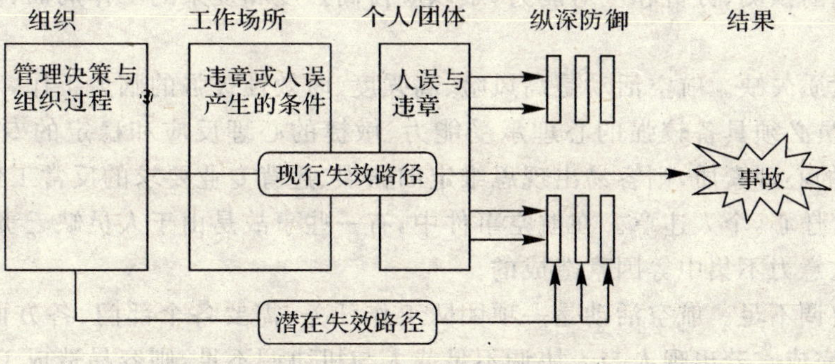

图 7-5　组织事故病理学模型示意图

Reason 模型反映了“决策错误，管理不善，形成不安全行为的直接前提，产生不安全行为，防御系统失效”是事故连锁反应致使发生事故的规律。

(2)SHEL 模型。Reason 模型是一个抽象的理论，没有指出缺陷(即奶酪)中的空洞到底是什么，更没有说明事故调查中如何去查找这些奶酪。国际民航组织在《事故中人的因素调查指南》中认同 Reason 模型，但实际应用的是 SHEL 模型。

SHEL 是由软件(Software)、硬件(Hardware)、环境(Environment)和生命件(Livewire)的第一个英文字母组成的。这里的软件指各项规则和预案，硬件指各种设备，环境指所处的内、外环境，生命件指人员。SHEL 模型反映了操作人员与其他 4 个界面匹配程度的问题。图 7-6 给出了 SHEL 模型的示意图。

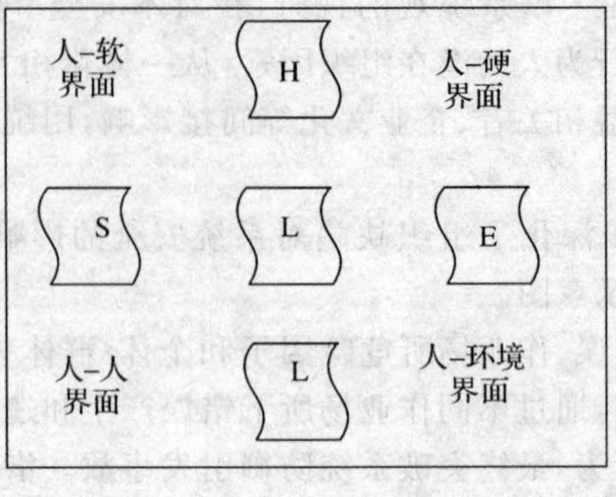

图 7 - 6　SHEL 模型示意图

SHEL 模型强调同一层次上各个界面的匹配，认为不匹配就有可能造成人为差错，系统本身就存在缺陷。该模型给出了较好的人的因素干预框架，提示人们从管理、生命件、软件、硬件和环境的角度完善系统。其缺点是模型从各个方面对不安全事件进行了全面的人为因素分析，获得的人为因素繁多，因此不利于提出具体的、有针对性的事故预防措施。

7.6.3　航空人为因素的预防与控制

1. 引起航空人为因素的原因

人是事故的主体，航空活动是由人来运作、依靠人的行为来完成的。引起人为因素的主要原因包括以下几个方面。

(1)知识技能不足。专业技能不足，使得人员在实际工作中容易缺乏理性，一旦遇到复杂状况，没有正确的预测、分析和应对能力，难以应付高强度和复杂的工作局面，从而导致不安全事件发生。

(2)心理素质欠缺。航空活动是高风险、高强度、时效性极强的脑力工作，对心理素质要求较高。要求人员必须具备较强的心理承受能力、敏捷的心理反应和稳定的专业化心理倾向。如果没有极好的心理素质，则容易出现思维定向错误、违背专业要求的反常工作行为。

(3)缺乏责任心，个人违章。在航空事件中，有一些事故是由于人员缺乏责任心、不严格按照规章操作、注意力不集中等因素造成的。

(4)相互协调不足。航空活动是一项团队工作任务，需要各个部门、各方面人员有机地配合和协调才能完成。若出现人与人协调不足或人与机协调不足，则容易造成工作缺位、不到位现象，更容易诱发个体工作失误。

2. 人为因素预防与控制的对策

(1)强化管理，加强安全工作。首先，要强化规章，杜绝由于责任心原因的个人违章而导致的责任事故。日常管理中首先要加强安全教育，提高人员的安全意识；其次，在日常管理中，要严格执行各项规章，营造并优化一个有章必依、执法必严、违章必纠并持之以恒的环境，维护规章的严肃性和规范性。

(2)注重业务建设，提高人员综合素质。近几年，航空事业的快速发展对从业人员提出了更高要求。应对现状，要求管理层必须通过各种方式，健全业务培训体系，建立提高业务的长效机制，不断提高工作人员的知识和技能，使他们有坚实的业务基础、熟练的业务技能、良好的综合素质，能够熟练处理日常各类事务。

(3)及时发现存在的问题和隐患,及时处理。要及时解决出现的各类问题,切不可拖延堆积问题,否则问题越积越多,有可能导致事故的发生。在这里,要重点强调排除隐患的重要性,也许有些隐患当时并没有直接影响安全生产,但隐患有可能在某一时间变成问题,并可能与其他因素相互作用,给一线的操作人员造成可导致显性失误的"机会窗口",并突破所有的防线而造成事故,因此要建立隐患排查机制,及时进行解决和总结。在解决问题和隐患时,各级领导和职能部门要加强与一线人员的沟通研讨,共同探索解决的办法和途径。

(4)注重人-机界面的和谐。近年来,航空系统投入了许多新设备,快速提升了工作手段和方法,但同时也增大了人对设备的依赖,容易使人形成思维定势,而一旦设备出现故障后很容易诱导事故链的产生。这就要求在设备配置中要充分考虑到人的因素,要使设备尽可能符合人的要求,弥补人的不足,决不能反而求之,让人去弥补设备不足。同时,使用人员也要通晓设备特性,能较好地运用设备达到人机的协调统一。

(5)健全机制,调动人员积极性。管理学的激励机制理论告诉人们,当人受到激励时,可以充分改进人的行为。因此,管理层日常要深入了解职工的内在需求,真正从人本原则出发,制定、引入多种激励机制,尽可能满足职工需要,为人员发展创造有利条件,从而激发一线人员的工作热情,使职工由被动工作变为主动创造性地工作,找到个体与组织的最佳契合点,这对于提高工作质量、减少人为失误也是大有益处的。

(6)强化各系统之间的配合,提升组织整体抗风险能力。在航空这样大规模的复杂系统中,要想真正做好安全保障,必须从健全整个系统入手,要建立合理的组织结构,建立完善各种协调配合机制,加强各部门、各环节之间的协调配合,发挥组织的整体效能而非单个部门单打独斗。这是因为个体要绝对避免失误十分困难,但通过群体的相互协作,可以弥补和发现许多个体失误,可以将个体人为失误降到各个体单元所不能达到的水平。

思　考　题

1. 怎样理解事故预防与控制在安全管理中的地位和作用?
2. 在事故预防与控制的三种安全对策中,为什么说安全技术对策是首选安全措施?
3. 试述保险与事故预防的关系和保险补偿在事故控制中的作用。
4. 我国应从哪些方面加强对各级人员的安全教育?
5. 什么是人为因素? 人为因素有哪几种类型?
6. 如何从技术上预防人为失误?
7. 如何从管理上预防人为失误?

第8章 事故调查与处理

本章学习目标

1. 掌握事故调查的内容、对象和原则。

2. 掌握事故调查与处理的基本程序及其主要工作内容。

3. 学会分析事故原因和事故责任。

4. 掌握事故调查与处理报告的编写。

在安全管理工作中,对已发生的事故进行调查和处理是极其重要的一个环节。事故通常是发生在短暂的时间内或瞬间的事件,通过事故调查和处理,可以揭示事故过程,探寻事故原因,找出事故发生、发展和演化的规律,达到正确认识事故的目的,以防止类似事故的重复发生。这是安全管理工作的一项关键内容,是制定最佳的事故预防对策的前提。

8.1 事故调查与处理概述

1. 事故调查与处理的概念

事故调查是指在事故发生后,为获取有关事故发生原因的全面资料,找出事故的根本原因,防止类似事故的发生而进行的调查。

事故处理包含两个方面的内容,一方面是事故现场的处理,包括现场危险分析、现场营救、二次危害控制和保护现场等工作;另一方面是指对事故责任人的处理和整改措施的制定。通过事故处理,控制事故现场,保护人员安全,减少财产损失。同时,总结事故教训,通过处罚的方法警示人们要重视安全,对危险隐患加强防护和整改,以避免类似事故的发生。

事故调查与处理需要特定的技术和知识,掌握事故调查专门技术,如飞机事故调查人员既应熟悉事故分析测定技术,也应了解飞机的结构、原理及相关设备。同时,事故调查工作需要具有丰富的经验及综合处理信息并加以分析的能力,有时甚至要凭直觉,这些并不是简单的教育培训所能达到的。真正掌握事故调查的过程及方法,特别需要理论与实践的紧密结合。从内容上讲,事故调查与处理的全过程就是以事故分析为基础的安全生产监察过程。

伤亡事故的调查与处理需要遵循《中华人民共和国安全生产法》《企业职工伤亡事故调查分析规则》(GB6442—1986)《企业职工伤亡事故报告和处理的规定》和《特别重大事故调查程序暂行规定》等法律、法规、标准和规定的有关条文。

事故调查与处理具有以下几个方面的作用。

(1)事故调查与处理是最有效的事故预防方法,因为事故的发生既有偶然性,也有必然性,如果潜在的事故发生条件(隐患)存在,那么什么时候发生事故是偶然的,但发生事故是必然的。因此,通过事故调查,发现事故发生的潜在条件,找出事故发生的直接原因和间接原因,掌握事故发展的过程，可以防止类似事故的发生。

(2)事故调查为制定安全措施提供依据。事故的发生是有因果性和规律性的，事故调查是找出这种因果关系和事故规律的最有效的方法。只有掌握了这种因果关系和规律性，才能有针对性地制定出相应的安全措施，包括技术手段和管理手段，以达到最佳的事故控制效果。

(3)事故调查可以揭示新的或未被注意的危险。任何系统，特别是具有新设备、新工艺、新产品、新材料、新技术的系统，都在一定程度上存在着某些人们尚未了解或掌握的或被人们所忽视的潜在危险。事故的发生给了人们认识这类危险的机会，事故调查是人们抓住这一机会的最主要的途径。只有充分认识这类危险，才能防止其发生。

(4)事故调查可以确认管理系统的缺陷。事故是管理缺陷的表现形式，管理系统缺陷的存在也会直接影响到企业的经济效益。通过事故调查，可以发现管理系统中存在的问题，加以改进后，可以既控制了事故，又改进了管理水平，从而提高了企业经济效益。

(5)事故调查是高效的安全管理系统的重要组成部分。安全管理工作是事故预防、应急措施和保险补偿手段的有机结合，安全管理系统只有具备事故调查和处理的职能才能真正发挥其作用。

(6)事故调查和处理是教育当事人和群众的有效方法。通过事故调查，分析原因，划分责任，对事故责任人进行处理，可以吸取事故教训，避免类似事故发生，引起对事故的高度重视，这是教育当事人和职工群众的一种方法。

2. 事故调查的对象

从理论上讲，事故包括伤害事故、无伤害事故和未遂事故，这些事故都在事故调查的范围之内。但是由于条件的限制，调查所有的事故是不可能的，选择合适的事故调查对象非常重要。通常对以下事故进行调查。

(1)重大事故。所有的重大事故都应进行事故调查，这既是法律的要求，也是事故调查的目的。重大事故不仅包括损失大的、伤亡多的事故，也包括在社会上和国际上造成重大影响的事故。

(2)未遂事故或无伤害事故。这类事故虽然未造成严重后果，甚至没有经济损失，但如果其有可能造成严重后果，也是事故调查的主要对象。

(3)伤害轻微但发生频繁的事故。这类事故伤害虽不严重，但由于发生频繁，对劳动生产率会有较大影响，而且频繁发生的事故，也说明管理上或技术上存在问题。事故调查可以及时采取措施，防止事故发生。

(4)可能因管理缺陷引发的事故。管理缺陷是引发事故的直接原因，及时调查这类事故，不仅可以防止事故的再发生，也会提高经济效益。

(5)高危险工作环境的事故。由于在高危险环境中，极易发生重大伤害事故，造成损失，因而在这类环境中发生的事故，即使后果很轻微，也要深入调查。只有这样，才能发现潜在的事故隐患，防止重大事故的发生。如高空作业场所、易燃易爆场所、有毒有害生产工艺等。

(6)适当的抽样调查。通过适当的抽样调查方式选取调查对象，及时发现新的潜在危险，以提高系统的总体安全性。

3. 事故调查的形式

事故调查处理是在掌握了一定的安全科学知识的基础上，依据国家的有关法律法规、方针政策，综合运用安全科学、统计学、物理、化学、工程技术及其他自然科学的理论和技术，通过逻辑推理、分析判断、模拟实验等手段来科学地调查和分析伤亡事故，要达到的目的是澄清事故的真相，查明人身伤亡和经济损失的情况，调查事故的直接原因和间接原因，明确事故的责任，落实相应的安全措施。事故调查一般分为3种形式。

(1)普查法。普查法是在日常伤亡事故统计工作的基础上，按照一定的目的，选定一定的时间区间和调查范围，按某种事故事项、内容等统一制表汇总的一种办法。普查法有自填、定期登记、询问等几种形式。

(2)事故综合分析法。事故综合分析法常用于向安全生产监督管理部门呈报伤亡事故情况，也是有关部门监测事故发生规律，制定政策、实施计划的依据。

(3)个案法。个案法是对某地区或单位的某个事故进行专门的调查，它需要收集有关调查对象的一切资料，并从大量的事实材料中了解事故内在的和外在的因素之间的联系。这种方法是定性研究的重要手段，也是研究事故发生因素之间因果关系的有效方法。

4. 事故调查与处理的原则

事故调查与处理应当按照实事求是、尊重科学的原则，及时、准确地查清事故原因，查明事故性质和责任，总结事故教训，提出整改措施，并对事故责任人做出处理意见。具体原则如下：

(1)事故通过调查是可以查清楚的，这是最基本的原则。

(2)事故调查必须实事求是，以客观事实为根据，以科学技术为指导，执行严格科学的事故调查程序。

(3)事故调查与处理要及时和准确，本着对国家和人民高度负责的责任感进行调查工作。

(4)事故调查和处理必须坚持“四不放过”原则，即事故原因未查清不放过，当事人和群众没有受到教育不放过，没有制定切实可行的预防措施不放过，事故责任人未受到处理不放过。

(5)事故调查与处理的成员要具备调查的经验和专长，而且不能与事故有直接的利害关系。

8.2 事故调查与处理的组织实施

由于事故调查与处理工作的时间性极强，有些信息、证据是随时间的推移而逐渐消亡的，具有不可重复性，因此，规范事故调查的实施步骤，把握事故调查过程的每一个环节，提升事故调查的速度和准确性是非常重要的。事故调查的程序如图8-1所示。

8.2.1 事故的报告

根据《生产安全事故报告和调查处理条例》(中华人民共和国国务院令第493号)规定，事故发生后，事故现场有关人员应立即向本单位负责人报告，单位负责人接到报告后，在1小时内应向所属地、县级人民政府安全生产监督管理部门和负有安全生产监督管理职责的有关部门报告。

特别重大事故和重大事故应逐级上报至国务院安全生产监督管理部门和负有安全生产监督管理职责的有关部门，较大事故应逐级上报至省、自治区、直辖市人民政府安全生产监督管理部门和负有安全生产监督管理职责的有关部门，一般事故应逐级上报至设区的市级人民政府安全生产监督管理部门和负有安全生产监督管理职责的有关部门。

报告的主要内容如下：

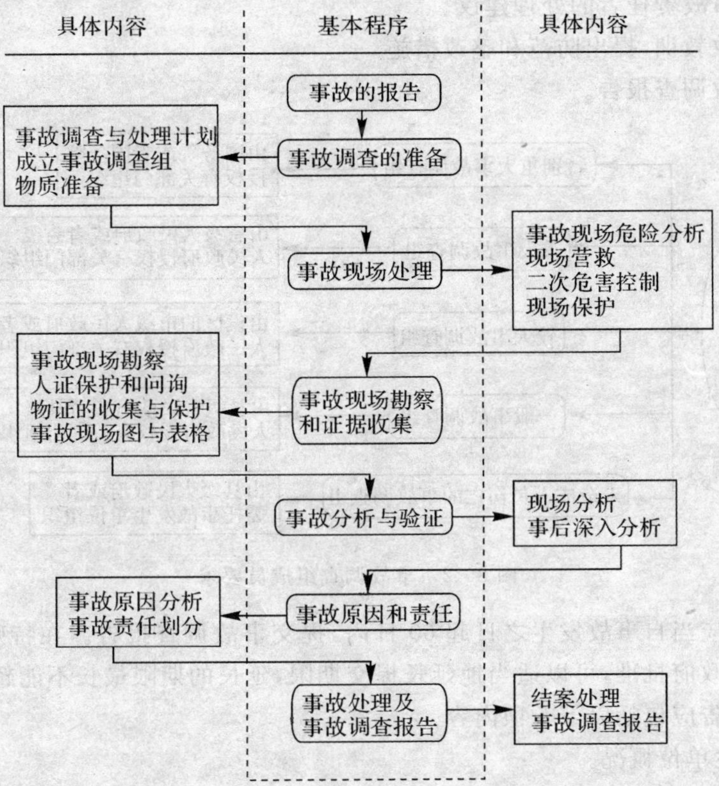

图 8－1　事故调查程序

(1)事故发生单位概况。

(2)事故发生的时间、地点以及事故现场情况。

(3)事故的简要经过。

(4)事故已经造成的或可能造成的伤亡人数和估计的直接经济损失。

(5)已经采取的措施。

(6)其他应报告的情况。

8.2.2　事故调查组

事故调查组是事故调查分析的专门机构，是事故调查的组织保证，成立事故调查组是事故调查分析的正式开始。

事故调查是一项高度专业性的工作，对事故调查组人员应有一定的要求。首先，要求调查人员必须具有高度的责任感和正义感；其次，要求调查人员具有良好的沟通和组织能力；第三，要求调查人员具备丰富的专业知识和工作经验。根据事故严重程度和社会影响的不同，事故调查组人员的组成不同。图 8－2 给出了事故调查组成员的组成要求。

事故调查组的职责包括以下 5 个方面。

(1)查明事故发生的经过、原因、人员伤亡情况和直接经济损失。

(2)认定事故的性质和事故责任。

(3)提出对事故责任者的处理建议。

(4)总结事故教训,提出防范和整改措施。

(5)提交事故调查报告。

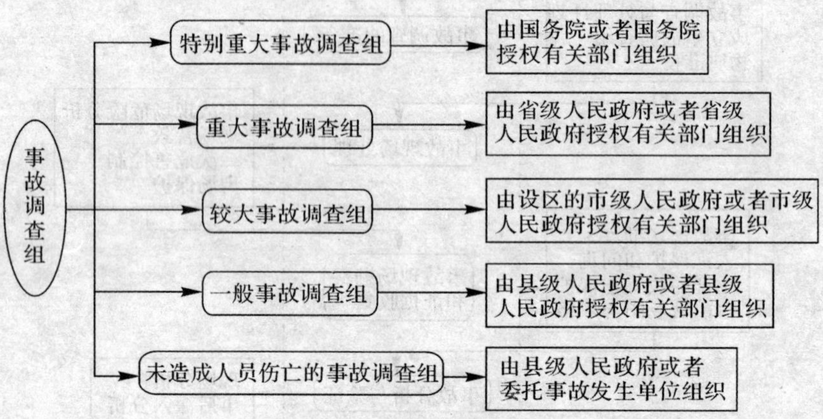

图 8-2　事故调查组成员要求

事故调查组应当自事故发生之日起 60 日内,提交事故调查报告。在特殊情况下,经负责事故调查的人民政府批准,可以适当地延长提交期限,延长的期限最长不能超过 60 日。

事故调查报告应包括以下 6 项内容。

(1)事故发生单位概况。

(2)事故发生经过和事故救援情况。

(3)事故造成的人员伤亡和直接经济损失。

(4)事故发生的原因和事故性质。

(5)事故责任的认定以及对事故责任者的处理建议。

(6)事故防范和整改措施。

8.2.3　事故现场处理

事故现场处理是事故调查的初期工作,在事故调查组的统一组织、统一指挥下进行。它主要包括以下工作内容。

(1)现场危险分析。第一,观察现场全貌,分析现场是否存在危险情况,如有毒有害气体、可燃性和爆炸性物质、建筑物是否有倒塌危险、高压电源线等。第二,分析可能的事故初始事件、事故源。

(2)现场营救。最先赶到现场的人员要及时抢救伤员,保护财产。同时,及时记录事故遇难者尸体的状态和位置、幸存者的位置以及移动过的物体的原位置。

(3)防止二次危害。在现场危险分析的基础上,对于可能产生的进一步伤害和破坏的危险源要迅速采取措施,控制事故蔓延或者使二次事故造成的损失尽可能小。同时,疏散相关人员,确定保护区的范围,布置警戒线。

(4)保护现场。保护现场方法要得当,对于露天事故现场的保护范围应大一些,对封闭的事故现场则采取封锁出入口。对于事故破损部件和残留件不能触动,不得破坏与事故有关的物件、痕迹和状态等。如果因抢救伤员和防止事故扩大需要移动现场某些物件时,应做出标志、拍照、详细记录和绘制事故现场图。死亡事故现场清理，必须经过当地安全生产监督管理部门、公安部门同意后才能清理。

8.2.4 事故现场勘察和证据收集

1. 事故现场勘察

事故现场勘察是事故现场调查的中心环节，其主要目的是查明当事各方在事故之前和事发之时的情节、过程以及造成的后果。通过对现场痕迹、物证的收集和检验分析，可以判明发生事故的主、客观原因，为正确处理事故提供依据。

事故勘察必须在事故调查组的统一组织和统一指挥下进行，凡是事故现场都必须进行勘察，勘察范围包括事故发生地点以及诱发事故发生的有关痕迹和场所。勘察的对象包括事故场所、事故现场痕迹、事故现场物件、书证、位置、天气、尸体等。

事故现场勘察的顺序和范围要依据不同类型的事故现场确定，一般步骤如下：

(1)环境勘察。环境勘察的观察程序是先外后内，先上后下，先地面后地下。首先巡视事故现场周围环境，对现场全貌有一个概括的了解。然后再由外向内仔细观察，发现可疑痕迹和物证，要及时拍照并收集。

(2)向事故当事人和目击者了解事故发生的情况和现场的变动情况，与环境勘察的结果进行核对。

(3)初步勘察。不触动现场物体，对环境勘察和当事人陈述的情况做出初步结论，初步确定事故发生的部位和蔓延路线。

(4)细项勘察。根据初步勘察的结果和发现的痕迹、物证，在不破坏原则的前提下，逐个仔细地翻动、移动，采用各种仪器和技术手段，详细观察和研究事故现场的痕迹和物证，进一步确定事故发生部位、事故的起始点和可能的事故原因。

(5)专项勘察。针对具体事故的对象、痕迹和物证进行分析，以进一步查明事故发生的原因。

(6)勘察记录。勘察记录由现场勘察笔录、现场照相和现场绘图等三个部分组成，也可以采用录像、录音等记录方式作为补充。

从事故现场勘察的步骤中可以看出，事故现场勘察是一种信息处理技术，主要关注以下 4 个方面的信息。

(1)人(People)：当事人，目击人。

(2)部件(Part)：失效的设备，现场碎片。

(3)位置(Position)：位置，方向，道路，天气，残骸。

(4)文件(Paper)：记录，磁带，文件，图纸，报告。

因此，事故现场勘察的处理技术又称为“4P”技术。

2. 人证保护和问询

在事故调查中，大约 50% 的事故信息是由证人提供的。证人是指看到事故发生，或者发生事故时以最快的速度抵达事故现场，具有调查者所需要的信息的人。

证人信息收集的关键之处在于迅速果断，这样可以最大程度地保证信息的完整性。主要的工作包括以下 4 个部分。

(1)证人的确定。没有证人的事故现场几乎没有,所以事故调查人员应尽快赶到现场,确定目击者,收集证人的姓名、地址、电话等信息,以便与证人保持联系。

(2)证人的保护。一方面保护证人免受肇事者及其家属的干扰和迫害,另一方面保护证人不受新闻媒体和其他证人的影响。

(3)证人的问讯。仔细地听取和记录证人对事故经过或事故现象的描述和作证,问讯过程要高度严谨,刨根问底,不放过任何细节。

(4)证词的可信度。由于证人背景的差异及其在事故中所处的地位都可能产生证词可信度上的差异,同时,证人可能在作证的时候加上了自己主观臆断的猜测。因此,对证人提供的证词要认真判断,仔细分析。

3. 物证的收集与保护

由于相当一部分物证存留的时间比较短,有些甚至瞬时消失,所以必须事先制订好计划,按照次序有目标地选择那些应尽快收集的物证,并为收集这类物证做好物质上的准备。

数据记录装置是另一类物证,它是为了满足事故调查的需要而事先设置的记录事故前后有关数据的仪器装置。例如飞机上的"黑匣子",是空难事故中的主要物证。

遥测技术的应用也为数据记录分析开辟了新的道路,如航天飞行器发射后的控制,就是利用遥测技术对飞行器中的有关参数进行对应的模拟试验,查找飞行器发射后事故的原因。

4. 事故现场图与表格

现场绘图是记录现场的重要手段,现场绘图运用制图学的原理和方法,通过几何图形来表示现场活动的空间形态,是记录事故现场的重要形式,能比较精确地反映现场重要物品的位置和比例关系。事故现场图包括现场位置图、现场全貌图、现场中心图和专项图,其中,专项图也称为专业图,是把与事故有关的工艺流程、电气、动力、管网、设备、设施的安装结构等用图形表示出来。

表格是一种特殊的现场绘图,包含的主要信息包括统计数据和测量数据,这类数据以表格的形式加以记录,既便于取用,又便于比较,对调查者有很大的帮助。

8.2.5 事故分析与验证

事故分析是根据事故调查所取得的证据,进行事故的原因分析和责任分析。原因分析包括直接原因、间接原因、主要原因;责任分析包括直接责任者、领导责任者、主要责任者。事故分析的目的不是责任,而是原因,找出预防、控制事故的方法和手段,实现事故调查的真正目的。

事故分析分为现场分析和事后深入分析。现场分析包括临场分析和现场讨论,参加人员为现场所有参加勘察人员。事后深入分析则是更权威的专家分析,分析更深入、更全面、更细致。

1. 现场分析

现场分析是对全面勘察材料的汇总和对勘察工作的检查。现场勘察是一项综合性较强的工作,所有人员掌握的材料是分散的、局部的,将所有的材料汇总在一起,查清事故,才能使材料更具准确性。现场勘察所得到的材料通过综合分析,可以相互补充,得到客观、本质的认识,是一种由表面现象到本质认识的过程。在分析过程中,可以充分发挥各类人员的积极性,正确认识现场,查清事故原因,以保证事故处理工作的进一步开展。

现场分析的任务包括：①分析事故性质，确定如何开展下一步工作。②分析事故原因，包括直接原因和间接原因。③分析事故发生的时间、过程和事故所造成的后果。

现场分析的要求以收集的材料为分析基础，同时，在分析时要对收集的材料甄别真伪。以同类现场的一般规律为指导，避免带有个人感情和意见，注重个别案件的实际，普遍规律与个别实际相结合。还要充分发扬民主，综合各方面的意见，以得出科学的、合理的结论。

现场分析的程序是从单方面到多方面，从个别到全面，从局部到整体。具体如下：

(1)汇集材料。将收集的材料分门别类地进行汇集和整理。

(2)个别分析。对全部材料逐一分析、单独考虑，从而查明事故发生的全部情况。

(3)综合分析。在个别分析的基础上，将所有分析结果集中起来，找出能共同证明某一问题的材料和结论，从而判断事故发生的直接原因。

现场分析可以采用比较、综合、假设和推理的分析方法。其中，比较是指将收集的材料和目击者、操作者的材料互相补充，互相印证，进行对比。综合是指将汇集的材料，由局部到整体、由个别到全面加以分析的认识过程。假设是指推测某一事实存在，用现场材料和科学知识加以证实或否定。推理是指从已知的现场材料推断未知的事故发生的有关情况的思维活动，可以采用逻辑推理方法，对事故原因、过程、直接责任人进行推论，从而揭示事故本质。

2. 事后深入分析

对于较为严重或复杂的事故，特别是重特大伤亡或损失事故，仅仅依赖现场分析是不够的，还应该进一步去粗取精、去伪存真、由此及彼、由表及里、深入分析，以找出根本原因和预防控制的最佳手段。

相对于现场分析，事后分析的时间性不强，有更多的时间和资料，可以进行更深入和更全面的分析。事后分析方法包括综合分析法、个别案例技术分析法、系统安全分析法。

(1)综合分析法。它是针对大量事故案例进行事故分析的方法，总结事故发生、发展规律，有针对性地提出普遍适用的预防措施。它又可分为两种方法。

1)统计分析法：以某一地区或某个单位历来发生的事故为对象，进行综合统计和分析。

2)按专业分析法：对大量同类事故的资料进行加工和整理，如爆炸、煤气、机械、电气。

(2)个别案例技术分析法。它是针对某个事故案例，特别是重大事故，从技术方面进行的事故分析方法，应用工程技术知识、生产工艺原理、社会学等知识，对个别案例进行旨在研究事故的影响因素及其组合关系，或根据某些现象推断事故过程的事故分析方法。它又可分为 4 种方法。

1)根据基本技术原理进行分析，如生产工艺原理，工程力学原理，矿山岩体力学原理，燃烧爆炸原理。

2)以基本计算进行分析，如强度计算，静电理论，流量计算，温度计算，浓度计算。

3)从机理分析，如中毒机理，燃烧机理。

4)以责任分析法进行分析，如作业者，肇事者，生产指挥者，企业组织者，管理上和操作上的缺陷。

(3)系统安全分析法。运用逻辑学和数学方法，结合自然科学和社会科学，分析系统的安全性能，揭示潜在危险，发生概率，可能的伤害、损失和严重度。这种分析方法不仅适用于事后分析，也适用于现场分析，分析方法有事故树、事件树、致因理论分析等。

8.2.6 事故原因和责任

1. 事故的原因

引发事故的原因是错综复杂的,它不仅涉及企业的生产设备、工艺流程、劳动条件和环境,同时更与企业的安全管理水平、规章制度、安全教育以及职工的安全意识和劳动纪律等有直接关系。由于事故的原因是多方面的,也是多层次的,所以事故原因的确定必须依靠事故调查得到的各种信息和数据,可以说,事故调查是事故分析的基础。

事故的发生主要有以下3个方面的原因。

(1)劳动过程中设备、设施和环境等因素是导致事故的重要原因。这些因素主要包括生产环境的优劣、生产设备的状态、生产工艺是否合理、原材料的毒害程度。这些是硬件方面的原因,属于直接的原因。

(2)安全生产管理方面的因素是导致事故的主要原因。这些因素主要包括安全生产的规章制度是否完善、安全生产责任制是否落实、安全生产组织机构是否开展有效工作、安全生产经费是否到位、安全生产宣传教育工作的开展情况、安全防护装置的保养状况、安全警告标志和逃生通道是否齐全等。这些原因相对需要认真分析,属于更深入的原因。

(3)事故肇事人的状况是导致事故的直接因素。这些因素主要包括操作水平、熟练程度、经验是否丰富、精神状态是否良好、是否违章操作等。人的因素是事故原因中很主要的因素,需要重点分析,这是事故发生发展的关键原因。

总之,事故的原因主要可以从人的不安全行为和物的不安全状态两个方面来分析,但不能忽略的是安全生产经费对事故的发生有着重要的影响。

2. 事故的责任

查找事故原因的目的是确定事故责任。事故调查分析不仅要明确事故的原因,更重要的是要确定事故的责任,落实防范措施,确保不再出现同类事故,这是加强安全生产的重要手段。

分析事故责任首先必须明确事故性质。目前,事故的性质分为责任事故、非责任事故和人为破坏事故。其中,责任事故是指由于工作不到位导致的事故,是一种可以预防的事故,责任事故需要处理相应的责任人。非责任事故是指由于一些不可抗拒的力量而导致的事故。这些事故的原因主要是由于人类对自然的认识水平有限,需要在今后的工作中更加注意预防工作,以防止同类事故的再次发生。人为破坏事故是指有人预先恶意地对机器设备以及其他因素进行调整,导致其他人在不知情的状况下发生事故。这类事故一般属于刑事案件,相关责任人要受到法律的制裁。

除了人为破坏事故外,工矿企业发生的各类事故多属于责任事故,也就是说,主要是由于人的不安全行为和物的不安全状态而导致的事故。

3. 事故责任人责任

事故责任人的责任主要包括直接责任人、领导责任人和间接责任人3种。

直接责任人指由于当事人与重大事故及其损失有直接因果关系,是对事故发生以及导致一系列后果起决定性作用的人员。

领导责任人是指当事人的行为虽然没有直接导致事故发生,但由于其领导监管不力而导致事故所应承担的责任。

间接责任人是指当事人与事故的发生具有间接的关系，需要承担相应的责任。

事故责任的确定是整个事故调查分析中最难的环节，因为责任确定的过程就是将事故原因分解给不同人员的过程。这个问题说起来很简单，但对于事故调查组成员来说无论处理谁都是不情愿的，但由于事故的责任人必须受到处罚，所以事故调查组就要公正地对待所有涉及事故的人员，公平、公正、科学、合理地确定相应的责任。

4. 行政责任的追究

特别重大事故由于其影响重大，有时还伴随有行政不作为，甚至是腐败问题，所以，国务院于 2001 年 4 月 21 日公布并实施了《国务院关于特大安全事故行为责任追究的规定》(中华人民共和国国务院令第 302 号)。其目的是为了有效地防范特大安全事故的发生，严肃追究特大安全事故的行政责任，保障人民群众生命、财产安全，其惩处对象是特别重大事故发生地行政机关负责人，明确政府部门的责任。

国务院令第 302 号对规范我国安全生产监督管理体制，强化安全生产责任制的落实和完善有积极的作用。目前已经有部分国家工作人员由于监管不力而受到了行政责任的追究。

8.2.7 事故处理及事故调查报告

1. 事故处理

伤亡事故处理坚持“四不放过”原则，对于事故责任者的处理，坚持思想教育从严、行政处理从宽的原则。但是，对于情节特别恶劣、后果特别严重以及构成犯罪的责任者，要坚决依法惩处。

(1)事故批复及其执行。重大事故、较大事故和一般事故，负责事故调查的人民政府应当自收到事故调查报告之日起 15 日内作出批复；特别重大事故在 30 日内作出批复，在特殊情况下，批复时间可适当延长，延长时间最长不超过 30 日。

有关机关应当按照人民政府的批复，依照法律、行政法规规定的权限和程序，对事故发生单位和有关人员进行行政处罚，对负有事故责任的国家工作人员进行处分。事故发生单位应当按照负责事故调查的人民政府的批复，对本单位负有事故责任的人员进行处理。负有事故责任的人员涉嫌犯罪的，依法追究刑事责任。

(2)结案类型。在事故处理过程中，无论事故大小都要查清责任、严肃处理，并注意区分责任事故、非责任事故和破坏事故。

责任事故是指因有关人员过失造成的事故，分为直接责任者、领导责任者和主要责任者。

非责任事故是指由于自然界的因素造成的不可抗拒的事故，或由于未知领域的技术问题而造成的事故。

破坏事故是指为达到一定目的而蓄意制造的事故。

2. 事故调查报告

事故调查报告是事故调查分析研究成果的文字归纳和总结，其结论对事故处理及事故预防起着重要的作用。

(1)文字要求。事故调查的文字要求如下：

1)深入调查，掌握大量具体材料。

2)以客观陈述为主，分析议论少。

3)全面反映，揭示本质，不做表面或片面文章。

4)不能罗列情况,要有令人信服的结论。

5)善于选用和安排材料,内容精练,富有吸引力。

(2)格式。调查报告分为标题、正文、附件3部分。

1)标题。标题采用公文式,如“关于×××事故的调查报告”“×××事故的调查报告”。它包含地名、时间、事故性质、严重程度。如:深圳市清水河化学危险仓库“八五”特大爆炸火灾事故的调查报告、关于阜新市“一一二七”特大火灾伤亡事故的调查处理报告。

2)正文。正文包括前言、主体、结尾3部分。

前言(事故概况)包括调查简况、调查过程、问题、时间、地点、方法、目的、调查结果(不设子题目)。例如,1994年11月13日12时15分,某矿务局某矿四井发生一起特别重大煤尘爆炸事故,死亡79人,受伤129人,直接经济损失320万元。

主体是报告的主要部分,详细介绍调查中的情况和事实,对这些情况和事实的分析,分为几个部分:①纵式结构:按时间顺序,叙述事故发生的过程;②调查的顺序:如起火点的确定,爆炸点的确定,是否蔓延、扩大;③ 事故的原因;④ 事故的性质;⑥ 事故的处理意见;⑦事故建议的整改措施。

结尾(结论)总结全文,得出结论,一般没有单独结尾,而是紧接着主体,自然收尾。

3)附件。附件包括:① 证明材料:照片、鉴定报告,各种图表;② 事故调查组成员名单;③ 死亡人员名单。

3. 事故资料归档

事故资料归档是事故处理的最后一个环节。事故档案是记载事故的发生、调查、登记、处理全过程的全部文字材料的总和,对于了解事故、事故复查、吸收经验教训、同类事故统计分析和安全管理非常重要。归档资料包括以下内容。

(1)职工伤亡事故登记表。

(2)职工死亡、重伤事故调查报告书及批复。

(3)现场调查记录、图纸和照片。

(4)技术鉴定和实验报告。

(5)物证、人证材料。

(6)直接经济损失和间接经济损失材料。

(7)事故责任者的自述材料。

(8)医疗部门对伤亡人员的诊断书。

(9)发生事故时的工艺条件、操作情况和设计资料。

(10)处分决定和受处分人员的检查材料。

(11)有关事故的通报、简报和文件。

(12)调查组成员的姓名、职务和单位。

事故调查报告举例：

中国西北航空公司图-154M型B2610号飞机执行西安——广州2303航班中空中解体事故报告

一、事故概况

1994年6月6日，中国西北航空公司图-154型B2610号飞机执行西安——广州2303航班飞行任务。8时13分由西安咸阳机场起飞，8时23分，飞机坠毁在西安市长安县鸣犊镇辖区内，机上160人全部遇难。其中旅客146名(外国及香港、台湾旅客13名)，机组人员14名。飞机原值人民币6 038万元，净值3 032万元。事故发生后，陕西省委省政府、西安市委市政府、民航西北管理局领导迅速赶赴现场组织抢救。党中央、国务院对此十分重视，副总理邹家华乘专机于下午5时许抵达事故现场，在听取了事故善后处理和事故调查安排的汇报后，作了重要指示。

二、事故发生发展过程及原因分析

1. 事故过程描述

经过事故现场勘察，查取有关资料及认真分析得知：6月6日，西北航空公司李刚机组驾驶图-154M型B2610号飞机执行西安——广州的航班任务。当日天气实况为：70度风3m/s，能见度1 500m，3个碎雨云60m，5个碎雨云150m，8个雨层云300m，天气现象小雨，轻雾，气象条件符合飞行标准。根据地空通话记录以及飞行数据记录仪记录分析，该机于8时13分由咸阳机场起飞，离地24s后，机组人员发现飞机摇摆，保持不住，飞机呼呼地响。飞行员用额定马力保持400km/h的速度上升。8时16分24秒报告飞机以20°的坡度来回飘摆。8时16分58秒以30°的坡度飘摆。8时17分06秒报告保持不住。机组采取了短时接通自动驾驶仪等方法进行处理，但仍不能稳住飞机。8时22分27秒，飞行速度373km/h，迎角20°，出现失速警告，之后，飞机突然自左滚转并下俯，俯冲角由0°到－65°，左倾斜角超过66.8°，速度法向过载2.7g，最大侧面过载1.4g，飞机航向由250°左转到110°。8时22分42秒，高度为2 884m，飞机开始空中解体，坠毁在距咸阳机场140°方位，49km处。

2. 调查情况

(1)经公安部门现场勘察、痕迹理化分析、尸体检查、安全检查、调查访问等工作，排除了炸药爆炸等人为破坏因素。

(2)机组人员状况：①身体情况：机组人员1994年体检结果均符合中国民航飞行人员体检标准。②机组人员技术状况：机组人员均持有该机型执照，并在有效期内。③航音记录：机升通话录音清楚，机组内部对话录音声音小、干扰大，有的话难以辨听。8时20分58秒后，把左驾驶座杨民换成正驾驶辛天才。8时22分30秒舱音记录“失速了”。8时22分42秒飞机解体声。

(3)飞机数据记录器记录情况：①起飞滑跑中，为保持51°航向，飞行员蹬方向舵修正，驾驶盘位置不变，副翼角度与方向舵有同步的变化。②失事1min之前，飞行速度大多保持在400km/h左右，最大速度550km/h，飞机处于缓慢上升状态，最高飞行高度达4 717m。③飞机装载平衡符合要求，不存在商务超载问题。

(4)残骸分布与勘察。图-154M 型 B2610 号飞机的主要残骸散落在西安市鸣犊镇 110°方位浐河两岸,长约 2 000m,宽约 1 000m 的范围内,飞机主要部件按从西北向东南走向分布。经查驾驶舱残骸,中央操纵台偏航指标 37km,正驾驶高度表 990m,马赫数 0.56,磁航向 82°,空速表 579km/h,随机工程师仪表板的高度 980m。检查前设备舱残骸发现 nkA－31 安装架后面的倾斜阻尼插头和航向阻尼插头相互插错。

为验证插错产生的可能后果,用正确的和插错的进行了地面模拟试验,结果表明,插错后,在杆操纵状态下,移动驾驶盘,机外观察,看靠副翼和方向舵联动的不正常状态,此不正常状态仅用故障台的内检和自检程序搜索,在驾驶舱内的故障搜索台和仪表板指示器上均不能反映,这说明 6 月 4 日维修人员的通电检查方法是真实的,但是不能检查出故障。

3.原因分析

经过各项数据的分析以及地面模拟试验结果表明,由于插头错接而导致飞机空中解体过程是:6 月 4 日飞行后,在更换安装架时,由于操作人员将插头接错,地面通电试验没有查出故障,从而导致 6 月 6 日带着故障起飞,在起飞滑跑后段,飞行员偏航保持转向,从而产生了与偏航角度对应的副翼偏转,只是由于地面限制,飞行员并未感觉到有倾斜摆动。待飞机离地后,很快形成明显飘摆。由于插头插错,结果倾斜阻尼陀螺感受到的倾斜角速度信号传给了方向舵舵机,而航向阻尼陀螺感受到的偏航角速度传给了副翼舵机。此外,飞行员在压驾驶盘时,副翼和扰流板运动方向正确,但方向舵跟着偏转,飞机姿态变化异常,飞行员难以控制,飞机飘摆继续加大,终于在左坡度急剧下降的过程中,侧向过载超过飞机强度极限,飞机开始解体。

另外,图-154M 型飞机的安装架设计没有防止接错措施,用色标来确定插头的位置是不合理的,并且双列插头色标容易混淆。

三、事故结论

中国西部航空公司图-154M 型 2610 号飞机执行西安——广州飞行中解体事故是一起重大责任事故。直接原因是地面维修人员在更换安装架时,插错了插头,导致飞机操纵杆性能异常,使得动稳定性变坏,飞机失去控制,造成飞机空中解体。

四、事故教训和预防建议

(1)经过空难事故调查,查出西北航空公司在机务维修工作中有许多漏洞,未能严格遵守适航管理规定,当事的飞机维修人员有违反操作规程的现象,操作与管理有任意性。建议航空公司开展全面大检查,杜绝类似事件的发生。

(2)建议民航总局进一步强化政府职能,完善规章制度,狠抓落实。

(3)要对机长进行处理实际问题能力的培训。

8.3 航空飞行事故调查分析

8.3.1 航空事故调查机构

随着航空事业的发展,涉及飞机飞行安全的问题越来越多,社会对安全的要求也越来越高,飞行事故在社会、军事和经济上的影响也越来越突出,事故调查的难度在增加,专业性、技术性在增强，为吸取事故教训，避免同类事故发生，各国相继成立了专业事故调查组。

1. 英国飞行事故调查机构

英国航空事故调查局(AAIB)，共有 44 人，其中飞行专业 11 人，工程专业 15 人，飞行参数专业 4 人，其他专业 14 人。工作范围为民航，同时为皇家空军调查委员会提供技术保障。技术特长为飞行记录器、海中残骸回收、爆炸事故、直升机等。

2. 美国飞行事故调查机构

美国国家运输安全委员会(NTSB)，作为调查航空器及其他运输失事的独立部门，现有 341 人，在航空方面调查民用飞机事故和部分事故征候，并有附属的“NTSB 事故调查员学校”，技术特长为飞行、工程、适航、航管、人的因素。

3. 俄罗斯飞行事故调查机构

国家间航空委员会，下设空域使用和航管委员会、飞行安全委员会、航空标准和验证委员会、航空注册部门等 4 个职能部门，共 280 人。其中，飞行安全委员会 65 人，下设两个部门，即航空事故调查处和科技中心，前者负责调查飞行事故，后者负责记录器数据的处理分析、失效分析和飞行使用因素分析。

8.3.2　飞行事故调查的方法

1. 飞行客观记录的分析

飞行客观记录的主要内容包括机载飞行数据记录器、航音记录器、空地通话录音和雷达信息记录等 4 个方面。

(1)机载飞行数据记录器。飞行参数记录系统又称为飞行数据系统(以下简称飞参系统)，是一种用于监测飞机及其系统工作状态以及飞行员操纵飞机情况的自动测试系统，其记录部件称为飞行数据记录器或飞参记录器(FDR)。国军标 GJB2692 中对“飞行数据记录器”的定义为：记录飞行状态、操纵状态和飞机/直升机、发动机有关信息的机载自动记录装置。

飞参系统是一种即时(或称准实时)监测系统，能够客观记录有关飞机及其系统的信息。飞参系统主要由机载采集记录系统、地面处理设备、地面保障设备等组成。飞行数据记录器按用途可以分为事故型记录器(俗称“黑匣子”)和维护型记录器。

事故型记录器由外壳、保护壳体、记录装置 3 部分组成。

外壳由金属材料制成，颜色通常为橘红色，上面有反光条和“FLIGHT DATA RECORDER”等字样，用于保护外围电路和便于搜寻、识别。

保护壳体由具有抗冲击、耐挤压、隔高温等特性的多层材料构成。

记录装置为半导体存储芯片或磁带机。

事故型记录器具有抗坠毁、耐火烧、耐海水和各种液体浸泡的能力，其坠毁幸存防护标准随着使用要求的提高逐步提高。

(2)航音记录器。航音记录器(CVR)带有保护壳体，主要记录驾驶舱内能听到的各种声音，包括人员的谈话、机内通话、机外无线电通话、输入空勤人员耳机内的航行设备和着陆进场控制设备的语言或音响信息以及驾驶舱环境声响。

(3)空地通话录音。空地通话录音是指机场塔台和空中交通管制部门通过无线电通话来指挥飞行的飞行活动，飞行员驾驶飞机从请求滑出直至着陆停止在制定位置为止的全过程中，飞机上飞行员与塔台指挥或航管人员的无线电通话、不同飞机飞行员之间的无线电通话记录。

(4)雷达记录。雷达能及时、准确、近似连续地测定和通报空中飞机的位置，严密监视飞机按预定的方案飞行，及时发现偏离预定航路、航线，改变高度和超出预定飞行空域等情况。航管雷达(又称为二次雷达)有自动记录功能，警戒雷达或着陆雷达(又称为一次雷达)具有人工语音通报或标图记录功能。

飞参系统最根本的目的就是为飞行事故调查和故障分析提供客观依据。机载飞行参数记录系统可收集记录以下参数。

1)履历信息。它包括当前时间、航班号、飞机号码、飞行日期等。

2)飞机动态特征参数。它包括高度、速度、航向、过载、俯仰角和倾斜角等。

3)飞机操纵机构特征参数。它包括舵面和副翼的偏转角度、水平安定面的位置、驾驶杆(盘)的位移等。

4)动力装置状态特征参数。它包括发动机转速、温度、滑油压力，油门操作手柄位置，燃气、空气通道参数等。

5)飞机各系统状态特征参数。它包括液压系统压力、机上电源系统电压等。

飞参数据可以比较直观地再现飞行事故的过程，反映飞机、发动机及各系统的状态，飞行人员的操作动作，各操纵面的位置等，为飞行事故调查提供其他方式无法得到的重要信息。《国际民用航空公约》附件13中明确规定："在事故或事故征候调查中，必须有效地利用飞行记录器"。

2.飞行活动的调查与分析

飞行活动主要由空勤组完成，与飞行员操作错误(人的因素)有关的飞行事故占事故总数的70%以上。调查空勤组的操作内容如下：

(1)确定该操作的性质。

(2)确定空勤组成员的心理和生理状况及其与操作的关系。

(3)确定周围环境(即外部条件和飞机特性)对空勤组的状况和操作的影响。

(4)明确空勤组可能受到的合乎情理的心理和生理限制。

(5)确定空勤组成员个人的挽回特殊情况的可能性。

(6)确定与空勤组成员之间的协同动作有关的原因。

3.飞机空中解体事故的调查与分析

飞机空中解体事故是指由于飞机使用中超过设计载荷、结构强度不够、材料疲劳断裂等原因引起的飞机主要构件在空中破坏导致的飞行事故。

调查飞机空中解体事故首先要确定飞机结构是空中破坏还是坠地时破坏，如果是空中破坏，必须进行破坏顺序分析，以从大量二次破坏的残骸中找出最初破坏件；然后，对最初破坏件进行失效分析，从而得到该构件破坏的原因。

调查飞机空中解体事故需要掌握飞机在飞行中主要构件的承载状态，以及构件在各种承载状态下的破坏特征，还需要了解残骸轨迹分析和颤振事故的一般知识。主要的分析顺序和方法如下：

(1)根据残骸损伤特征分析。在现场调查对残骸外部状况检查分析的基础上，判断各破坏处的破坏性质和各破坏处之间的相互关系，确定破坏顺序。

(2)根据飞机残骸轨迹计算分析。残骸轨迹分析方法采用三维运动方程计算每件残骸从离开飞机到接地的轨迹，两条以上的轨迹的交点就是飞机的解体点。进行飞机残骸轨迹分析必须有以下的原始数据。

1)气象资料。需要发生事故时当地各高度上的风速和风向，一般只能从最近的气象台站获取。发生事故后，附近的气象台站应尽快测高空风。

2)残骸的接地位置。需要准确的残骸接地位置和标高(经测量或卫星定位仪测定)。

3)残骸的加速度系数。残骸的加速度系数取决于质量、迎风面积和阻力系数，可用估算和空投两种方法获取。估算时根据资料选取阻力系数，代入公式计算。需要较准确的数据时，应用直升机在一定高度上空投残骸，记录其落地时间，然后进行计算。

根据飞机各残骸在地面上的散布位置、各残骸的气动特性和质量、飞机坠地点附近的气象资料(各高度上的风速和风向)、飞机的航向、俯仰角、飞行速度和高度等，按已经编好的程序，利用计算机可以很快计算出各残骸在空中的运动轨迹。如果各残骸的轨迹计算结果在飞行高度上交于一点，说明各残骸同时脱离飞机；如果有某件残骸估算结果，在飞行高度上位于飞行方向的最后位置，它可能是最初破坏件；在最前的位置上可能是最后脱离飞机的。所以，利用残骸轨迹计算，可以算出飞机结构破坏的顺序。

对于机翼，不能按照残骸距飞机坠地点远近的分布来分析破坏顺序，因为在正过载飞行时所造成的破坏，最初破坏件一般是向飞行方向的前上方飞出脱离飞机，脱离后，如果飞机猛烈滚转或仰角减小都会使随后脱离飞机的残骸向飞行方向前下方飞出脱离飞机，或残骸以较小的仰角脱离飞机。由于二次破坏时间间隔很短，这时就可能出现最初破坏件反而距坠地点近，随后破坏件距坠地点远的现象。

(3)根据强度验算或强度试验分析。对于较复杂的结构破坏，根据残骸分析、残骸轨迹计算和外载荷分析等分析结构破坏顺序时，也可能会出现两个部件难以分清哪个是最初破坏件的情况。在这种情况下，常常是两个部件都是静载荷破坏或都是疲劳破坏。这时，必须根据对构件破坏处的强度验算或静力试验结果来确定最初破坏件。

强度验算是在断口检查分析和破坏处的材料性能检查分析基础上进行的，验算后比较应力大小和剩余强度，一般应力高而剩余强度低的是最初破坏件。

强度试验主要指静力试验，强度低的是最初破坏件。

(4)颤振导致飞机结构破坏事故。颤振是作用在机翼、尾翼、操纵面等结构上的空气动力、弹性力、惯性力耦合而造成的自激振动。当飞行速度超过该机的颤振临界速度时，容易发生颤振。在多数情况下，这种振动是发散的，一旦形成，其振幅迅速增大，几秒钟内就会使机翼或尾翼等结构破坏，从而造成严重飞行事故。

比较典型的颤振有：①机翼弯曲-扭转颤振(两个自由度)；②机翼弯曲-副翼偏转颤振(两个自由度)；③水平尾翼弯曲-机身扭转颤振(3 个自由度)；④水平尾翼弯曲-升降舵偏转-调整片颤振(3 个自由度)。

对于颤振事故的检查，主要工作如下：

1)设法获取飞机解体时的飞行速度。

2)根据空中解体残骸的总体状况判断。

3)根据空中解体残骸上的破坏形貌和痕迹判断。

(5)超声速失速造成的空中解体事故。超声速失速是一种不受飞行员控制的、危险的飞行状态，此时，飞机在大侧滑下引起的气动滚转力矩的作用下产生绕 x、y、z 三轴的旋转运动，从而引起纵向和侧向运动的交变，交变的法向和侧向大载荷因数随之产生。其结果有二：一是飞机结构破坏，二是飞机进入螺旋。

超声速失速破坏的构件残骸经历过多次正负两个方向的超载，因而在破坏的形貌和痕迹上与颤振的残骸类似，不同的是机翼和尾翼不一定破坏，它们的配重仍在飞机上。

判断空中解体的原因是超音速失速的依据如下：

1)空中解体前的飞行速度已达到可能发生超声速失速的程度。

2)经残骸分析，前机身最后破坏是在机头向下和向右的弯矩作用下，最先破坏的是空速管安装处，然后向后发展。

4.飞机失火事故的调查与分析

飞机失火事故是飞机在使用、维护过程中发生次数较多的事故，飞机空中失火，不仅损伤飞机，而且严重威胁飞行人员和乘客的生命安全。

飞机失火通常按时机可分为3种类型。

第一类：飞行中失火(又称空中失火)，指飞行过程中，由于发生机械故障或遭受其他意外而使飞机失火。

第二类：毁机失火，指飞机失事坠地、迫降不成功或起飞、着陆时冲出跑道而着火。

第三类：地面失火，指飞机在维修或停放时着火。

在这3种类型飞机失火中，毁机失火发生次数较多，因为绝大部分严重飞机事故，在飞机坠毁时因能量转化、释放点燃溢出的可燃油液而着火。地面失火包括油箱静电燃爆失火、遭雷击失火等。

如何判明飞机是空中失火事故还是飞机坠地撞击造成的失火事故，主要方法如下：

(1)飞行员和目击者的反映。飞机在空中失火时，飞行员一般会有反映，如座舱、客舱有油烟味、火警信号灯亮、巨响、飞机剧烈抖动、冒烟、火光等。目击者也可看到飞机冒烟、听到响声等。

(2)飞行客观记录器的记录。根据飞行数据记录器记录的数据和舱音记录器记录音响警告信号等来判断。

(3)飞机残骸的检查分析。根据被火烧过的残骸分布位置、火烧痕迹、高熔点金属材料是否熔化、残骸烧伤和破坏顺序等来判断。

飞机失火原因的调查与分析，主要围绕引起飞机失火的可燃物和点火源的查找进行。此外，飞机在空中高速飞行，失火有其特殊性，还必须具备保持火焰燃烧的相应条件，否则当气流速度超过火焰传播的速度时，火就会被吹灭。主要从以下几个方面进行分析。

1)失火部位、火源和油源的确定。确定失火区域、查找火源、查找油源。

2)飞机空中失火原因分析。考虑油液泄漏引起失火(可燃油泄漏到高温表面，被高温表面烤燃)、高速碎片引起失火(高速碎片击穿油箱或打断油管)、电气线路绝缘损坏、燃料外漏吸入发动机引起喘振“回火”、遭遇雷击或静电起火等。

5.飞机操纵系统事故的调查与分析

飞机操纵系统用来供飞行员操纵飞机，保持或改变飞机的飞行状态。飞机失去操纵的原因是多方面的，主要有大气湍流等环境因素、设计限制或设备故障等飞行因素、错觉或驾驶员技能不足等飞行员因素等。判断飞机是否失去操纵及操纵系统是否故障的方法如下：

(1)根据飞行员和目击者的反映判断。飞机失去操纵或飞机操纵系统空中发生故障，飞行员操纵驾驶杆时会明显地感到杆力发生变化、驾驶杆扳不动(卡住)、自动倒杆；飞行状态自动改变(俯冲、上仰、横滚等);驾驶杆操纵正常,但不能保持或改变飞行状态。目击者看到飞机状态变化剧烈或保持状态不变坠地等。

(2)根据飞参等客观记录分析判断。飞机数据记录器记录了飞行中飞机的操纵量输入、操纵面的变化和飞机响应过程中的很多参数,利用这些数据可绘出参数曲线图,也可绘出飞机三维运动轨迹,便于分析飞机是否失去操纵和飞机操纵系统的工作状态。

(3)根据飞机最后一段运动轨迹判断。根据飞机接地前与树木、房屋等的碰撞痕迹,绘出飞机最后一段轨迹,从图中可以看出飞机飞行轨迹的状态。

(4)根据操纵面的原始位置判断。飞机操纵面的偏转产生的气动力带动飞机飞行状态的改变,因此,飞机操纵面的位置可以反映飞机飞行状态的变化情况。

(5)根据液压执行部件活塞杆位置判断。操纵系统中有些零件和操纵面在坠地时,由于撞击而产生的相对位移可能相当大。撞击时位移最小的是液压助力器和液压动作筒的活塞,因为其中有液压油,由于油液的不可压缩性,飞机坠地瞬间的冲击一般不能改变液压助力器和动作筒活塞的位置。而且液压助力器和动作筒活塞位置与操纵面位置有对应关系。因此,在一般情况下,液压助力器和动作筒残骸活塞位置大致反映飞机坠地瞬间操纵面的偏角。

(6)根据力臂调节器残骸判断。超声速飞机机械(非电传)平尾操纵系统一般都装有力臂自动调节装置,力臂调节器的臂值随飞行速度、飞行高度的变化而自动调节,力臂臂值大小与飞机飞行速度和飞行高度有一定的对应关系。一方面,力臂调节器故障可能影响飞机的操纵性,严重的会导致飞机失去操纵;另一方面,如果力臂调节器没有故障,可以通过力臂调节器残骸确定飞机的飞行速度范围。

(7)根据相关部件的位置判断。襟翼、起落架、减速板虽不属于飞机操纵系统,但这些部件的工作也直接影响飞机的正常操纵。襟翼、起落架、减速板等坠地时的原始位置,可以通过测量动作筒外露长度和分析指示信号等判断,也可以根据飞参记录数据判断。

6.飞机动力装置事故的调查与分析

航空发动机是飞机的心脏,是保证飞机飞行的动力,发动机工作不正常或空中停车,飞机就会因失去动力处于非常危险的境地。对于单发动机来讲,所带来的危害是灾难性的。导致飞机动力装置故障非常复杂,通常包括:发动机,燃油、滑油和冷却系统,螺旋桨及调速装置,尾喷管、反推装置,发动机附件机匣、恒速传动装置、状态调节装置,发动机火警探测和灭火装置,动力装置的操纵机构和发动机的安装固定等。

在飞行事故中,对发动机残骸的检查,首要的目的是判明发动机在坠地前的工作状态,也就是发动机的转速或功率,判明发动机空中是否停车,其工作状态是否与课目和动作要求一致。判断发动机坠地瞬间的工作状态的方法如下:

(1)根据压气机和涡轮的损伤判断。当飞机坠地时,造成压气机和涡轮损伤的力主要有两种,一种是阻碍转子旋转的力,一种是撞击力。撞击力又与飞机接地速度、接地角以及接地点的土质等因素有关。压气机和涡轮叶片的弯曲、损伤程度,通常是旋转力和撞击力综合作用的结果,在机匣有变形、损伤时反映出来的残骸现象。在一般情况下,发动机转子损伤程度与发动机转速(旋转力)的平方成正比,与飞机接地速度(撞击力)成正比,发动机转速和接地速度越大,发动机转子损伤越严重,且发动机的转速对发动机转子损伤影响大,因此,在涡轮外环和压气机机匣受撞变形时,可根据涡轮、压气机转子叶片的损伤程度来判断发动机接地瞬间的转速。损伤、磨伤严重的为大转速,反之为小转速。

(2)根据飞参记录数据判断。飞参记录系统的参数有转速、排气温度、加力状态、喷口位置、油门杆位移等,分析这些参数,可以了解发动机在整个飞行过程中的工作状况,不仅仅是坠地瞬间。

(3)根据喷口位置判断。多数涡喷发动机和涡扇发动机的喷口直径是可调节的,其喷口直径与发动机工作状态有对应关系。在事故检查中,可以通过确定喷口直径的方法,判断发动机在坠地瞬间所处的状态。具体的方法为:先测量喷口动作筒活塞杆的伸出长度,然后根据喷口动作筒活塞杆长度和喷口位置的对应关系确定喷口直径。

(4)根据油门操纵系统指示位置判断。当发动机正常工作时,油门手柄位置、加力操纵盒分度盘指示角度和主燃油泵油门指示臂位置,直接反映发动机的工作状态。

(5)根据燃油泵斜盘角度判断。当飞机坠地时,燃油泵的一些机件卡死在某一位置,根据这些位置可以判断发动机坠地时的工作转速。

(6)根据发动机仪表、信号灯判断。对发动机转速表、排气温度表、滑油压力表以及各信号灯残骸进行分析,可以判断发动机的工作状态。

(7)根据发动机工作温度判断。除排气温度表指示外,可供分析判明发动机工作温度的依据有发动机热端部件内部烧焦的物质和热端部件上的金属喷涂(金属涂敷或金属渗透),以及涡轮叶片断口或损伤处的氧化膜颜色等。如果发动机内部发现有烧焦的有机物质,则说明发动机吸入这些物质时是在工作状态。如果热端部件上挂有金属,则根据所挂金属的熔点来确定发动机的最低工作温度。如果在发生事故之前几秒钟,发动机已经熄火,则发动机部件的温度已不足以造成金属喷涂。因此,如果发现发动机上有金属黏结,则说明发动机工作温度至少正常或更高。

(8)根据发动机燃气通道内是否吸入泥土、木屑等外来物判断。飞机失事前与树木相撞,如发动机处在工作状态,则燃气通道内可能会吸入大量木屑。

(9)根据放气机构位置判断。检查放气机构附件,如放气带动作筒位置、扇形齿轮齿合位置、放气窗动作筒和放气窗门位置,判断放气机构的工作位置,从而判断发动机的转速范围。

7. 飞机爆炸事故的调查与分析

猛炸药的爆炸可以使爆炸的碎片或颗粒获得7 000m/s以上的初速度,这样大的初速度能使较大的颗粒穿入金属结构,较小的颗粒也能穿入座椅和人体。这种在残骸上形成的爆炸特征是飞机坠地或发动机破坏时所不可能产生的。判断飞机是否因爆炸物爆炸失事,主要是查找具有爆炸特征的残骸和对残留物进行科学的鉴定。主要方法如下:

(1)根据金属碎片形状、断口特征初步判断是否为爆炸事故。有些形状、断口是爆炸事故所特有的,如小曲率均匀的卷边、蒙皮表面放射性状擦伤等。

(2)在非金属软物体上寻求爆炸特征。爆炸产生的金属碎片和金属颗粒会像箭一样射入周围的软物体,如坐垫、人体、行李等,如果在软物体上找到这些碎片,可以证实爆炸的存在。

(3)尸检。可以用X射线照相检验尸体上是否存在金属颗粒,是否有爆炸物作用后产生的局部烧伤,是否有爆炸冲击波作用后产生的大面积内出血、耳膜破裂等损伤。

(4)寻找起爆器件。寻找类似于雷管、定时器、电源、导线等残骸。

(5)检验炸药残留物。如果确定是爆炸事故,必须鉴定是何种炸药。只要残留物中有10^{-9}g炸药量就可以确定炸药的种类。

8.飞机雷击事故的调查与分析

飞机雷击事故主要包括飞机空中遭遇雷击、机场停机坪上停放的飞机和正在进行维修作业的工作人员遭受雷击事件。

飞机遭到雷击，可以在气象条件和飞行条件范围都比较广泛的情况下发生，它对飞机产生不同程度的损伤和影响。

飞机遭受雷击的过程分为预先雷击阶段、主放电阶段和大量放电阶段 3 个阶段。

(1)预先雷击阶段。当云中电荷中心积聚的电荷达到一定数量时，其周围的电场可以强到使空气电离，在电场最强的方向上产生一个明亮的火花形式的导电通道。云中的电荷就流入这一通道，加强了火花通道前端的电场，再次引起电离，进一步延伸火花通道。这一过程反复进行，就形成了一条逐级推进的火花通道，称为“阶梯先导”。

如果飞机在有雷电活动的环境中飞行，飞机处在发展着的先导附近，由于飞机是良导体，就成为阶梯先导的一部分，云里的电荷顺着通道流到飞机上，直达地面。在阶梯先导的通道中，传递的电荷量平均为 5C，平均电流约为 100A，峰值电流约为 1 000A。

(2)主放电阶段。阶梯先导到达地面后，立即从地面经过已经高度电离了的空气通道，向云中流去大量的相反极性的电荷，这股电流很强，以致空气通道被烧得白炽耀眼，这一过程称为“主放电”。

在主放电过程中，峰值电流的平均值为 106A，最大值达到 200kA。

(3)大电量阶段。在第一个回击之后，留在云块里的电荷仍然可以通过通道泄放到地面，形成一个低的持续电流，通常为 100～200A，电流持续时间为平均几百毫秒，传递的电荷量平均几十库仑，最大值 200C，因此，雷击放电传递的能量主要集中在这个阶段。

飞机遭受雷击的另一种情况是扫掠雷击。在续流和多重雷击过程中，闪电通道会稍微停留在空间。当飞机进入时，由于飞行有一定的速度，飞机相对于闪电通道移动，如果雷电起初附着在飞机的某一点，那么电弧的附着点在飞机飞过稳定闪电通道时，会向后扫掠过飞机表面，称为“扫掠雷击”。在扫掠雷击中，通过飞机的往往是持续电流和重复放电电流，扫掠雷击的能量比较分散，但也具有足够的破坏能量。

雷击对飞机的破坏主要体现在以下几个方面。

(1)热性质的破坏。在主放电阶段，雷击的高峰值电流能在极短的时间内传送大量电荷，这种电荷传送会很快使材料高温气化。如果这个过程发生在很有限的空间内，就会产生很大的蒸汽压力，这种压力可以造成结构大面积的损伤。例如复合材料的雷达罩，未加雷电防护在遭受雷击后由于热损伤，会造成剥层、脱落、穿透等损伤。

在大量放电阶段，雷电流通过导体时，能在极短的时间内转换成大量热能，会造成机件的严重烧伤和烧蚀。特别是在整个雷电传导期，当闪电通道停留或附着在飞机的一点时，会对飞机造成特别严重的损伤，能将飞机蒙皮烧伤或烧蚀数厘米的空洞。如果烧蚀发生在油箱或附近有油蒸汽蒙皮上，蒙皮上局部高温可能会引燃燃油蒸汽而引起爆炸。

(2)电性质的破坏。雷击时会有数十万以至于百万伏冲击电压放电，造成绝缘材料的击穿。例如机头的雷达罩被高压电击穿，雷击大电流流过飞机结构的急转弯处，产生强的磁通作用，其磁力能使结构件从铆钉、螺钉或其他紧固件处扭开、撕开、弯折或剪开。

在预先雷击阶段，在飞机端部产生枝状流光，位于这一部位的某些类型的燃油通气口对枝状流光反应敏感，流光能点燃易燃爆的油蒸汽而发生爆炸。

在主放电阶段，流过电搭接不良的飞机结构处会产生火花，如果火花发生在油箱内燃油蒸汽空间内，会引起爆炸。

(3)雷电间接效应的破坏作用。闪电是一种脉冲放电现象，有频谱非常宽的电磁辐射，从几赫兹到600MHz，它与飞机内的电子、电气设备相互作用，对飞行安全构成间接的影响。

(4)冲击波的影响。在主放电过程中，闪电通道的空气突然急剧加温和迅速冷却，在千分之几秒的短暂时间内发生急剧的膨胀和收缩，从而产生冲击波。当飞机遭到雷击时，强大的冲击波会影响发动机进气道气流的温度、压力和速度的均匀度。由于进入发动机的空气瞬间发生急剧的变化，发动机工作状态迅速向不稳定区域移动，造成发动机喘振。如果在低空飞行，这种喘振会导致发动机自动停车。这是由于雷击时的冲击波在一定条件下会造成发动机尾喷口前的气流收敛，也就是涡轮后的压力减小，导致燃烧室熄火的原因。

同时，当飞机遭到雷击时，人员也会受到影响，这些电气线路中产生的感应电压和感应电流会使飞行员受到电击，主放电阶段的闪电会使飞行员短时失明，雷击如果使燃油箱发生爆炸，可造成飞机进入高过载的危险状态，导致飞行员丧失意识。

对雷击事故的分析和调查主要有如下方法。

(1)现场调查方面。了解飞机表面非金属材料的布局，尤其是机头、翼尖等部位非金属材料的应用及与机体的连接等情况，了解空速管的安装位置，飞机是否挂有拖靶等细长导体等；飞机的高度和飞行状态；飞行的空域、航线及其周围的气象条件。

(2)残骸分析方面。飞机的不同部位遭受雷击的概率是不同的，分为3个区域。

I区：直接遭受雷击概率最高的飞机表面。它包括机头、空速管、翼尖(包括平尾和垂尾)、天线、发动机短舱唇口、外部油箱头部、螺旋桨桨帽、桨叶、平尾后缘以及尾椎等突出部位。

II区：从I区的直接雷击点往后掠过的雷击概率较高的飞机表面。它包括雷电直接击中点前部各突出点的前后连线两侧约0.5m以内的表面，以及未划定在直接击中区域内的机身和发动机短舱表面。

III区：I区和II区以外的飞机表面，雷击击中的可能性小。

雷达罩：机头雷达罩在遭受雷击后，轻微损伤时，漆片脱落，罩上有小孔和烧伤痕迹，严重时雷达罩会发生爆破。

空速管：机头空速管在遭受雷击后，可以发现空速管内防冰加温系统导线会有严重的烧伤痕迹，严重时导线还会熔断汽化。

座舱盖：雷电只能附着在座舱盖的框架上，当雷电附着在座舱盖前面的金属框架上时，可能发生扫掠雷击，雷电掠过玻璃表面再附着在座舱盖中间的拱形弧框上。在框架上可发现雷击点凹坑的特征，玻璃上有时会有裂纹。

航行灯：在飞机机翼和尾翼翼尖安装的航行灯，在雷击后灯丝烧坏，航行灯固定铆钉上有烧伤痕迹，冲击波会使灯罩和灯泡破碎，严重时连接航行灯的导线会被熔化。

天线系统：位于I区的天线系统，包括高频、罗兰导航系统、甚高频埋入尾翼翼尖天线、下滑信标机和雷达天线等，雷击时会损坏天线、相连的导线及通信导航设备，天线上会有烧伤痕迹。

静电放电器：装在机翼和尾翼翼尖后缘的静电放电器，常常是直接雷击点的“穿出点”。在雷击后可发现放电器芯被烧蚀、烧毁，严重时在翼尖后缘连接处的放电器会被弹掉。

9. 飞机断电事故的调查与分析

在机载设备中，电气、仪表设备工作是否正常，与飞行安全直接相关，飞机因电气、仪表设备故障导致的飞行事故相当严重。

飞机断电事故，是指飞机全部供电系统在空中持续不供电、电压失调或电压持续不稳定，蓄电池过量放电，使机上全部用电设备或部分主要系统（电传操纵系统）不能工作而导致的事故。空中断电对飞行安全的影响与飞机有关，取决于电传操纵、电气调节部分以及航电设备在飞机操纵中所占的比重，全权限电传操纵的飞机在空中完全断电后将无法操纵。有些飞机断电后会对某些系统造成影响，如对导航、航姿系统的影响，使得在非目视飞行条件下飞行时飞行员操纵困难，很可能发生事故，即使在简单气象条件下，若飞行员处置不当，也可能造成事故。

飞机配有多套互为备份的电源系统，而且还配有高性能功能蓄电池，飞机一般不会发生完全断电。电源系统作为现代飞机的重要系统之一，都有电压指示及断电告警系统，而且飞机在空中完全断电有一个发展的过程，在正常情况下，如果电源系统出现故障，飞行员会发现并及时处置，已很少发生因电源系统完全断电导致的飞行事故。

在事故调查中，怀疑飞机是否断电，通常采用以下方法进行判断。

(1)根据飞行员和目击者的反映判断。空中断电时，空地无线电联络的声音会由强变弱，最后完全中断。飞行员反映各种信号灯均不亮，电动仪表不指示，电压表指零。夜间飞行，照明灯不亮，目击者反映航行灯不亮。

(2)根据飞参记录判断。飞行数据记录器通常会记录飞机直流电源和交流电源的电压，当机上发电机或相关设备不工作，机上电网转由蓄电池供电时，飞行数据记录器记录的直流电压会有所变化。电源切换时电压会有明显下降(2～3V)，随后电压会根据蓄电池放电特性缓慢下降，低至某一电压后会迅速下降。因此，根据飞行数据记录器有关电源参数的记录，可以准确判定飞机是否空中断电。

(3)根据用电设备残骸判断。首先，要检查蓄电池、发电机电门的位置，以判定飞行员是否忘记打开电门，造成飞机断电。蓄电池和发电机电门是普通的 JK 型电门，不是自动保护电门，不能因过负荷而自动跳开。但要注意区分电门是否在飞机坠毁时改变了位置，这要根据飞机坠毁时主要撞击方向和电门扳动的方向来分析。

其次，要检查各种导线、信号灯、电动仪表、电动机等残骸，如果各种导线、信号灯均无通电破坏的特征，各种电动仪表指示均不正常或不指示，各种电动机均不动作，则说明飞机空中可能断电。

飞机空中断电还会影响到很多用电设备的工作，如电动泵、力臂调节器、起落架、襟翼的正常收放等，应检查用电设备工作的情况和所处的状况，对比飞机飞行情况，综合判断是否空中断电。

(4)检查分析蓄电池是否过量放电。当飞机所有发电机或相关设备均发生故障，导致机上所有发电设备不能向配电系统供电，仅靠机载蓄电池维持应急供电时，断开一些大的用电设备，如雷达、无线电设备等，一般可维持一段时间(10min)的飞行。若超过蓄电池正常供电量，就会造成蓄电池过量放电。在飞机供电系统工作正常情况下，不会使用机载蓄电池供电。因此，如果检查蓄电池，有过量放电的现象，则可以判断发生了空中断电的情况。

10.双机相撞事故的调查与分析

双机相撞多发生在编队飞行的起飞出航、返航、着陆阶段等复杂课目实施和夜航飞行中。双机是否相撞，主要依据飞行员和目击者反映，雷达记录和标图，在飞机残骸上留下的痕迹以及残骸分布等几个方面进行判断。

(1)飞行员和目击者反映。很多相撞事故，特别是尾随相撞事故，被撞飞机驾驶员会有明确的被撞的感觉，如条件允许，被撞飞机飞行员会报告。此外，有些相撞事故有目击者，也会有准确的反映。

(2)雷达记录和机载客观记录。航管雷达记录了管制空域内飞机飞行高度、速度、航向和位置参数，如果有飞机发生危险接近或相撞，航管雷达会有相应记录，查看航管雷达记录，会直接了解空中飞机的相对位置等情况。

(3)飞机残骸留下的痕迹以及残骸分布。如果飞机发生了空中相撞，则两架飞机相撞时，在每架飞机上总要留下明显的痕迹。检查飞机残骸，如果发现相撞的痕迹，则可以确定飞机在空中相撞，同时根据痕迹所处的位置和方向，可以确定两架飞机相撞的部位，甚至可以确定是哪架飞机撞上了另一架飞机。

有时双机空中相撞事故，两架飞机相互接触部位的残骸可能同时散落或一架飞机上的残骸挂在另一架飞机上，这样如果在失事现场调查中，发现两架飞机的部分残骸在一起，而距离两架飞机残骸都比较远，或在一架飞机残骸中发现了另一架飞机的残骸，则可以判断两架飞机在空中相撞。

11.鸟撞事故的调查与分析

飞机与鸟在地面、空中相撞导致的事故称为“鸟撞”事故。鸟撞作为一种多发性、危险性事件，一直是威胁飞机安全的主要因素之一。

鸟撞多发生在迎航向的飞机前部或凸起部位，如果撞击造成飞机操纵系统部件、发动机部件的失效及机上人员的伤亡或影响飞行员驾驶，就可能造成毁机的严重事故。

鸟撞事故有以下特点。

(1)有明显的季节性和时间性。鸟撞事故集中于4月、5月、9月和10月这4个月中，时间多发生在白天。

(2)鸟撞大多数发生于低空飞行，特别是起落飞机中。

(3)鸟撞发生在迎航向的飞机前部或凸起部位。例如，机头、进气道唇口、调节锥及支板、雷达罩、座舱风挡玻璃、机翼前缘、各种悬挂架、副油箱前缘、起落架、垂尾等突出部位。

(4)鸟撞与地域有关系，南方、江河湖泊流域发生的概率较大。

(5)鸟撞与鸟种有关系，主要有11种，如鹰类、雁类、猫头鹰、风头麦鸡类、水禽类、鸽子、野鸡等。

鸟撞事故判断的方法如下：

(1)查找鸟撞部位。事故发生后，若是鸟撞，撞击部位的残骸上会留有撞伤，甚至破裂，其周围有鸟血的泼溅现象，裂口或凸起部件夹挂有鸟的羽毛等，可以肯定是鸟撞击了飞机，如果找到了鸟尸，则证据更为确凿。

鸟撞击进气道或被吸入发动机，进气道前缘及气流通道壁一级转子叶片有向逆旋转方向弯曲甚至折断的现象，气流通道壁各凸凹处及各处叶片上黏附有鸟尸碎末、血、羽毛等，如果在发动机残骸上找到这些特征，就可以肯定发动机吸入了飞鸟。如果飞机空中失火或地面火将鸟血、羽毛等特征物破坏，那就必须从残骸破坏特征分析是否发生了鸟撞。

(2)对鸟的鉴定。将鸟血、羽毛、碎尸块等黏附在残骸上的原始状态用相机或录像记录下来，取下黏附物保存好，进行分析检测，根据鸟的羽毛估计飞鸟的质量，推测其破坏能力。一般通过显微镜检查和鸟蛋白电泳，可以根据鸟的羽毛判断鸟的种类。

(3)鸟对飞机损伤特征分析。表8-1给出了不同质量的鸟与不同速度的飞机相撞时产生的撞击力。

由表8-1可知，飞机飞行速度越大，与鸟相撞时产生的撞击力越大；鸟的质量越大，与飞机相撞产生的撞击力越大。

表8-1　不同质量的鸟与不同速度的飞机相撞时产生的撞击力

鸟重/kg	飞机时速/($km \cdot h^{-1}$)	撞击力/t
0.45	161	0.598
0.45	322	2.39
0.45	483	8.1
0.45	805	22.5
0.45	1 000	32.4
0.9	185	1.19
7.2	1 000	130

飞鸟撞击风挡玻璃/座舱盖玻璃：鸟尸碎块及玻璃碎片随高速气流猛击飞行员面部，可能击伤飞行员，使飞行员失去视力或呼吸困难，甚至昏迷失去知觉而使飞机失事。

机翼、垂尾前缘及翼身结合处比较薄弱，往往安装有飞机燃油管路的液压管路或其他部件，发生鸟撞时，巨大的撞击力可能切断某邻近位的管路，或者使机翼前缘缝翼变形，造成飞机操纵失灵，使飞机失事。

鸟撞进气道或被吸入发动机，可以直接损伤进气道和压气机第一级叶片。如果吸入较大的飞鸟或大量的小鸟，可能造成气流通道堵塞，加之鸟血、羽毛及鸟尸碎块等黏附物附着于叶片及通道壁上，破坏了气流的正常流动情况，使进入和流过压气机的气流速度、方向发生剧烈变化，压气机流量减小，压气机可能失速或喘振；同时，由于机械负荷增大，发动机转速下降，且较多的鸟尸碎块进入燃烧室，破坏了正常的燃烧过程，可造成发动机自动熄火而停车。如果进气道损伤严重，压气机叶片严重变形甚至折断，将造成发动机其他部件的破坏，导致发动机喘振停车或起火。

思　考　题

1. 事故调查的准备工作应从哪几个方面考虑？
2. 试述事故调查与事故处理之间的关系。
3. 试对你了解的事故从事故调查、处理、原因分析、责任等方面，写一份事故调查报告。
4. 航空飞行事故应从哪些方面进行调查和分析？

第9章 突发公共事件及应急管理

本章学习目标

1. 了解突发公共事件的定义、特点。
2. 掌握突发公共事件的应急管理措施。
3. 掌握突发公共事件应急预案的内容、编制和实施方法。
4. 掌握航空突发事件的应急管理方法。

进入21世纪,世界范围内出现了一系列重大危机,如“9·11”事件、非典暴发、禽流感流行以及印度洋地震海啸等。我国每年因突发公共事件造成的损失惊人。国家行政学院李军鹏提供的资料显示:2003年,我国因生产事故损失2 500亿元、各种自然灾害损失1 500亿元、交通事故损失2 000亿元、卫生和传染病突发事件损失500亿元,共计达6 500亿元,约相当于当年我国GDP的6%,造成21万人死亡、175万人受伤。全年自然灾害、事故灾难和社会安全事件造成的直接经济损失超过4 550亿元。面对重大的损失,越来越多的人认识到,突发公共事件造成的损失不可忽视,加强重大危机应对工作势在必行。

目前,我国公众缺乏自救、救护的防灾意识和能力,特别是缺乏预防、避险、自救、互救、减灾等知识,因此,如何增强公众的危机意识、社会责任意识,提高自救和互救能力,如何形成全民动员、预防为主、全社会防灾减灾的良好局面,如何进行应对重大危机的培训实践,广泛宣传相关法律法规和应急预案,是社会各界高度关注和重视的问题。本章通过对突发公共事件基本概念的学习,掌握对突发公共事件的管理方法。

9.1 突发公共事件

9.1.1 突发公共事件的定义

在《国家突发公共事件总体应急预案》中,突发公共事件是指突然发生,造成或者可能造成重大人员伤亡、财产损失、生态环境破坏和严重社会危害,危及公共安全的紧急事件。突发公共事件主要分成如下4种。

(1)自然灾害。它主要包括水旱灾害、气象灾害、地震灾害、地质灾害、海洋灾害、生物灾害和森林草原火灾等。

(2)事故灾难。它主要包括工矿商贸等企业的各类安全事故、交通运输事故、公共设施和设备事故、环境污染和生态破坏事件等。

(3)公共卫生事件。它主要包括传染病疫情、群体性不明原因疾病、食品安全和职业危害、动物疫情以及其他严重影响公众健康和生命安全的事件。

(4)社会安全事件。它主要包括恐怖袭击事件、经济安全事件、涉外突发事件等。

突发事件一旦爆发，总会持续一个过程。这个过程主要有以下几个阶段。

(1)潜伏期。潜伏期是突发事件的起始阶段，此阶段，矛盾逐渐量变和积累，或质变已发生但不明显，突发事件的征兆不断出现，但未造成损害或损害很小。在这一阶段，人们普遍缺乏警惕性，习以为常，对逐步的变化适应，难以区分征兆性质。

(2)爆发期。爆发期是突发事件时间最短但感觉最长的阶段，事件急速发展，严峻态势出现。事态逐渐升级，引起越来越多媒体注意，烦扰之事不断干扰正常活动；事态影响社会组织正面形象或团队声誉。对社会冲击危害最大，马上引起社会普遍关注，产生很强震撼力。

(3)高潮期。高潮期是人们可感知突发事件造成的人员、物力损失以及突发事件无法继续造成明显损失的阶段。在这个阶段，损害达最高点，突发事件的六大性质非常明显。

(4)缓解期。在缓解期，事故的损失慢慢减小。缓解期的时间长短因事故的类型和严重程度不同而不同，有形损失易恢复而且较快，无形损失恢复需很长时间。在这一阶段，事故得到初步控制，但未彻底解决。

(5)消退期。在消退期，事故得到完全控制，开始恢复生产、重建家园，这一阶段需加强各种预防知识的宣传。

9.1.2　突发公共事件的特点和分类

1. 突发公共事件的特点

突发事件的构成要素是突然爆发、难以预料、必然原因、严重后果、需紧急处理等。突发公共事件的特点主要体现在以下几个方面。

(1)突发性。人们对于突发公共事件能否发生、什么时间发生、发生地点、以何种方式爆发、损害程度等都是始料未及，难以准确把握的。其原因来自于三方面因素，第一，有些突发事件是由难以控制的客观因素引发的；第二，有些突发事件爆发于人们的知觉盲区；第三，有些突发事件爆发于熟视无睹的细微之处。

(2)复杂性。突发事件往往是各种矛盾激化的结果，总是呈现出一果多因、相互关联、牵一发而动全身的复杂状态，具有复杂性和多变性，如处置不当，可加大损失，扩大范围，转为政治事件。同时，突发事件防治的组织系统也较复杂，包括中央、省市及有关职能部门、社区三个层次。

(3)破坏性。突发事件以人员伤亡、财产损失为标志，包括直接损害和间接损害。同时对社会安定和公众心理造成破坏性的冲击，进而渗透到社会生活的各个层面。

(4)持续性。在整个人类文明进程中，突发事件从未停止过。突发事件一旦爆发，总会持续一个过程，表现为潜伏期、爆发期、高潮期、缓解期、消退期。持续性表现为蔓延性和传导性，即一个突发事件经常导致另一个突发事件的发生。只有通过共同努力，才能最大限度地降低突发事件发生的频率和次数，减轻其危害程度及对人类造成的负面影响。

(5)可控性。从系统论角度来看，控制是对系统进行调节以克服系统的不确定性，使之达到所需要状态的活动过程。突发事件虽然爆发速度快，使人难以料及，但总是表现出一定的因果关系和规律性，研究事故的规律性、预防和控制事故始终是人类改造自然、利用自然的重要内容和社会进步的重要标志。

(6)机遇性。突发事件不会无因而果，不会凭空掉下来，总是存在机遇或机会。机遇的出现有客观原因,偶然性之后有必然性和规律性。只有充分发挥人的主观能动性,通过人类自身的努力或变革,才能捕捉住机遇。但突发事件毕竟是人们不愿看到的,不应过分强调其机遇性。

2. 突发公共事件的分类

在《国家突发公共事件总体应急预案》中,按照各类突发公共事件的性质、严重程度、可控性和影响范围等因素,突发公共事件分为四级,即Ⅰ级(特别重大)、Ⅱ级(重大)、Ⅲ级(较大)和Ⅳ级(一般),依次用红色、橙色、黄色和蓝色表示。

如果按照突发事件的类型,则有以下几种分类方法。

(1)按照成因:自然性突发事件、社会性突发事件。

(2)按照危害性:轻度、中度、重度危害。

(3)按照可预测性:可预测的、不可预测的。

(4)按照可防可控性:可防可控的、不可防不可控的。

(5)按照影响范围:地方性、区域性或国家性、世界性或国际性。其中,地方性突发事件是在有限范围内发生,影响范围小,一般只需地方政府应急处理机构应对,无需外来协助。但地方政府有责任义务及时向上级报告,以备扩大延伸和恶化时提供援助。区域性或国家性突发事件,例如挑战者号、切尔诺贝利核泄漏、李登辉两国论、库尔斯克海难、哥伦比亚解体等,需中央政府出面调度资源救援处理,也需各省或地方政府积极协调配合,同时民间资源援助也必不可少。世界性或国际性突发事件,如SARS、卢沟桥事件、珍珠港事件、入侵科威特、“9·11”事件等。

9.1.3 突发公共事件的原因

引起突发公共事件常见的原因有以下几个方面。

(1)麻痹大意,疏于防范。美国挑战者号1986年1月28日发生爆炸的原因之一是国家宇航局认为升空失败的概率只有1/100～1/10 000,压缩了训练计划,改用其他航天设备零件来装配航天飞机,延缓了5亿美元安全费的下拨。2000年11月7日四川宜宾市的南门大桥垮塌,导致2死2伤,根源在于严重的官僚主义。该桥建成十多年从未检修,垮塌前4个月已发现裂缝却仍不检修,记者连续报道四川其他地区发生多起桥梁垮塌事故,仍未引起地方领导的重视。

(2)没有建立科学的应对机制。应对机制指预防和处理突发事件的一整套科学的制度、规范、措施、方法和技术体系的总称。发展中国家首先缺乏完善的法律法规,同时还缺乏预警机制。公共危机管理系统也不健全。

(3)素质低下,无能应对。有些管理者心态不良,采取无所谓态度,不采取预防措施,没有忧患意识。有的在突发事件面前惊慌失措。有的缺乏快速感知与反应能力,应对失当,使事件复杂化和扩大化。有些得过且过,不注意学习,遇事不思考,一味动用强制措施,使小失误变成大错误,小事件酿成大事件。深层原因是思想不重视,缺乏经验,班子结构不合理。

(4)就事论事,不能利用突发事件潜藏的机遇。目光短浅,只注意眼前、局部利益,集中在比较明显和敏感热点问题,很少思考隐性潜在问题。

9.1.4　防范突发公共事件的意义

(1)减少和避免经济损失。日本阪神地震的直接经济损失达 1 000 亿美元,但 20 世纪 90 年代按新规模设计的建筑物仅 3%～4%发生损伤。美国每 1 美元预防白喉、破伤风和百日咳可节约 29 美元的医疗费。

(2)减弱或避免政治风险。历史上已多次发生由突发事件导致政治动乱甚至内战的情况。宏观政治涉及公共管理机构在国际社会、新闻媒体、公众面前的形象。应利用各种公共关系,明确公共管理机构的立场,提供及时准确的信息,稳定公众信心,团结更多的合作者和支持者。微观政治涉及政策的决策和执行。应成立突发事件应对小组,提出清晰的思路和行动建议,保证信息传递准确及时,物资和人事调动畅通无阻。

(3)减少或避免文化损失。防范突发事件可以塑造良好社会精神,这是国家、民族面对突发事件的灵魂和基础。突发事件文化指各阶层人们在突发事件状态时的主体意识和行为,内容涉及传统、思想、意志、毅力、品德、作风、创造力等文化背景。要培养不怕挫折、敢于胜利的强势心理,用知识和科学培养正确的突发事件意识、精神准备、承受能力和操作方法,尽快用科学的文化取代滞后的非科学文化和迷信。

(4)培养良好习惯。如 SARS 危机以后人们开始注意讲究清洁卫生,实行分餐制,公款吃喝和陋习减少,崇尚大自然,网络视频会议、网上购物交易和娱乐学习等网络经济生活提升,引发了一场社会风俗革新运动。

(5)科学进步意义。通过不断研究探寻战胜突发事件的方法和措施而获得科技进步与社会发展,如避雷针的发明和人工降雨等。

(6)提高公众的突发事件意识。一个社会如果公众在信念、意愿、好恶、目的等社会态度方面对突发事件具有科学判断,就会形成一种科学应对突发事件的社会共识和自觉行动。

9.2　突发公共事件应急管理

突发公共事件的紧急性、意外性和波及范围大,决定了对突发公共事件必须实施预防和控制措施。一方面,事发后应积极组织拯救生命、抢救财产;另一方面,应控制事故发生后造成损失的严重程度。这就必须实施应急管理,充分利用一切可能的力量,在事故发生后迅速控制事故的发展并尽可能排除事故,保护现场人员和场外人员的安全,将事故对人员、财产和环境造成的损失降低到最小程度。

对突发公共事件的应急管理,可以有效预防、及时控制和消除突发公共卫生事件及其危害,指导和规范各类突发公共卫生事件的应急处理工作,最大程度地减少突发公共卫生事件对公众健康造成的危害,保障公众身心健康与生命安全。

2003 年非典之后,党中央、国务院提出了加快突发公共事件应急机制建设的重大课题。党的十六届三中、四中全会明确提出,要建立健全社会预警体系,提高保障公共安全和处置突发事件的能力。2003 年 7 月,胡锦涛总书记在全国防治非典工作会议上深刻指出,我国突发事件应急机制不健全,处理和管理危机能力不强;一些地方和部门缺乏应对突发事件的准备和能力。我们要高度重视存在的问题,采取切实措施加以解决。同年 10 月,党的十六届三中全会提出:提高公共卫生服务水平和突发性公共卫生事件应急能力。2004 年 9 月,党的十六届四中全会进一步明确提出:要建立健全社会预警体系,形成统一指挥、功能齐全、反应灵敏、运转高效的应急机制,提高保障公共安全和处置突发事件的能力。

按照党中央、国务院的决策部署,全国的突发公共事件应急预案编制工作在有条不紊地展开。国务院把加快建立健全突发公共事件应急机制,提高政府应对公共危机的能力,作为全面履行政府职能的一项重要任务作出了部署。2003 年 5 月 7 日,国务院第七次常务会议审议通过了《突发公共卫生事件应急条例》,同年 12 月,国务院办公厅成立应急预案工作小组;2004 年 1 月,召开了国务院各部门、各单位制定和完善突发公共事件应急预案工作会议;各地区、各部门要完善预测预警机制,建立预测预警系统,开展风险分析,做到早发现、早报告、早处置。在这个基础上,根据预测分析结果进行预警。

突发公共事件的应急管理是预防事故或灾难的需要,是保障国家经济建设顺利进行的需要,是创建和谐社会的需要,具有十分重要的意义。

9.2.1　事故应急救援预案

事故应急救援预案是指面对突发公共事件,如自然灾害、重特大事故、环境公害以及人为破坏时的应急管理、指挥和救援计划。它一般应建立在综合防灾规划之上。其几大重要子系统为:完善的应急组织管理指挥系统,强有力的应急工程救援保障体系,综合协调、应对自如的相互支持系统,充分备灾的保障供应体系,体现综合救援的应急队伍等。

2005 年 1 月,国务院第七十九次常务会议审议并通过了《国家突发公共事件总体应急预案》,指出:建立健全统一指挥、功能齐全、反应灵敏、运转高效的应急机制,提高保障公共安全和处置突发事件的能力是政府全面履行职能,特别是加强社会管理和公共服务职能的一项重要工作,也是构建和谐社会的一项重要任务。2005 年 2 月,中央政治局常委会听取并原则同意国务院关于国家突发公共事件应急预案编制工作的报告,向全国人大常委会报告突发公共事件应急预案编制工作情况。2005 年 4 月,国务院作出关于实施国家突发公共事件总体应急预案的决定。2005 年 5 月至 6 月,国务院印发 4 大类 25 件专项应急预案,80 件部门预案和省级总体应急预案也相继发布。温家宝总理在第十届全国人民代表大会常务委员会第三次会议上作的《政府工作报告》中,对突发公共事件应急预案制定工作作了全面总结,他指出:“我们组织制定了国家突发公共事件总体应急预案,以及应对自然灾害、事故灾难、公共卫生和公共安全等方面的 105 个专项和部门应急预案;各省(区、市)也完成了省级总体应急预案的编制工作。建设法治政府,全面履行政府职能,取得突破性进展。”

总体预案是全国应急预案体系的总纲,明确了各类突发公共事件分级分类和预案框架体系,规定了国务院应对特别重大突发公共事件的组织体系、工作机制等内容,是指导预防和处置各类突发公共事件的规范性文件。“防患于未然”是总体预案的一个基本要求,“预测和预警”被规定为一项重要内容。总体预案将突发公共事件分为自然灾害、事故灾难、公共卫生事件和公共安全事件 4 类。按照各类突发公共事件的性质、严重程度、可控性和影响范围等因素,总体预案将其分为 4 级,即 I 级(特别重大)、II 级(重大)、III 级(较大)和 IV 级(一般)。其中,事故灾难主要涵危险化学品、工矿等安全生产事故、交通事故、火灾事故、公共场所事故、水电气等城市生命线事故、放射性辐射事故、环境污染及生态破坏事故等。

国务院各部委制定了突发公共事件专项预案和部门预案,各级地方政府及职能部门也制定了相应的预案,在我国形成了完整的突发公共事件应急预案体系。它包括国家突发公共事件总体应急预案，有国家级专项预案28件，国务院部门预案86件，以及各级地方政府的应急预案、企事业单位的应急预案和举办大型活动的应急预案。同时，《军队处置突发事件总体应急预案》《军队参加抢险救灾条例》使军队对地方支援有了明确方向。目前总计预案约有240多万个。

1. 应急救援预案的分级

根据突发公共事件可能影响的范围、地点和应急方式，我国应急救援预案分为以下6个级别。

(1)企业级事故应急救援预案。这类事故的有害影响局限在一个单位(如某个工厂、火车站、仓库、农场、煤气或石油管道加压站或终端站等)的界区之内，并且可被现场的操作者遏制和控制在该区域内。这类事故可能需要投入整个单位的力量来控制，但其影响预期不会扩大到社区(公共区)。

这个级别的事故应急救援预案主要是针对特定事故类型的应急救援预案，通过各种技术措施来控制和消除事故的影响。预案由企业完成，并报当地安全生产监督管理部门备案。

(2)社区级事故应急救援预案。这类事故所涉及的影响虽然还限制在企业的范围内，但企业已经不能有效地控制事故的发展，而且事故有可能扩大到公共区域，但这类事故通过社区和企业周围的力量共同作用，可以有效地控制事故。

社区级事故应急救援预案的主要依据是企业的事故应急救援预案，但它更强调人员的组织、物资的调度和整体的协调。这类事故应急救援预案由当地安全生产监督管理部门在企业事故应急救援预案的基础上进行完善。

(3)县、市级事故应急救援预案。这类事故所涉及的影响已经扩大到企业外，但可以被县(市、区)的力量以及所涉及的工厂或工业部门的力量所控制。

与前两个应急救援预案不同的是，这个级别的应急救援预案要注重从整体的角度来控制事故，关注如何协调不同部门的人员、物资、信息，从这个阶段开始，事故应急救援预案的原则性规定会逐渐增多，管理加大。

(4)地区(市)级事故应急救援预案。这类事故影响范围大，后果严重，或是发生在两个县或县级市管辖区边界上的事故。事故应急救援行动需动用地区的力量才能有效地控制事故的发展和蔓延。

随着事故规模的扩大，地市级事故应急救援已经要面对重大伤亡事故的威胁，参与救援的人员、物资和需要安置的人员不断增加，加强现场管理、协调人员和物资是应急救援的首要任务。

(5)省级事故应急救援预案。对于可能发生的特大火灾、爆炸、毒物泄漏事故，特大危险品运输事故以及属于省级特大事故隐患、省级重大危险源等应建立省级事故应急救援预案。这类事故需要动用全省的力量来控制。应急预案应由省级政府部门负责制定，事故应急救援预案工作的总指挥是政府的主要负责人。

虽然这类事故所导致的损失巨大，但这类事故发生的频率不高，给有关部门开展事故预防和控制留有一定的空间。

(6)国家级事故应急救援预案。对事故后果超过省、直辖市、自治区边界以及列为国家级事故隐患、重大危险源的设施或场所，应制定国家级应急救援预案。国家级应急救援预案是针对特别严重的事故，需要动用包括部队在内的各种资源进行控制和消除的。如《国家突发公共事件总体应急预案》就属于国家级事故应急救援预案。

2.应急救援预案的类型

根据事故应急救援预案的对象和级别，应急救援预案有如下4种类型。

(1)应急行动指南或检查表。应急行动指南或检查表是针对已经辨识的危险源，简要地描述应急行动所必须遵循的基本程序，如发生事故向谁报告，报告什么信息，事故现场的情况，采取哪些应急措施等。这种应急救援预案主要起提示作用，对相关人员进行培训。也可以将这类应急预案作为其他类型应急预案的补充。

(2)应急响应预案。应急响应预案是根据不同事故类型制定紧急采取行动和措施的文件，为决策者启动什么级别的应急救援预案提供依据。应急响应预案要包括所有可能的各种危险状况，明确有关人员在紧急状况下的职责和任务。这类应急预案仅说明处理紧急事故必需的行动，不包括事前要求(如培训和演练)和事后措施。

(3)互助应急救援预案。互助应急救援预案是指相邻企业为在事故应急处理中共享资源，相互帮助制定的应急预案。这类应急预案适合于资源有限的中、小企业以及高风险的大企业，需要高效的协调管理。另外，政府职能部门也可以通过强制手段规定企业单位在事故发生后必须给予各种支持和帮助，从全局的角度降低事故造成的损失。

(4)事故应急救援综合管理预案。事故应急救援综合管理预案是综合性的事故应急救援预案，这类应急预案详细地描述事故前、事故过程中和事故后怎样做，明确完成每一项职责的具体实施程序，是事故应急救援预案的主体。

3. 应急救援预案的原则

在“预防为主”前提下，贯彻“统一指挥，分级负责，区域为主，单位自救，社会援助”原则。必须注意事故的应急救援是一项涉及面广、专业性强的工作，靠一个部门不能完成，必须依靠救灾、公安、消防、环保、安全等部门联合完成。制定事故应急救援预案的主要原则如下：

(1)完整性。事故应急救援预案的基本要求是完整。由于事故的种类繁多，事故应急救援预案必须充分考虑到各种可能事故，尽量建立一个完整的事故救援预案体系，虽然完美的事故应急救援预案体系是不可能达到的，但一个相对比较完善的事故应急救援预案会对防止事故扩大、加快事故的救援、减少人员的伤亡有重大意义。

(2)科学性。事故应急救援工作是一项科学性很强的工作，制定预案必须以科学的态度，在全面调查研究的基础上，开展科学安全分析和风险评价，制定出严密、统一、完整的应急反应方案，使预案真正具有科学性。

(3)实用性。应急救援预案应符合企业现场和当地的客观情况，具有实用性和适用性，便于操作。事故应急救援工作面对的是各种事故，如果事故应急救援预案只是一些条款的简单规定，其可操作性是值得商榷的。所以事故应急预案不仅应从安全管理方面提出措施，同时要从具体的安全技术方面提出解决方案。

(4)层次性。由于事故的规模不同，所需要动用的事故应急救援资源各不相同，从提高效率、避免浪费的角度出发，事故应急救援预案要分层次建设。企业级别的事故应急救援预案主要针对专门的事故类型，且事故影响不太大，但对于地区级别或者省级的事故应急救援预案则更多从管理和协调的角度来进行事故应急救援的管理，两者是有显著区别的。

(5)可调节性。由于事故应急救援预案是提前编制的，所以一般都没有可能完全预测到今后事故的具体模式。因此，事故应急预案必须具备比较好的可调节性，要知道过分明确的规定不见得能有效开展事故救援工作。

(6)权威性。救援工作是一项紧急状态下的应急性工作，所制定的应急救援预案应明确救援工作的管理体系，救援行动的组织指挥权限和各级救援组织的职责和任务等一系列的行政性管理规定，保证救援工作的统一指挥。应急救援预案还应经上级部门批准后才能实施，以保证预案具有一定的权威性和法律保障。

4.事故应急救援预案的依据

我国的法律法规，例如《中华人民共和国安全生产法》《中华人民共和国职业病防治法》《中华人民共和国消防法》《关于特大安全事故行政责任追究的规定》《危险化学品安全管理条例》《使用有毒物品作业场所劳动保护条例》和《特种设备安全监察条例》等，对事故应急救援做出了相关的规定，这是指定事故应急救援预案的基本依据。由于事故应急救援预案是针对特定事故的救援而制定的指导性文件，所以必须依据具体的事故类型，在客观实际的基础上建立事故应急救援预案。

5.应急救援预案的要素

事故应急救援预案的基本要素包括以下 10 项。

(1)事故应急救援的组织机构及其职责。应急救援预案必须首先明确应急反应组织机构、参加单位、人员及其作用，然后明确应急反应总负责人以及每一具体行动的负责人，同时还要列出本区域以外能提供援助的有关机构，最后还要明确政府和企业在事故应急中各自的职责。在组织机构的建立过程中，经费问题应放在重要的位置，没有经费的支持组织机构是建立不起来的。

(2)危险和危害辨识与风险评价。事故应急救援预案能有效开展的技术基础是危险和危害辨识和风险评价。只有充分了解企业或单位的具体危险和危害因素才能制定出有效的事故应急预案。

(3)事故通告程序和报警系统。事故的发生具有一定的随机性。第一个发现事故的人很难独自处理已经发生的事故，所以通告程序和报警系统就是在最短时间内进行事故应急救援工作的重要条件。具体内容主要如下：

1)确定报警系统、程序以及方式。

2)确定 24 小时与政府部门的通信、联络方式，以便应急指挥和疏散居民。

3)明确相互认可的通告、报警形式和内容以避免误解。

4)明确事故应急反应人员向外求援的方式。

5)明确向公众报警的标准、方式、信号等。

6)明确应急反应指挥中心怎样保证有关人员理解并对应急报警反应。

(4)事故应急救援设备与设施。事故应急救援需要大量的应急设备和设施。事故发生具有突然性，如果等到事故发生的时候才想到应急救援的设备和设施，那么就会错过救援的最佳阶段，可能会导致事故损失成倍增长。所以事故应急预案必须列出应急救援所需要的各种物资，而且要求提前准备好，平时定期检查和更新，这样才能保证事故应急工作在最短时间内发挥作用，有效遏制事故的扩大。设备和设施主要包括：办公场所、通信工具、应急物资、医疗资源、监测设备、个体防护装备等。

(5)事故应急评价能力和资源。事故的应急评价和救援资源信息对事故应急救援的决策非常重要。只有充分了解自身的救援能力以及各种物资的准备情况，才能更合理地安排救援工作。事故应急救援预案要明确如何评价事故的危险程度，汇总各种物资的信息。

(6)保护措施程序。事故发生后，必须尽快启动保护措施。因为事故可能会危及到周围的无辜人员，所以事故应急救援预案要明确说明可授权发布疏散居民指令的负责人；明确负责执行和核实疏散居民(包括通告、运输、交通管制、警械)的机构；描述对特殊设施和人群的安全保护措施(如学校、幼儿园、残疾人等)；确定疏散居民的接收中心或避难场所等内容。

(7)信息发布与公众教育。当重特大事故发生时，有关部门应当尽快发布有关事故的信息。这是事故应急救援工作的基本要求，因为一旦发生事故后，很多群众并不了解情况，有些别有用心的人故意进行歪曲，夸大事故的真相，不仅给群众造成不必要的恐慌，而且也可能造成群众随意地围观。因此，事故应急救援预案必须明确对媒体和公众的发言人，及时向媒体和公众发布事故信息，这些工作可以创造一个比较宽松的外界环境，使事故的应急救援按计划展开。另外，也可以让群众了解事故应急救援的基本常识。

(8)事故后的恢复程序。事故受到控制后必须立即进入事故的恢复阶段。这个阶段事故应急救援工作要有很多调整，工作重心从抢救转向现场的恢复和重建，事故抢救人员应陆续撤出，而恢复和清洗的人员开始工作。

(9)事故应急救援的培训和演练。事故应急救援工作是一项长期的工作，需要很多部门的协调努力才能完成，所以需要进行一系列的培训和演练。事故应急救援预案必须明确事故应急救援的培训和演练机制，如事故应急救援人员持证上岗、定期进行演练、定期检查救援物资以及设备的状况。这些工作可以确保一旦发生紧急事故能有效开展救援工作。

(10)事故应急救援预案的维护。事故应急救援预案是不断发展的，需要根据实际情况进行维护。其目的是让事故应急救援预案能跟上形势的发展。具体来说，事故应急救援预案需要明确预案维护和更新的负责人、更新和维护的时间等。

6. 应急救援预案的文件体系

完整的应急预案包括总预案、程序、说明书、记录等 4 级文件体系。

(1)一级文件，即总预案。它包含了对紧急情况的管理政策、预案的目标、应急组织和责任等内容。

(2)二级文件，即程序。程序主要说明某个行动的目的和范围，为应急行动提供指南。程序内容十分具体，例如该做什么、由谁去做、什么时间和什么地点等。程序要求简洁明了，以确保应急队员在执行应急步骤时不会产生误解，格式可以是文字叙述、流程图表或两者的组合，并且应根据每个应急组织的具体情况选用最合适本组织的程序格式。

(3)三级文件，即说明书。说明书对程序中的特定任务及某种行动细节进行说明，供应急组织内部人员或其他个人使用，例如应急队员职责说明书、应急监测设备使用说明书等。

(4)四级文件，即应急行动的记录。它包括在应急行动期间所作的通信记录、每一步应急行动的记录等。

从预案到记录，层层递进，组成了一个完整的预案文件体系，从管理角度而言，可以根据这 4 类预案文件等级分别进行归类管理，既保持了预案文件的完整性，又因其清晰的条理性便于查阅和调用，从而保证了应急预案能有效得到运用。

不同类型的事故应急救援预案所要求的程序文件是不同的，事故应急救援预案的内容取决于它的类型。

一个完整的应急预案包括如下内容。

(1)预案概况。它是对紧急情况应急管理提供简述并作必要说明，概况从全局的角度提供了事故应急救援的基本要求。

(2)预防程序。事故的预防工作是对潜在危害、危害因素进行分析并说明所采取的预防和控制事故的措施。

(3)准备程序。准备程序说明了事故应急救援行动前所需采取的准备工作，包括人员和机构的组建、救援物资的准备、资金的保障等。

(4)基本应急程序。由于事故发生具有偶然性和突然性，所以事故应急救援预案很难准确提供特定的事故应急措施，加上事故的应急救援也有很多是相通的，所以，基本应急程序只给出通用的应急行动程序。

(5)专项应急程序。这是与基本应急程序相对应的应急程序，提供针对具体事故危险性的应急程序，专项应急程序更多地还是提供原则性的措施和程序。

(6)恢复程序。这个程序是说明事故现场应急行动结束后所需采取的清除和恢复行动。

7. 应急救援预案的编制

事故应急救援预案的编制包括3部分内容。

(1)成立事故应急救援预案编制组。由于事故应急救援预案的级别不同，所以编制组的人员组成可以调整。对于企业级别的事故应急救援预案，企业负责人是编制组的主要负责人，编制组的人员来自企业的安全生产管理部门、环保部门、生产部门、保卫部门、工程部门、技术部门、设备部门、医疗部门和人事部门等职能部门。

对于由政府职能部门编制的重、特大事故的应急救援预案，编制组成员要求包括政府分管领导以及有关职能部门的代表(如安监局、公安局、建设局、消防局、卫生局、交通局、技术监督局等)，并邀请有关方面的技术专家和公共管理专家参加编制组。

(2)资料收集和初始评估。资料收集是编制事故应急救援预案的基础和依据。收集的信息包括以下内容。

1)事故应急救援预案所适用的法律、法规和标准。

2)企业单位(或地区)总体的安全系统分析和风险评价资料。

3)企业(或地区)以往的安全记录、事故情况。

4)国内外同类企业(或地区)的事故资料。

5)企业(或地区)所在地的地理、环境、气象等资料。

6)同类型企业(或地区)的事故应急救援预案。

在收集信息的同时，要开展初始评估，评估的内容包括：危险和危害因素分析、事故类型分类以及影响分析、当地安全生产管理现状、安全生产技术的推广和运用分析评价、现有设备和物资情况评价、企业(或地区)财政情况、安全生产责任制等。

(3)应急反应能力分析。根据最可能发生的事故场景，编制组可以确定出在不同紧急情况下对应的应急反应行动，包括以下内容。

1)明确应急救援机构和人员的责任。

2)明确事故信息的通报程序，让参加救援的所有人员很快知道自己的职责和任务。

3)明确事故周围无关人员的撤离方案，避免无关人员受到伤害。

4)说明事故抢救结束后的撤离程序和工作交接。

8. 应急救援预案的后期工作

应急救援预案的后期工作包括以下内容。

(1)事故应急救援预案的审核、修改和发布。对编制好的应急救援预案要交由上级有关部门审核,如发现预案有遗漏或不足可以在最短的时间内进行改进和补充,通过"编制-审核-修改"的模式来完善事故应急救援预案,使其更符合实际。经审核和修改后的事故应急救援预案要尽快发布。

(2)事故应急救援工作的准备。事故应急救援工作的准备包括组织机构的建立、经费的落实、人员的培训、救援物资的准备、安全设施设备等。

(3)事故应急救援的培训。编制应急预案只是事故应急救援的开始,应急救援工作需要大量的人员参加,因此,要制订培训计划和培训内容,进行常规操作应急培训、危险操作应急培训、事故应急技术管理培训和应急指挥培训等。

(4)事故应急救援的演习和调整。事故应急救援预案的演习可以检查应急预案本身的完备性、实用性和各单位各部门对事故应急救援的准备情况,提高广大群众对事故应急救援的认识。演习中发现的问题,要及时调整,使其真正符合实际情况。

9.2.2 事故应急救援行动

事故应急救援行动是指发生重大紧急情况时所采取的营救与疏散、减缓与控制、清除与净化等一系列的行动。事故应急救援行动需要人力资源、物资与设备、资金、个人防护装备等资源的支持和保障。

由于突发事件的复杂性,一般的事故应急救援行动不仅需要依据事故应急救援预案的指导开展救援工作,同时需要根据现场的实际情况进行救援行动的决策,也可以称之为事故现场的应急行动方案。

事故应急救援行动的内容主要包括:现场初始评估、危险物质的探测、建立现场工作区域、确定重点保护区域、确定援救行动的优先次序、组织事故救援的后备队伍等。

1. 事故应急救援的组织机构

事故应急救援的组织机构是事故应急救援工作的人力资源基础,没有设立专门的组织机构,就没有明确的责任,也就无法开展有效的事故应急救援行动。事故应急救援的组织机构包括以下 5 个方面。

(1)应急指挥机构,负责协调应急组织各个机构运转和关系,是应急救援行动的中枢机构。

(2)事故现场指挥机构,负责事故现场应急指挥工作、人员调配、资源的合理运用等。

(3)支持保障机构,提供应急物质的资源和人员支持的后方保障。

(4)媒体机构,提供媒体报道、采访、新闻发布。

(5)信息管理机构,负责信息管理和信息服务。

图 9-1 给出了事故应急救援组织机构的关系图。

应急救援的各个机构在事故应急救援期间要不断地调整,协调一致,形成整体合力,使事故应急救援工作能够快速、有序、高效地展开。

2. 事故应急救援行动的主要阶段

应急救援行动由事故应急救援系统负责实施和管理。它包括预防、预备、响应和恢复 4 个阶段。在实际情况中,这些阶段往往是重叠的,但是每一部分都有自己独立的目标,并且成为

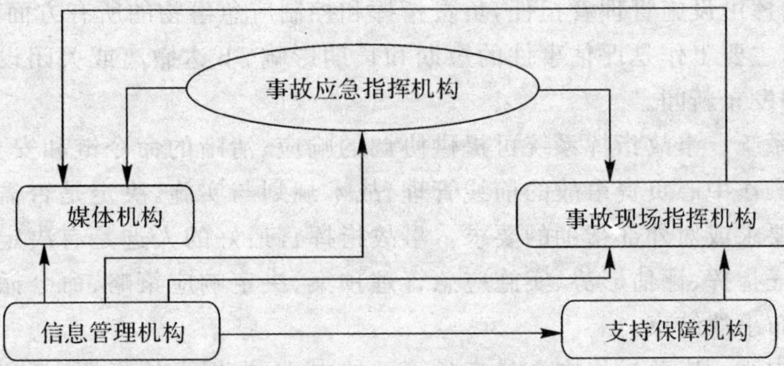

图 9－1 事故应急救援组织机构关系图

下一个阶段内容的一部分。

(1)预防工作是从安全管理和安全技术的角度出发采取的一系列行动，防止紧急事件或事故发生。它主要包括制定安全法律、法规、安全规划，强化安全管理措施、安全技术标准和规范，对员工、管理者及社区进行应急宣传与教育等。

(2)预备又称准备，是在事故发生前进行的工作，主要目的是为了建立事故应急管理能力。这个阶段的主要工作包括事故应急救援物资准备、人员培训、资金准备等。其目标集中在事故的应急救援预案上，预备工作主要在事故应急救援预案指导下有针对性地开展。

(3)响应又称反应，是在事故发生之前以及事故期间和事故后立即采取的行动。响应的目的是通过发挥预警、疏散、搜寻和营救以及提供避难所和医疗服务等紧急事务功能，使人员伤亡和财产损失减少到最小，通过采取隔离、压制、转移等手段把事故的影响降低到最低。事故响应快慢直接影响事故最终的救援结果，这是事故应急救援的主要环节。

(4)恢复工作应在事故发生后立即进行，首先使事故影响地区恢复最起码的服务，然后使事故区域恢复到正常状态。立即开展的恢复工作包括事故损失评估、清理废墟、食品供应、提供避难所和其他装备，长期的恢复工作包括厂区重建和社区的再发展以及实施安全减灾计划。

3. 事故应急救援工作的任务

事故应急救援行动贯彻统一指挥、分级负责、区域为主、单位自救和社会援救相结合的原则，其主要任务如下：

(1)立即抢救受害人员，快速、有序、有效地实施现场急救和安全转送伤员，降低伤亡率，减少事故损失。

(2)控制危险源，控制事故危害的扩展和蔓延，对事故造成的危害进行检验、检测。

(3)有序地指导群众进行防护和撤离。

(4)清理现场，消除事故后果对人员的继续危害和对环境的污染。

(5)查找事故原因，评估事故的严重程度，为事故调查工作奠定基础。

4. 事故现场应急管理

事故现场应急管理的主要内容包括以下 7 个方面。

(1)指挥与控制。指挥与控制是指紧急事件中的信息管理、信息分析和决策。下面描述的指挥与控制系统是针对比较大的企业，对较小企业可能不需要如此复杂，但基本原则是一样的。

1)应急管理组。应急管理组全面负责和控制所有与事故相关的活动。应急管理组由应急指挥领导,应急指挥由设施管理者担任,负责指挥和控制应急事物的所有方面。应急组其他成员为高层管理者,主要工作是评估事件的短期和长期影响、下达撤离或关闭设施的命令、接待外部组织、媒体和发布新闻。

2)事故指挥系统。事故指挥系统可提供协调的响应、清晰的命令链和安全操作链。事故指挥官通过应急操作中心负责事故的前线管理、战术规划与实施,决定是否需要外部帮助,转达对内部资源的要求或对外部帮助的要求。事故指挥官最好的人选是有决定权的管理人员,其工作职责为担任指挥、评估形势、实施应急管理预案、决定响应策略、命令撤离、督察所有事故响应活动和宣布事故结束。

3)应急操作中心。应急操作中心是应急管理的中心,根据事故指挥官和其他人员提供的信息进行决策。应急操作中心位于设施中不容易卷入事故的地方,可以是经理办公室、会议室、安全部门、培训中心等,并明确一个备用位置以备万一。应急操作中心的资源包括通信设备、应急管理预案拷贝和应急操作中心程序、设计图、地图和形势图板、应急操作中心人员及其职责说明清单、技术信息和应急者使用的数据、建筑保卫系统信息、电话目录、备用电源、通信与照明以及应急供应等。

4)预案应考虑的问题。预案应考虑的问题分为两个部分。第一是建立操作与控制系统,包括明确指定任务的人员的职责,明确灭火、医疗健康管理服务、工程的程序和责任,明确接任顺序,确保关键岗位的领导、权力和责任的连续性;明确每一响应功能需要的设备与供应等。第二是安排所有人员识别与报告紧急情况,警告其他职工,采取保卫与安全措施,安全撤离和提供培训等。

5)保卫。事故一开始就应隔离现场,如果可能,发现者应该保护现场并控制人员接近,但是不能让任何人冒着危险进行这项工作。基本的保卫措施包括关闭门窗、人员安全撤离后用家具建立临时障碍、在危险材料泄漏的路径上设置围堵设施和关上文件柜和抽屉。只有受过训练的人才允许进行高级的保卫措施,进入设施、应急操作中心和事故现场的人限于应急响应中直接有关的人。

6)外部响应的协调。在某些情况下,由于法律的规定、规范的要求、事先的协议以及紧急事件的性质需要事故指挥官将操作移交给外部机构,实施工厂与外部响应组织之间的协议。工厂的事故指挥官应向社区的事故指挥官提供完整的形势报告,并追踪现场组织和协调应急响应,这可以帮助增加个人的安全性和责任感,避免重复工作。

(2)通信。在应急反应期间通信是必不可少的,用于报告紧急情况、警告危险、保持与家庭和不当班职工联系以通报设施的事件和协调应急行动,保持与客户和供应商接触等。

要考虑通信方面所有可能的事故,包括暂时的或短期的中断和完全的通信瘫痪。主要工作有以下几个方面。

1)考虑设施的日常功能和支持这些功能的通信,包括语音和数据。

2)考虑一旦出现通信故障将对企业造成什么冲击,在紧急事件中造成怎样的冲击。

3)确定所有设施通信的优先顺序,决定紧急事件期间哪个应首先恢复。

4)建立恢复通信系统的程序。

5)与通信提供商就其通信应急响应能力进行协商,建立恢复服务的程序。

6)决定是否需要就每一岗位提供备用通信手段。

紧急事件中的应急通信系统包括紧急响应者之间、紧急响应者与事故指挥官、事故指挥官与应急操作中心、事故指挥官与职工、应急操作中心与外部响应组织、应急操作中心与相邻企业、应急操作中心与职工家庭、应急操作中心与顾客以及应急操作中心与媒体等。

通信方法包括信使、电话、无线对讲机、传真机、微波通信、卫星通信、调制解调器、局域网和手势等。

(3)生命安全。紧急事件期间保护设施中每个人的健康和安全是最重要的。撤离是最普通的保护措施。编写撤离政策和程序如下：

1)决定需要撤离的条件。

2)建立清晰的命令链，明确有发布撤离命令权力的人，任命撤离管理人员帮助别人撤离和清点人数。

3)建立特定撤离程序，建立清点人数的系统，较远撤离时应考虑职工的交通问题。

4)建立程序帮助有残疾的人员和语言不通的人员。

5)张贴撤离程序。

6)任命撤离过程中继续或中断关键操作的人员，他们必须有能力判断何时放弃操作，撤离自己。

指定主要和备用的撤离路线和出口，要有清晰标记和照明，要安装应急照明以备撤离时停电。撤离路线和应急出口应有足够宽度以容纳撤离人数，任何时候都干净无障碍，不太可能暴露在另外的危险中。撤离路线须经非本单位人员评价过。

集合区的混乱可能导致不必要的和危险的搜救操作，应明确撤离后的集合地点，撤离后清点人数，应确定未到者的姓名和最后所在位置并提交应急操作中心，建立清点供应商、顾客等其他非本单位职工的程序，并建立进一步撤离的程序以防事故扩大，包括让职工回家或提供交通工具到别的地方。

在有些紧急事件中，不论在设施内还是设施外公共建筑内，最好的保护措施就是躲避。在躲避中要考虑躲避的条件，确认设施内或社区的躲避空间，建立让个人躲避的程序，确定必需的应急供应，如水、食物、医疗设施等。如果需要，任命躲避场所管理者，制订与地方当局的协调计划。

训练职工撤离、躲避或其他安全程序。至少每年训练一次，对于新来职工、撤离管理员、躲避场所管理者和其他有特殊安排的人必须进行训练。当引进新装备、材料或过程、更新或修订程序、改进职工的练习行动时，也必须进行训练。

提供的应急信息包括检查表和撤离图、关键地方张贴的撤离图以及考虑顾客或其他来访者需要的信息。

(4)财产保护。紧急事件发生时应保护设施、设备和关键的记录，这对以后恢复生产是必须的。保护的设施包括防火系统、防雷系统、液位监测系统、溢流检测装置、自动关闭装置和应急发电系统等。

设施关闭通常是最后的措施，一些设施只需要简单的关闭程序，例如关掉设备、锁门、发警报，但对大的设施需要复杂的关闭程序。

保存必要记录对于恢复操作是非常重要的，这些记录包括财务与保险信息、工程计划与图纸、产品清单与说明书、职工、顾客、供应商数据库、配方与商业秘密、个人资料等。

(5)波及社区。与社区的关系会影响保护人员和财产以及恢复操作的能力。

与社区领导、应急负责人、政府机构、社区组织与公共事业部门保持对话，定期会见社区应急人员，评审应急预案与程序，谈论为准备与防止紧急事故可以做些什么。

为避免应急响应中的混乱和冲突，应与地方应急响应机构和相邻企业建立互助协议。包括确定帮助的类型，确定激活协议的命令链和确定通信程序。

在涉及整个社区的紧急事件中，企业常常需要在人员、设备、掩蔽设施、培训、储存、饲养设施、应急操作中心设施、食品、衣物、建筑材料、资金、运输等方面帮助社区。

当紧急事件扩大至设施外时，社区要想了解事故的性质、公众安全和健康是否处于危险中、怎么解决问题、可以为阻止事态恶化做些什么，就要确定事件可能影响到的人，明确他们需要的信息。这些人包括公众、媒体、职工与退休职工、协会、承包商和供应商、顾客、股东、应急响应组织、管理机构、指定的与选举的官员、特殊兴趣组织、邻居等。

在紧急事件中，媒体是与公众最重要的联系途径，应努力发展与维护同媒体的关系，明确其特殊需要与兴趣，解释预案怎么保护人员和防止事故发生。在紧急事件期间向媒体提供信息时，应做到以下几点。

1)给所有媒体平等的接触信息的机会。

2)可能时发布简报或召开记者招待会。

3)给地方媒体和全国性媒体同样时间。

4)试图观察媒体的截止时间。

5)陪同媒体代表确保安全。

6)保存发布信息的记录。

7)可能时提供新闻稿。

值得注意的是要避免对有关事故进行猜测，不允许非授权人发表信息，不得掩盖事实或误导媒体，不得谴责事故。

(6)恢复与重建。事故过后应着手恢复操作。恢复操作包括以下内容。

1)建立恢复组织，建立恢复操作优先顺序。

2)继续保持个人与财产安全，评估残余危害，保留现场安全保卫。

3)召开职工会议。

4)保留详细记录，包括声音记录、损害的照片和录像带。

5)统计损失情况，建立损失的账目。

6)事件后通告程序，通报职工家庭有关个人的财产状况，通报不在岗人员的工作状态，通报保险公司和有关政府机构。

7)保护未损坏财产，关闭建筑进口，清除烟、水和其他残骸，保护设备防止受潮，恢复供电。

8)进行事故调查，与政府有关部门协调行动。

(7)管理与后勤。保持完整、准确的记录有助于更加有效地应急响应和恢复程序。

1)管理行为。事件前的管理行为包括建立书面的应急管理预案、保留培训记录、保留所有书面通信记录、演练与演习的文件与鉴定、预案编制活动中涉及的社区应急响应组织等。紧急事件期间和以后的管理行为包括保存电话记录、保存详细的事故记录、保存受伤及随后行为的记录、清点人数、协调家庭成员的通告、发布新闻、保存取样记录、管理资金、协调个人服务、事件调查与恢复操作文件等。

2)后勤。紧急事件前，后勤的主要工作为采购设备、储存供应、明确应急设施、建立培训设施、建立互助协议和准备资源清单。应急期间的后勤是为应急响应者提供设施图、向职工提供材料安全数据单、安装备用设备、维修零件、安排医疗支持、提供食物和交通、安排躲避设施、提供备用电源和提供备用通信工具。

9.3 航空应急救援管理

9.3.1 航空突发事件的分类

航空突发事件分为航空器紧急事件和非航空器紧急事件两类。

(1)航空器紧急事件。航空器紧急事件包括航空器失事、航空器受非法干扰、航空器空中故障、航空器与航空器空中相撞、航空器与障碍物相撞、航空器的其他紧急事件。

(2)非航空器紧急事件。非航空器紧急事件包括机场设施有爆炸物威胁、建筑物起火、危险品污染、自然灾害、医疗紧急情况以及其他非航空器紧急事件。

9.3.2 航空应急救援的概念

1. 航空应急救援的类型

航空应急救援的类型很多，其分类主要依据突发公共事件的分类形式来划分，主要有以下 4 种。

(1)自然灾害救援。在自然灾害的应急救援中，需要进行大量的人员应急撤离、物资投放、航空摄影、灾情监测等航空作业，救援范围广泛，持续时间长。它主要包括地震救援、雪灾救援、洪灾救援、抗旱救灾、航空灭虫等。

(2)事故灾难救援。事故灾难救援是指针对各类工业事故、重大交通事故以及环境污染和生态破坏等事故的救助。它包括公民医疗救护、工业事故救助、海上事故救助、火灾事故救助等。

(3)公共卫生事件救援。公共卫生事件救援是指针对包括传染病疫情、食品安全和职业危害、动物疫情以及其他严重影响公众健康和生命安全的事件的救助。

(4)公共安全事件救援。它包括恐怖袭击事件、经济安全事件、涉外突发事件的救援，如战争救援、反恐救援等。

2. 航空应急救援的特点

从功能和覆盖范围来看，航空应急救援具有以下特点。

(1)救援范围广。航空应急救援不仅可以在陆地、山地上实施，也可以在海平面上任意地点实施，投送和到达能力强，应用范围广，是各类型的自然灾害和工业、交通事故常用的救援方式。

(2)响应速度快。航空救援能够在得到准确的救援需求信息后迅速起飞，执行相关的救援任务，其响应速度相比于其他交通工具，要更快捷、迅速。

(3)科技含量高。航空应急救援一般利用技术含量较高的航空器材和高新技术，如通信、导航、医疗、光学、卫星技术等，通过高素质的救援团队和高效率的管理组织指挥，才能完成救援任务。

(4)救援效果好。航空应急救援由于具有作业范围广、速度快、综合执行任务能力强等优势，因而在各类救援行动中展现出了良好的救援效果。

3.航空应急救援的原则

航空应急救援应遵循以下原则。

(1)快速反应原则。灾难事故一般具有突发性、快速变化性,容易产生次生灾害,因此,在最短的时间内有效处理突发事件是航空应急救援的特色,也是处理突发事件所必需的。

(2)协调一致原则。在航空应急救援中,通常会涉及多个救援主体,即使在一次救援行动中也要涉及多个行政部门,如公安、消防、环保、卫生、机场、通信、空管、气象、民政、交通等,要确保救援行动的高效和迅速,各个主体和行政部门就必须在事故指挥中心的统一调配下,密切配合,最大限度地发挥各自的作用。

(3)安全第一原则。在航空应急救援的实施过程中,施救方必须坚持"安全第一"的原则,这里的安全,不仅包括航空自身的安全,而且包括施救人员和被救人员的安全,时时处处体现"以人为本、安全第一"的理念,确保整个救援活动处于安全、有序的状态中。

(4)依法飞行原则。航空应急救援组织工作千头万绪,依法飞行是基本原则。我国颁布的与航空应急救援相关的法律法规包括《中华人民共和国民用航空法》《飞行基本规则》《通用航空飞行管制条例》《通用航空登记管理办法》《中华人民共和国紧急状态法》和《中华人民共和国安全生产法》等。这些法律法规和规章制度是指导航空应急救援行动的基本要求,各类航空应急救援行动必须在这些法律框架内进行。

(5)科学操作原则。在各类航空应急救援行动中,需要针对不同的灾害和事故,专门组织专家进行研究和论证,利用专家的知识和技术力量,科学、有效地开展救援工作。

4.航空应急救援计划

航空应急救援计划应包含以下几个方面的内容。

(1)突发事件的类型和应急救援的等级。

(2)各类突发事件的通知程序和通知事项。

(3)各类突发事件中涉及的单位及其职责。

(4)应急救援的潜在人力和物力资源细表和联系方式。

(5)应急救援方案图。

另外,应根据极端天气(如冷、热、雪、风、雨、能见度低等)条件修改应急救援计划,报民航总局批准和备案。

9.3.3 我国航空应急救援管理体系

1.与航空应急救援相关的法律法规体系

航空应急救援体系建设的涉及面极广,不仅涉及航空领域,而且涉及医疗、通信、指挥、气象等诸多领域,有时可能还有国际间航空应急救援的联合行动,涉及国与国之间或者国际组织之间的关系。因此,必须要有完善的法律法规体系来保障各种救援行动以及协调工作的正常进行。

除了国际公约外,我国颁布的与航空应急救援有关的法律法规主要包括《中华人民共和国民用航空法》《中华人民共和国安全生产法》《中华人民共和国搜寻救援民用航空器规定》《中华人民共和国突发事件应对法》《中华人民共和国消防法》《中华人民共和国防震减灾法》《中华人民共和国气象法》《中华人民共和国飞行基本规则》《国际民用航空公约附件》《民用机场应急救援规则》《国家突发公共事件总体应急预案》《国家处置民用航空器飞行事故应急预案》《民用航空器飞行事故应急反应和家属援助规定》《通用航空飞行管制条例》《军队参加抢险救灾条例》《中华人民共和国海洋法》《中华人民共和国防洪法》《中华人民共和国卫生法》等。

中国民用航空局作为我国民用航空运行的主管机构，目前已初步建立了一套较为完整的法律法规文件体系，涉及中国民用航空局、国家体育总局、林业部、农业部、交通运输部、公安部、中国气象局等诸多部门。

2. 航空应急救援体制

航空应急救援是一个复杂、艰巨、庞大的系统工程，一个国家的航空应急救援水平依赖于整个航空应急救援体系的建设。为应对各类突发公共事件，我国政府提出了应急救援工作的 6 大原则，即以人为本，减少危害；居安思危，预防为主；统一领导，分级负责；依法规范，加强管理；快速反应，协同应对；依靠科技，提高素质。在应急救援体制建设上按照"一案三制"展开工作，真正从体制上做到依法施救、高效反应。其中，"一案"是指建立并逐步完善应急预案，应急预案是处理突发事件的基本框架，是开展应急响应工作和应急培训的基本条件。"三制"是指法制、体制和机制。

9.3.4　我国民航应急救援预案

我国民航应急救援预案是指为有效应对突发事件，协助和配合国家、地方人民政府及相关部门应急处置工作，依据相关法律、法规、规章、规范性文件预先制订的行动计划或方案。它分为总体应急预案、专项应急预案和地区应急预案。

总体应急预案，是指民航局为组织、指挥或协调民航管理部门、企事业单位应对突发事件，协助和配合国家、地方人民政府及相关部门突发事件应急处置工作而制定的综合性应急预案。它是组织、指挥或协调相关应急资源和突发事件应对工作的整体计划和程序规范，是指导制定民航专项、地区应急预案的规范性文件，是民航管理部门应急预案体系的总纲。

专项应急预案，是指民航局为组织、指挥或协调应对某种具体突发事件，或为国家、地方人民政府及相关部门突发事件应急处置工作提供具体协助和配合而预先制定的应急预案。

地区应急预案，是指民航地区管理局为在辖区内组织、指挥或协调突发事件应对工作，协助和配合地方人民政府及相关部门突发事件应急处置工作而制定的，经民航局批准的综合性应急预案。

目前我国民航应急救援预案比较完备，主要包括《中国民用航空总局突发事件总体应急预案》《国家处置民用航空器飞行事故应急预案》《国家处置劫机事件总体预案》《地区管理局突发事件应急预案》和《监管办突发事件应急预案》等，这些应急预案为民航部门实施紧急救援提供了依据。

2006 年，中国民用航空局成立了《中国民用航空突发事件总体应急预案》编写小组，于 2007 年确定同步起草《中国民用航空突发事件总体应急预案》和《中国民用航空应急管理规定》，并于 2008 年 6 月参照《突发事件应对法》《民用航空法》及其他相关法律法规，结合近些年来民航加强应急工作的实践经验，完成了《中国民用航空应急管理规定》(征求意见稿)的编写工作。经过进一步的评审、修改和完善，于 2010 年颁布并施行了中国民用航空局令第 196 号《中国民用航空应急管理规定》(CCAR—397)。

《中国民用航空应急管理规定》由 8 个部分组成，共 51 条。第一章为总则，共 4 条，明确了中国民用航空局、民航地区管理局和企事业单位在航空应急管理中应履行的责任和义务；第二章为管理体制与组织机构，共 8 条，确定了航空应急管理的体制和应急组织机构的工作职责；第三章为预防与应急准备，共 14 条，规定了应急救援预案和应急准备工作的内容；第四章为预测与预警，共 6 条，规定了民航管理部门收到突发事件预警信息后，应采取的应对措施；第五章为应急处置，共 10 条，指出了民航管理部门在组织、指挥或协调应急处置时，采取的应急处置措施；第六章为善后处理，共 3 条，规定了在应急处置结束后，应当按照国家有关规定尽快组织、协调损失评估、受损设备与设施修复、受影响民用航空活动恢复、补助、补偿、抚恤和费用结算等工作，并组织开展总结、评估工作，查明突发事件发生的经过与原因，总结应急处置的经验教训，制定改进措施；第七章为法律责任，共 3 条，对在应急救援工作中，违反本规定的行为进行了责任划分，并给出了处罚规定；第八章为附则，共 3 条，规定了突发事件、企事业单位、应急预案、总体应急预案、专项应急预案、地区应急预案等部分用语的定义。

《中国民用航空应急管理规定》对民航应急工作的职责、内容进行了定义；提出了实行分级响应的原则；借鉴网络型组织结构的原理，规划了以民航局突发事件应急工作领导小组为领导机构，以领导小组办事机构为核心机构，以民航局各职能部门为工作机构的应急管理体制；对突发事件与民用航空的复杂关系进行了力求准确的解释；对民航应急工作各个环节的基本内容与要求做出了相应的规定。

思 考 题

1. 什么是突发公共事件？
2. 突发公共事件及其应急计划在安全管理中应处于怎样的地位？
3. 应急计划管理与事故预防工作之间的关系如何？
4. 突发公共事件应急计划的制订应如何考虑企业的具体情况？
5. 应急救援预案的制定应包含哪些方面的因素？
6. 应急救援行动的内容有哪些？

参考文献

[1] 汪应洛.系统工程[M].北京:机械工业出版社,1999.

[2] 田水承,景国勋.安全管理学[M].北京:机械工业出版社,2009.

[3] 张景林.安全学[M].北京:化学工业出版社,2009.

[4] 吴穹,许开立.安全管理学[M].北京:煤炭工业出版社,2002.

[5] 罗云,程五一.现代安全管理[M].北京:化学工业出版社,2004.

[6] 罗云,吕海燕,白福利.事故分析预测与事故管理[M].北京:化学工业出版社,2006.

[7] 金龙哲,宋存义.安全科学原理[M].北京:化学工业出版社,2004.

[8] 陈宝智.安全原理[M].北京:冶金工业出版社,2004.

[9] 赵耀江.安全法学[M].北京:机械工业出版社,2006.

[10] 甄亮.事故调查分析与应急救援[M].北京:国防工业出版社,2007.

[11] 于殿宝.事故管理与应急处置[M].北京:化学工业出版社,2008.

[12] 陈国华.安全管理信息系统[M].北京:国防工业出版社,2007.

[13] 王计宪.军用航空装备维修安全[M].北京:航空工业出版社,2009.

[14] 于耕.航空应急救援[M].北京:航空工业出版社,2009.

[15] 武维新,张楠.飞行事故调查与分析导论[M].北京:国防工业出版社,2008.

[16] 武维新,张楠.典型飞行事故调查与分析方法[M].北京:国防工业出版社,2008.

[17] 谢础,贾玉红.航空航天技术概论[M].北京:北京航空航天大学出版社,2005.

[18] 孙聪,王向明.飞机结构典型故障分析与设计改进[M].北京:航空工业出版社,2007.

[19] 霍志勤.关于我国民航实施安全管理体系的探讨[J].中国民用航空,2008,96(12):57-59.

[20] 王清晨,毛全新.实施民航企业安全管理体系的十大关键环节[J].中国民用航空,2009,101(5):49-52.

[21] 霍志勤,谢孜楠,张永一.航空事故调查中人的因素安全建议框架研究[J].中国安全生产科学技术,2011,7(2):91-97.

[22] 程道来,杨琳,仪垂杰.飞机飞行事故原因的人为因素分析[J].中国民航飞行学院学报,2006,17(6):3-7.

[23] 俞力玲.构建中国民航安全管理体系[J].中国民航大学学报,2008,26(6):48-51,55.

[24] 向维,李明,吴超,等.航空不安全事件人为因素分析R-S-TER模型的构建与应用研究[J].中国安全科学学报,2009,19(2):152-159.

[25] 颜影.构建民用航空安全体系探讨[J].中国安全生产科学技术,2007,3(3):72-74.

[26] 霍志勤,谢孜楠.Reason模型在空中交通管制中的应用[J].中国安全科学学报,2008,18(1):154-159.